FORTRAN-Programme zur Methode der finiten Elemente

Von Dr. sc. math. Hans Rudolf Schwarz
ord. Professor an der Universität Zürich

3., neubearbeitete und erweiterte Auflage
Mit 15 Figuren

Springer Fachmedien Wiesbaden GmbH 1991

Prof. Dr. sc. math. Rudolf Schwarz

Geboren 1930 in Zürich. Von 1949 bis 1953 Studium der Mathematik und Diplom an der ETH Zürich. Von 1953 bis 1957 Mathematiker bei den Flug- und Fahrzeugwerken Altenrhein (Schweiz). 1957 Promotion, ab 1957 wiss. Mitarbeiter an der ETH Zürich. 1962 Visiting Associate Professor an der Brown University in Providence, Rhode Island, USA. 1964 Habilitation an der ETH Zürich, von 1964 bis 1972 Lehrbeauftragter an der ETH Zürich. 1972 Assistenzprofessor, seit 1974 a. o. Professor, seit 1983 ord. Professor für angewandte Mathematik an der Universität Zürich.

CIP-Titelaufnahme der Deutschen Bibliothek

Schwarz, Hans R.:
FORTRAN-Programme zur Methode der finiten Elemente /
von Hans Rudolf Schwarz. – 3., neubearb. u. erw. Aufl.

(Teubner Studienbücher : Mathematik)
ISBN 978-3-519-22064-0   ISBN 978-3-663-10082-9 (eBook)
DOI 10.1007/978-3-663-10082-9

NE: Schwarz, Hans Rudolf: Methode der finiten Elemente

Gesamtherstellung: Druckhaus Beltz, Hemsbach/Bergstraße
Umschlaggestaltung: W. Koch, Sindelfingen

Vorwort

Die vorliegende Sammlung von Unterprogrammen und Hauptprogrammen zur Methode der finiten Elemente soll Studierenden und bereits in der Praxis tätigen Leuten als Ergänzung zum Lehrbuch [Sch91] ein nützliches und zugleich anregendes Hilfsmittel sein. Einerseits will ich dem praktisch orientierten Studierenden einen Einblick in die im Lehrbuch skizzierten Techniken einer Implementierung auf einem Rechner vermitteln. Anderseits soll ihm die angebotene Sammlung von Programmen die Lösung von konkreten, ihn speziell interessierenden Aufgaben mit Hilfe eines Personal Computers ermöglichen oder zumindest erleichtern. Der Aufbau der publizierten Programme ist bewusst so einfach gestaltet worden, dass die Prinzipien leicht erkannt werden sollten und dass analoge Rechenprogramme für nicht berücksichtigte Fälle und Kombinationen ohne grosse Schwierigkeiten und mit relativ kleinem Aufwand entwickelt werden können.

Der prinzipielle Aufbau eines Programmpaketes zur Lösung einer konkreten Aufgabe ist durch die Methode der finiten Elemente im wesentlichen bereits vorgezeichnet. Die Programmsammlung folgt deshalb weitgehend der Gliederung von [Sch91]. So sind im zweiten Kapitel die Unterprogramme zur Bereitstellung der Elementmatrizen für die einschlägigen Elemente zusammengestellt. Das dritte Kapitel enthält eine Auswahl von Unterprogrammen zur Kompilation der Gesamtmatrizen sowohl für statische Probleme als auch für Schwingungsaufgaben. Die Unterprogramme wurden unter dem Aspekt so ausgewählt, dass die Speicherungsarten für die Gesamtmatrizen in Bandform, zwei Arten der Hüllenform und in kompakter zeilenweiser Form Anwendung finden und dass verschiedene Varianten für einen effizienten Aufbau dargestellt werden können. Im vierten Kapitel folgen die Unterprogramme zur Lösung der linearen Gleichungssysteme nach dem Verfahren von Cholesky, falls die Matrizen in Bandform oder in einer der beiden hüllenorientierten Formen gespeichert sind, oder aber nach dem Verfahren der konjugierten Gradienten, falls die Matrizen in kompakter Form vorgegeben sind. In diesem Fall sind die Vorkonditionierungen auf Grund der SSOR-Methode oder einer partiellen Cholesky-Zerlegung der gegebenen Systemmatrix berücksichtigt. Das fünfte Kapitel enthält vier Unterprogramme zur Berechnung von Eigenwerten und Eigenvektoren der allgemeinen Eigenwertaufgabe mit den zugehörigen Hilfsprogrammen. Wie in den vorhergehenden Auflagen sind die simultane Vektoriteration und die Bisektionsmethode berücksichtigt worden. Neu aufgenommen ist ein Unterprogramm zum Verfahren von Lanczos, welches gezielt die Bestimmung von Eigenwerten in der Nähe eines gegebenen Wertes gestattet. Die simultane Koordinatenüberrelaxation ist ersetzt worden durch die wesentlich effizientere Methode der Rayleigh-Quotient-Minimierung mit Vorkonditionierung vermittels einer partiellen Cholesky-Zerlegung.

Die Auswahl der Unterprogramme erfolgte so, dass sich insgesamt zwölf vollständige Programmpakete zusammenstellen lassen, zu denen im sechsten Kapitel die Hauptprogramme wiedergegeben sind. Den Beginn bilden zwei Hauptprogramme, von denen das erste eine Implementierung des Algorithmus von Cuthill-McKee darstellt zur Gewinnung von optimalen Numerierungen der Knotenpunkte, und das zweite eine Umnumerierung eines Datensatzes vornimmt. Neben der Angabe der notwendigen Unterprogramme ist zu jedem Programm ein repräsentatives Beispiel angegeben mit den zugehörigen Ergebnissen. Diese Testergebnisse sollen sowohl das Funktionieren der Programme illustrieren, als auch Resultate anbieten, mit denen die Rechenprogramme nach deren Installation auf einem Rechner geprüft werden können.

Im Vergleich zu den vorhergehenden Auflagen sind mehrere Unterprogramme zur Kompilation der algebraischen Gesamtsysteme wie auch zur Behandlung der linearen Gleichungssysteme und der Eigenwertaufgaben wesentlich geändert worden, weil andere Datenstrukturen zugrunde gelegt worden sind, welche für eine eventuelle Vektorisierung der Algorithmen besser geeignet sind. Anderseits sind für die Bearbeitung von Eigenwertproblemen nur noch zwei Datenstrukturen für die Gesamtmatrizen berücksichtigt worden, so dass andere Kombinationen der Programme leicht zu bewerkstelligen sind.

Die publizierten Unterprogramme und Hauptprogramme sind auf einer Diskette erhältlich, auf der die vierzehn vollständigen Programmpakete enthalten sind, die ihrerseits durch die zugehörigen Datensätze der Testbeispiele ergänzt sind. Die 3.5" oder 5.25" Diskette ist unter DOS 3.30 erstellt worden. Es wird vorausgesetzt, dass der verwendete Personal Computer über einen FORTRAN-Compiler verfügt, wie beispielsweise einen IBM-FORTRAN/2 Compiler für ein PS/2-System oder einen Microsoft FORTRAN-Compiler.

Die publizierten und auf Diskette erhältlichen Programme wurden nach bestem Wissen und mit Sorgfalt entwickelt und an vielen Beispielen getestet. Trotzdem sind Fehler nicht völlig auszuschliessen. Deshalb ist die Publikation der Programme mit keiner Garantie irgendwelcher Art verbunden, und der Autor und der Verlag übernehmen keinerlei Haftung, die sich aus der Benutzung der Programme oder Teile davon ergeben könnte.

Ich danke Frau U. Henauer für die geduldige und minutiöse Mithilfe bei der Herstellung des druckfertigen Buchmanuskriptes und dem Verlag B. G. Teubner für die Aufnahme der Programmsammlung in seiner Reihe und für die stets freundliche Zusammenarbeit.

Zürich, im Oktober 1990   H. R. Schwarz

Inhalt

1 Allgemeine Bemerkungen zu den Programmen

1.1 Zielsetzung

Mit der vorliegenden Programmsammlung soll Studierenden eine Möglichkeit angeboten werden, mit Hilfe von vollständigen Rechenprogrammen numerische Versuche und Experimente mit der Methode der finiten Elemente durchzuführen, wobei ihm gleichzeitig ein Einblick in eine mögliche Implementierung der Methode gegeben werden soll.

Entsprechend der ersten Zielsetzung erfolgte die Auswahl der Unterprogramme so, dass sie sich zusammen mit den Hauptprogrammen zu rechenbereiten Paketen zusammenstellen lassen, mit denen einerseits statische Fachwerkprobleme, Rahmenkonstruktionen, Scheiben- und Plattenprobleme und Dirichletsche Randwertaufgaben und anderseits elliptische Eigenwertaufgaben und Schwingungsprobleme für Rahmenkonstruktionen und Scheiben bearbeitet werden können. Dabei sollte sowohl ein repräsentativer Anwendungsbereich abgedeckt als auch die verschiedenen Rechentechniken umfassend berücksichtigt werden.

Die angebotenen Rechenprogramme sollen dem mehr praktisch orientierten Studierenden konkret und in möglichst durchsichtiger Weise zeigen, wie sich die Methode der finiten Elemente auf einem Personal Computer durchführen lässt. So sind in den Unterprogrammen zum Kompilationsprozess mögliche Prinzipien zu einem effizienten Aufbau der Matrizen dargestellt, die es dem interessierten Leser ohne grosse Schwierigkeiten ermöglichen sollen, analoge Programme für andere Anwendungen zu entwickeln, die hier nicht berücksichtigt werden konnten. Um die Programme leichter zu verstehen, sind solche Variablennamen verwendet worden, deren Bedeutung offensichtlich sein sollte, und es wurde auf undurchsichtige Programmiertricks verzichtet, die gelegentlich eine Verkürzung erlaubt hätten.

1.2 Zur Auswahl der Programme

Die Elementmatrizen bilden die Bausteine der Methode der finiten Elemente, welche die Beiträge der einzelnen Elemente zur quadratischen Funktion beschreiben, die zum einschlägigen Variationsprinzip gehört. Im zweiten Kapitel sind die Unterprogramme zur Bereitstellung der Elementmatrizen für Stabelemente, Balkenelemente, elliptische Probleme, Scheiben- und Plattenelemente zusammengestellt.

Für elliptische Aufgaben sind quadratische und kubische Ansätze in geradlinigen Dreieck- und Parallelogrammen sowie die zugehörigen Randintegrale berücksichtigt. Der lineare Ansatz im Dreieck und der bilineare Ansatz im Parallelogramm sind ausser acht gelassen und als triviale Ergänzung dem Leser überlassen worden. Für diese Aufgaben sind die isoparametrischen quadratischen Dreieck-, Parallelogramm- und Randelemente aufgenommen worden, um das verallgemeinerungsfähige Prinzip darzulegen.

Da sich erfahrungsgemäss die linearen und bilinearen Scheibenelemente als ungeeignet, d.h. zu steif erweisen, wurden die betreffenden Unterprogramme nicht aufgenommen. Für den quadratischen Verschiebungsansatz in geradlinigen Dreiecken und Parallelogrammen wird die Rechentechnik mit den Grundelementmatrizen verwendet. Im Fall des vollständigen kubischen Verschiebungsansatzes in einem Dreieck wird der Prozess der statischen Kondensation zur Elimination der beiden Variablen im Schwerpunkt illustriert. Dieses Dreieckelement wird durch das kombinierbare Parallelogrammelement mit kubischem Verschiebungsansatz der Serendipity-Klasse vervollständigt. Für die allfällige Spannungsberechnung im Schwerpunkt von Dreieck- und Parallelogrammelementen mit quadratischem Verschiebungsansatz wird das entsprechende Unterprogramm bereitgestellt.

Für Plattenprobleme sind nur die einfachsten Elemente ausgewählt worden, nämlich das konforme Rechteckelement und die beiden nichtkonformen Dreieck- und Parallelogrammelemente, die gewisse Vergleichsmöglichkeiten ermöglichen. Da die hierzu erforderlichen Grundmatrizen relativ umfangreich sind, wird eine auch in den andern Fällen mögliche spezielle, speicherplatzsparende Rechentechnik angewandt.

Im dritten Kapitel werden typische Unterprogramme zum Kompilationsprozess sowohl für statische Aufgaben wie für Eigenschwingungsprobleme angegeben. Die Matrizen der Gleichungssysteme oder der Eigenwertaufgaben werden im Hinblick auf die nachfolgend anzuwendenden Algorithmen entweder in Bandform, Hüllenform oder in kompakter zeilenweiser Form gespeichert. Ist die konstante Bandbreite der resultierenden Systemmatrix zum voraus bekannt, so liegt die Anordnung der Matrixelemente in einem eindimensionalen Feld bereits fest, und der Aufbau der Matrix kann ohne weitere Vorbereitungen beginnen. Soll hingegen die Hüllenstruktur in einer der beiden in Betracht gezogenen Speicherungsarten ausgenützt werden oder soll die kompakte zeilenweise Speicherung angewandt werden, so wird die Besetzungsstruktur der Matrizen stets auf Grund der Elementdaten des zu behandelnden Problems vom betreffenden Unterprogramm bestimmt. Im Fall der kompakten zeilenweisen Speicherung der Matrizen werden zwei verschiedene Techniken vorgestellt, die sich auf andere Situationen übertragen lassen. Für Eigenwertmethoden sind nur zwei verschiedene Speicherungsarten in Hüllenform und in kompakter zeilenweiser Form vorgesehen, was mehrere Kombinationsmöglichkeiten zulassen wird, die jedoch nicht vollständig ausgeschöpft werden.

Im Verlauf der Kompilationsprozesse werden keine Randbedingungen berücksichtigt. Deshalb werden Unterprogramme benötigt, welche entsprechend der Speicherungsart und getrennt für statische und dynamische Aufgaben die Modifikationen der algebraischen Probleme vornehmen. Im Fall der linearen Gleichungssysteme wird deren Ordnung nicht reduziert, und die Modifikationen werden gemäss Abschn. B3.1.3 vorgenommen. Bei Eigenwertaufgaben werden diejenigen Unbekannten eliminiert, die durch homogene Randbedingungen vorgegeben sind, womit sich die Ordnung der beiden Matrizen reduziert. Um am Schluss wieder die Eigenvektoren des ursprünglich gegebenen Problems für eine allfällige Weiterverarbeitung zur Verfügung zu haben, werden die eliminierten Variablen mit Hilfe eines speziellen Unterprogramms in den Eigenvektoren des reduzierten Eigenwertproblems eingesetzt.

Zur Lösung der symmetrischen und positiv definiten linearen Gleichungssysteme werden für die direkte Methode von Cholesky die Unterprogramme für Gesamtmatrizen in

Band- und Hüllenform angegeben, wobei im letzten Fall zwei Varianten präsentiert werden. Die iterative Methode der konjugierten Gradienten mit Vorkonditionierung wird in zwei Formen berücksichtigt. Die SSOR-CG Methode besitzt den Vorteil keinen zusätzlichen Speicherplatz zu benötigen. Da eine Vorkonditionierung auf der Basis einer partiellen Cholesky-Zerlegung die Konvergenz in bestimmten Anwendungen ganz wesentlich verbessert, ist auch diese Variante aufgenommen worden. Sie erfordert zwar einen zusätzlichen Speicherbedarf im Umfang der Anzahl der von Null verschiedenen Matrixelemente der unteren Hälfte der Systemmatrix A, der sich durch die erzielte Konvergenzverbesserung oft rechtfertigt. Schliesslich sollen zur Vermeidung von schlecht konditionierten Gleichungssystemen, die allein durch starke Grössenunterschiede der Diagonalelemente bedingt sein können, die Systemmatrizen stets so skaliert werden, dass die Diagonalelemente den Wert Eins erhalten. Die Unterprogramme zur Skalierung der Gleichungssysteme werden deshalb für alle betrachteten Speicherungsarten bereitgestellt.

Im fünften Kapitel folgen die Programme zur Behandlung der allgemeinen Eigenwertaufgaben mit Matrizen grosser Ordnung. Als Hilfsmittel wird die Lösung der speziellen Eigenwertaufgabe für vollbesetzte Matrizen von relativ kleiner Ordnung benötigt. Dazu ist die am problemlosesten implementierbare zyklische Methode von Jacobi ausgewählt worden, obwohl sie nicht das effizienteste Verfahren darstellt. Um den betreffenden, allerdings nicht allzu sehr ins Gewicht fallenden Lösungsschritt in den Algorithmen zu beschleunigen, kann er natürlich durch ein Rechenprogramm nach der Methode von Householder aus [SBG74] ersetzt werden.

Um in den nachfolgenden Verfahren die Grössenordnung von Zahlwerten unter Kontrolle zu halten und numerische Stabilität zu gewährleisten, wird das Matrizenpaar A, B in einem vorbereitenden Schritt so skaliert, dass die Diagonalelemente von A gleich Eins werden, und dass das grösste Diagonalelement von B gleich Eins wird. Mit den Unterprogrammen zur Skalierung der beiden Matrizen für in Hüllenform oder zeilenweise kompakt gespeicherten Matrizen wird auch das Rechenprogramm zur Rückskalierung der Eigenwerte und Eigenvektoren bereitgestellt.

Für die simultane Vektoriteration zur Berechnung der p kleinsten Eigenwerte und der zugehörigen Eigenvektoren werden die Matrizen in Hüllenform vorausgesetzt. Für die Bisektionsmethode wird die recht effiziente und numerisch stabile Zerlegung der Matrix $F = A - \mu B$ verwendet, welche im Vergleich zu A nur eine geringfügig erweiterte Hülle benötigt [Wal82]. Diese Zerlegung findet auch im neu aufgenommenen Lanczos-Verfahren Anwendung, da die wohl effizienteste Variante mit der inversen, spektralverschobenen Iteration angeboten wird, um gezielt bestimmte Eigenpaare zu berechnen. Als Eigenwertmethode zur Berechnung der kleinsten p Eigenwerte und der zugehörigen Eigenvektoren, welche die schwache Besetzung der Matrizen A und B vollständig ausnützt, wurde neu die Methode der Rayleigh-Quotient-Minimierung mit vorkonditioniertem Verfahren der konjugierten Gradienten aufgenommen.

Das letzte Kapitel enthält Hauptprogramme mit Testbeispielen. An erster Stelle steht der Algorithmus von Cuthill-McKee zur Ermittlung derjenigen Numerierung der Knotenpunkte, für die eine möglichst kleine Bandbreite, bzw. ein möglichst kleines Profil der Gesamtmatrizen resultiert. Mit einem dazugehörigen Hauptprogramm wird an einem Beispiel gezeigt, wie mit Hilfe des erhaltenen Permutationsvektors aus einem vorgegebenen Datensatz der entsprechende neue Datensatz erzeugt werden kann. Weiter folgen die Hauptprogramme zu statischen Problemen für Fachwerke und Rahmenkonstruktionen, elliptische Randwertaufgaben, Scheiben- und Plattenprobleme, wobei die verschiedenen Speicherungsarten und Rechentechniken Berücksichtigung finden. Ein Satz von vier Hauptprogrammen entspricht den betrachteten Eigenwertverfahren. Die Testbeispiele sollen hauptsächlich illustrieren, wie die Daten vorzugeben sind, und wie die Programme arbeiten und welche Resultate erzeugt werden. Sie können auch nützlich sein, falls die Programme in modifizierter Form auf andere Rechenanlagen, als sie hier vorgesehen sind, übertragen werden.

1.3 Zur Organisation der Rechenprogramme

Die Unterprogramme sind mit einem kurzen Kommentar versehen, der den Zweck und die gelieferten Resultate allgemein beschreibt. Zudem wird die Bedeutung der Parameter so umschrieben, dass in der Regel im Text keine zusätzlichen Angaben mehr nötig sind. In besonderen Fällen wird zur besseren Verständlichkeit der Programme oder zur Präzisierung der getroffenen Annahmen, wie etwa über die Art der Speicherung der Daten, oder zur näheren Beschreibung des Vorgehens die als notwendig erachtete Information gegeben. Längere Unterprogramme enthalten zudem informative Kommentarzeilen.

Um die Lesbarkeit der Programme zu verbessern wurde grundsätzlich die Struktur durch Einrückungen markiert und jede Schleifenanweisung durch eine zugehörige, mit dem entsprechenden Label markierten CONTINUE-Anweisung abgeschlossen, obwohl dies von der Syntax her nicht erforderlich wäre. Mit ebensolchen Einrückungen wird auch die Abhängigkeit von Bedingungen hervorgehoben.

Alle Unterprogramme sind so konzipiert, dass indizierte Variable, deren Dimensionierung variabel ist, stets in der Parameterliste erscheinen zusammen mit den allenfalls notwendigen aktuellen Dimensionierungsparametern. Die Felder haben somit in den Unterprogrammen eine sogenannte halbdynamische Feldvereinbarung. Diese Organisation gestattet eine grösstmögliche Flexibilität in der Anwendung, weil die aktuelle Dimensionierung der oft grossen Felder an zentraler Stelle im Hauptprogramm erfolgt.

Die Unterprogramme der Kompilationsprozesse enthalten die erforderlichen Eingabeanweisungen für die problemspezifischen Elementdaten sowie entsprechende Ausgabeanweisungen zur Protokollierung und eventuellen Kontrolle. In der Regel figurieren diese Eingabedaten unter den Parametern des Unterprogramms, insbesondere dann wenn sie indizierten Variablen zugewiesen werden oder für spätere Zwecke benötigt werden. Auch für Zwischenergebnisse des Kompilationsprozesses, welche von Interesse sein können, wie etwa die Grösse des Profils, sind Ausgabeanweisungen vorgesehen.

Über den Ablauf der iterativen Methoden zur Lösung der grossen linearen Gleichungssysteme sowie der Eigenwertaufgaben sind aufschlussreiche Zwischeninformationen vorgesehen, die nach Bedarf ausgegeben werden können. Da die Behandlung der Eigenwertaufgaben auf einem Personal Computer bei grösserer Ordnung der Matrizen zeitaufwendig ist, werden die Zwischeninformationen auch auf dem Bildschirm angezeigt, damit man den Fortschritt der Rechnung verfolgen kann. Die Ausgabe der Lösung der linearen Gleichungssysteme oder der Eigenwerte und Eigenvektoren der Eigenwertaufgaben erfolgt stets im Hauptprogramm, nachdem die noch notwendigen Rückskalierungen vorgenommen worden sind.

Da vorgesehen ist, dass die Programme vorwiegend von Studierenden benützt werden, sind eine Reihe von einfachen Tests eingebaut, um fehlerhafte oder unvollständige Daten zu erkennen. So erfolgt in den Unterprogrammen für zweidimensionale Elemente immer ein Test auf richtige Orientierung der drei massgeblichen Eckenkoordinaten. Ein entdeckter Fehler dieser Art löst eine entsprechende Fehlermeldung aus, aber keinen unmittelbaren Programmabbruch. Vielmehr wird nur eine Kontrollvariable gesetzt, um die Daten noch weiter testen und allfällige weitere Fehler entdecken zu können. Der Kompilationsprozess wird in diesem Fall nicht mehr fortgesetzt, und die Programmausführung wird erst am Schluss des Unterprogramms durch eine Stop-Anweisung abgebrochen, die mit einer auf dem Bildschirm erscheinenden Fehlermeldung kombiniert ist.

Im Fall von quadratischen Ansätzen in geradlinigen zweidimensionalen Elementen sind nur die Koordinaten der Eckpunkte vorzugeben. Um eine fehlende Angabe zu entdecken, werden alle Koordinaten zu Beginn gleich einem bestimmten grossen Zahlwert gesetzt, so dass sich die durch die vorgegebenen Daten definierten Ecken leicht erkennen lassen. Auch hier bewirkt die Feststellung eines undefinierten Koordinatenpaares nur eine Fehlermeldung und das Setzen einer Kontrollvariablen, so dass allenfalls mehrere nicht definierte Koordinaten erkannt werden können.

Schliesslich wird in den Unterprogrammen eine Überschreitung der Felddimensionierungen von indizierten Variablen durch Vergleich der aktuellen Dimensionierungen, definiert durch betreffende Parameterwerte, mit den vorgegebenen Werten der Aufgabenstellung getestet. In diesen Fällen erfolgt ein unmittelbarer Fehlerstop, der von einer auf dem Bildschirm erscheinenden Meldung begleitet ist.

An dieser Stelle muss aber ausdrücklich darauf hingewiesen werden, dass die eingebauten Kontrollen keineswegs eine Gewähr für die Richtigkeit aller Daten bieten. So bleiben beispielsweise fehlende, doppelte oder sich überschneidende Elemente wie auch einzelne falsche Knotennummern unentdeckt. Einzig eine vom Computer hergestellte graphische Darstellung der Elementeinteilung mit Markierung der einzelnen Elemente oder verschiedene Projektionen von räumlichen Konstruktionen auf dem Bildschirm kann eine zusätzliche Gewähr für die Richtigkeit verschaffen.

1.4 Spezielle programmtechnische Hinweise

FORTRAN-Version Die Rechenprogramme sind in FORTRAN 77 [Geh88] geschrieben und sind auf einem IBM Personal System /2 entwickelt und sowohl mit dem IBM FORTRAN/2 Compiler als auch mit dem Microsoft FORTRAN Compiler getestet worden. Die Beispiele von Kapitel 6 sind auf diese Weise durchgerechnet worden.

Typendeklarationen Da die einfache Rechengenauigkeit mit etwa sechs bis sieben Dezimalstellen in der Regel nicht ausreicht, um sinnvolle Ergebnisse zu gewährleisten, wird grundsätzlich mit doppelter Genauigkeit gearbeitet. Deshalb sind alle vorkommenden, reellwertigen Variablen, ob nichtindiziert oder indiziert, generell als REAL*8-Zahlen deklariert.

Für ganzzahlige Indexwerte mit bekanntem, beschränktem Wertebereich werden in der Regel kurze INTEGER*2-Zahlen aus Gründen der Speicherökonomie insbesondere für die umfangreichen Indexfelder verwendet, um auf diese Weise den Überhang möglichst klein zu halten. Durch die Verwendung solcher INTEGER*2-Zahlen für Indexwerte sind bestimmte eindimensionale Felder für Matrizen, die der Speicherung der relevanten Matrixelemente in kompakter zeilenweiser Form oder in Hüllenform dienen, auf eine Länge von 32767 beschränkt. Sollte dies eine echte Einschränkung darstellen, so sind die betreffenden Typendeklarationen abzuändern.

Felddimensionierung und Parameter Die Dimensionierung von Feldern, deren Grösse von den zu behandelnden Aufgaben abhängig oder aber durch den verfügbaren - Speicherplatz des verwendeten Personal Computers beschränkt sein können, erfolgt generell in den Hauptprogrammen durch Parameter, welche in einer PARAMETER-Anweisung zusammengefasst sind. Die so definierten Parameter dienen auch dazu, die betreffenden Felddimensionierungen den Unterprogrammen mitzuteilen oder Tests auszuführen. Sollen die in den publizierten Programmen enthaltenen Dimensionierungen geändert werden, so brauchen nur diese Parameterwerte der gewünschten Situation angepasst zu werden. Die PARAMETER-Anweisung steht nicht in allen FORTRAN-Compilern zur Verfügung. Sollen die Programme dennoch mit solchen Systemen benützt werden, so sind sowohl die Parameterwerte in den Dimensionsanweisungen des Hauptprogrammes durch die expliziten Zahlwerte als auch die PARAMETER-Anweisung durch eine DATA-Anweisung zu ersetzen. Die Parameterwerte sind so festgesetzt, dass die resultierenden Felder eine Grösse von 64 kB nicht überschreiten. Deshalb können die Programme mit dem IBM FORTRAN/2 Compiler ohne zusätzliche Optionen bearbeitet werden, während der Microsoft FORTRAN Compiler in der Regel die Option /Gt verlangt. Werden jedoch die Parameterwerte und damit die Dimensionen der Felder erhöht, so dass Feldgrössen von mehr als 64 kB resultieren, so ist zu beachten, dass die Compiler mit der Erweiterung /H, bzw. /AH angewandt werden! Dadurch wird die Effizienz der Programme etwas reduziert.

Dateneingabe Alle Eingabeanweisungen erfolgen ohne FORMAT-Angabe, so dass die betreffenden Daten als zulässige FORTRAN-Zahlen formatfrei vorgegeben werden können, die nur durch mindestens einen Zwischenraum oder durch ein Komma getrennt sein müssen. Zu beachten bleibt, dass jede READ-Anweisung die Daten von der nächstfolgenden Zeile des Datenfiles liest.

Die Eingabe von Daten ist wie folgt konzipiert: Es ist grundsätzlich vorausgesetzt, dass die Eingabedaten, die ein vollständiges Programmpaket benötigt, in einem Datenfile vorbereitet worden sind und auf der Harddisk oder einer Diskette verfügbar sind. Dieses Datenfile ist mit einem üblichen Editor zu erstellen. Im Hauptprogramm wird nach dem Namen des Datenfiles gefragt, und nach seiner Eingabe über die Tastatur wird durch eine OPEN-Anweisung die externe Einheit mit der Nummer 1 diesem Datenfile zugewiesen. Alle READ-Anweisungen in den Programmen, welche solche Eingabedaten lesen sollen, haben die folgende Form:

    READ(1, *) Variablenliste

Eingaben über die Tastatur haben demgegenüber die Form

READ(*, f) Variablenliste

worin f das anzuwendende Format angibt, wobei vorausgesetzt wird, dass die Standard-Eingabe-Einheit die Tastatur sei.

Datenausgabe Für die Ausgabe von Zwischenergebnissen und der gewünschten Resultate der Aufgabenstellungen ist vorgesehen, dass ein Resultatfile auf der Harddisk oder einer Diskette erzeugt wird. Sein Name wird im Hauptprogramm festgelegt und nimmt Bezug auf die bearbeitete Problemstellung und die Lösungsmethode. Durch eine OPEN-Anweisung wird die externe Einheit 3 diesem Resultatfile zugewiesen. Nach Beendigung des Programms kann das Resultatfile mit Hilfe des üblichen Editors angeschaut und dann allenfalls gedruckt werden, falls die Rechnung erfolgreich abgelaufen ist. Mit diesem Konzept soll die Menge des oft unnötigerweise bedruckten Computerpapiers auf ein unerlässliches Minimum reduziert werden. Diese Ausgabe-Anweisungen haben in den Programmen folgende Form:

WRITE(3, f) Variablenliste

worin jetzt f stets eine Nummer einer FORMAT-Anweisung bedeutet. In einigen Fällen werden Angaben über den Ablauf der Rechnung auf dem Bildschirm angezeigt. Es wird angenommen, dass die Standard-Ausgabe-Einheit der Bildschirm sei, so dass die betreffenden Anzeige-Anweisungen die folgende Form haben:

WRITE(*, f) Variablenliste

Spezielle Datenfiles In zwei Fällen wird neben dem normalen Resultatfile noch ein zusätzliches Datenfile erzeugt, bzw. es wird neben dem üblichen Datenfile noch ein zweites Datenfile benötigt. In diesen Programmen wird durch eine entsprechende OPEN-Anweisung die externe Einheit 2 diesem speziellen Datenfile zugewiesen.

Zeilenlängen Aus drucktechnischen Gründen können von den für FORTRAN-Anweisungen zur Verfügung stehenden 72 Kolonnen nur die ersten 67 ausgenützt werden. Die wiedergegebenen Programme sind mit einem Laserdrucker produziert worden, wobei der verfügbare Satzspiegel den 67 Anschlägen entspricht. Da auch die Testergebnisse des sechsten Kapitels auf diese Weise hergestellt worden sind, sind in allen FORMAT-Anweisungen die Zahl der Anschläge pro Zeile auf maximal 67 beschränkt.

Kombinierbarkeit von Programmen Es muss nachdrücklich darauf hingewiesen werden, dass die im folgenden wiedergegebenen Haupt- und Unterprogramme mit wenigen Ausnahmen nicht mit Programmen der vorhergehenden Auflagen kombiniert werden können, weil insbesondere die Datenstrukturen zur Speicherung der Gesamtmatrizen teilweise geändert worden sind. Dies betrifft im speziellen die Anordnung der Gesamtsteifigkeitsmatrizen in Bandform und die kompakte, zeilenweise Speicherung der Gesamtmatrizen, für die jetzt nur noch eine einheitliche Form verwendet wird. Zudem mussten einige Besonderheiten des früher benützten FORTRAN-Compilers den neuen Gegebenheiten angepasst werden. Dazu gehören insbesondere die DATA-Anweisungen und bestimmte Deklarationen von indizierten Parametervariablen in Unterprogrammen.

2 Elementmatrizen

Als Bausteine der Methode der finiten Elemente werden die Steifigkeits- und Massenelementmatrizen sowie in bestimmten Fällen der Elementvektor eines Elementes benötigt, wofür im folgenden Unterprogramme bereitgestellt werden. Auch wenn die Massenelementmatrix im Fall von statischen Problemen in der Regel nicht gebraucht wird, so liefern die Unterprogramme mit einer Ausnahme beide Matrizen.

Die Erklärungen im Text werden auf ein Minimum beschränkt, da [Sch91] als Grundlage vorausgesetzt wird. Hinweise auf Formeln in [Sch91] erfolgen beispielsweise durch (B2.12), Hinweise auf Abschnitte durch B2.1.1 und solche auf Figuren durch Fig. B4.17.

2.1 Stab in allgemeiner Lage

Die Steifigkeitselementmatrix S_e für ein Stabelement in allgemeiner räumlicher Lage ist gemäss B2.1.4 mit (B2.30) durch (B2.34) gegeben. Ihr Aufbau aus vier dreireihigen, bis aufs Vorzeichen identischen Untermatrizen spiegelt sich in der Programmstruktur wieder.

```
      SUBROUTINE   STABEL(XK,YK,ZK,E,A,SE,ND)
C -------------------------------------------------------------------
C     LIEFERT DIE STEIFIGKEITSELEMENTMATRIX SE(6,6) EINES ZUGSTABES
C     IN ALLGEMEINER RAEUMLICHER LAGE UNTER BERUECKSICHTIGUNG DES
C     FAKTORS  E * A / L
C     XK, YK, ZK : KOORDINATENTRIPEL DER BEIDEN ENDPUNKTE
C     E : ELASTIZITAETSMODUL, A : QUERSCHNITTSFLAECHE DES STABES
C     ND : AKTUELLE DIMENSIONIERUNG DER ELEMENTMATRIX  SE
C -------------------------------------------------------------------
      REAL*8   XK(2),YK(2),ZK(2),E,A,SE(ND,ND)
      REAL*8   X21,Y21,Z21,L,C(3),H,FAK
      X21 = XK(2) - XK(1)
      Y21 = YK(2) - YK(1)
      Z21 = ZK(2) - ZK(1)
      L = DSQRT(X21 * X21 + Y21 * Y21 + Z21 * Z21)
      C(1) = X21 / L
      C(2) = Y21 / L
      C(3) = Z21 / L
      FAK = E * A / L
      DO 20 I = 1,3
        DO 10 J = 1,3
          H = C(I) * C(J) * FAK
          SE(I,J) = H
          SE(I+3,J+3) = H
          SE(I+3,J) = - H
          SE(I,J+3) = - H
10      CONTINUE
20    CONTINUE
      RETURN
      END
```

2.2 Balken in spezieller räumlicher Lage

Die räumliche Lage eines Balkenelementes mit rechteckigem Querschnitt, dessen Höhe h und dessen Breite b betrage, werde durch seine beiden Endpunkte $P_1(xk_1, yk_1, zk_1)$ und $P_2(xk_2, yk_2, zk_2)$ bestimmt. Seine physikalischen Grössen sind E, ν und ρ. Die Lage des Balkenelementes unterliegt der folgenden Einschränkung: Falls der Balken nicht parallel zur z-Achse ist, dann ist diejenige Seite des Querschnittes, welche der Breite b entspricht, parallel zur (x,y)-Ebene, andernfalls ist diese Seite parallel zur x-Achse (vgl. Fig. B2.6).

Die Deformationsenergie eines Balkenelementes ist gegeben als Summe der vier Deformationsenergien für Biegung in zwei Ebenen, Längsdehnung und Torsion im lokalen Koordinatensystem durch

$$\Pi_B = \frac{E}{2} \left(\frac{bh^3}{12} \int_0^1 \widehat{w}''(x)^2 dx + \frac{b^3h}{12} \int_0^1 \widehat{v}''(x)^2 dx + bh \int_0^1 \widehat{u}'(x)^2 dx + \right.$$

$$\left. + \frac{I_t}{2(1+\nu)} \int_0^1 \Theta'(x)^2 dx \right), \tag{2.1}$$

wo I_t das Torsionsflächenmoment des Rechtecks darstellt. Für ein Rechteck mit $b \geq h$ ist sein Wert mit hinreichender Genauigkeit gegeben durch [Sza77]

$$I_t = \frac{1}{3} b^3 h \left(1 - \frac{192}{\pi^5} \frac{b}{h} \left\{ \text{Tanh}(\frac{\pi h}{2b}) + \frac{1}{243} \text{Tanh}(\frac{3\pi h}{2b}) \right\} \right)$$

$$= \eta_2 \, b^3 h = \eta_2 \, Ab^2, \quad A = bh. \tag{2.2}$$

Zur Vermeidung der transzendenten Funktionen wird der durch (2.2) definierte Ausdruck für η_2 mit $q := h/b \geq 1$ durch die gebrochen rationale Funktion

$$\eta_2 = \frac{2.370592q^2 - 2.486211q + 0.826518}{7.111777q^2 - 3.057824q + 1} \tag{2.3}$$

approximiert mit einem maximalen relativen Fehler von 2 Promille für $q \in [1.0, \infty)$.

Nach Separation der Zeit ist analog zu (2.1) die kinetische Energie des Balkenelementes gegeben durch

$$\tilde{T} = \frac{\rho}{2} \left\{ A \int_0^1 \widehat{w}(x)^2 dx + A \int_0^1 \widehat{v}(x)^2 dx + A \int_0^1 \widehat{u}(x)^2 dx + I_p \int_0^1 \Theta(x)^2 dx \right\} \tag{2.4}$$

mit dem polaren Trägheitsmoment

$$I_p = bh(b^2 + h^2)/12. \tag{2.5}$$

Im lokalen Koordinatensystem setzen sich die Elementmatrizen $\widehat{S}_e$ und $\widehat{M}_e$ für den Vektor der Knotenvariablen

$$\widehat{u}_e = (\widehat{u}_1, \widehat{v}_1, \widehat{w}_1, \widehat{\Theta}_1, \widehat{w}'_1, \widehat{v}'_1, \widehat{u}_2, \widehat{v}_2, \widehat{w}_2, \widehat{\Theta}_2, \widehat{w}'_2, \widehat{v}'_2)^T \tag{2.6}$$

aus vier Beiträgen gemäss (2.1), bzw. (2.4) zusammen. In Fig. 2.1 ist der systematische Aufbau der Elementmatrizen dargestellt, der sich auf der Basis der vier zugehörigen Untermatrizen einfach realisieren lässt. Beim Aufbau der Elementmatrizen sind im Fall der Biegeanteile die Modifikationen gemäss (B2.26) zu berücksichtigen. Anschliessend sind beide Elementmatrizen der Kongruenztransformation (B2.42) mit der Blockdiagonalmatrix (B2.40) zu unterwerfen. Dies erfolgt auf der Basis der 16 dreireihigen Untermatrizen der Fig. 2.1, die entweder Diagonalmatrizen oder Matrizen mit nur zwei von Null verschiedenen Elementen an den Positionen (2,3) und (3,2) sind. Bedeutet $\hat{S}$ eine dreireihige Diagonalmatrix mit den Diagonalelementen $\hat{s}_i$, ($i=1,2,3$), so lautet das allgemeine Element der transformierten Matrix $S = C^T \hat{S} C$

$$s_{ij} = \sum_{k=1}^{3} c_{ki}\, c_{kj}\, \hat{s}_k \,, \quad (i,j = 1,2,3) \,. \tag{2.7}$$

Stellt aber $\tilde{S}$ eine dreireihige Matrix mit den allein von Null verschiedenen Elementen $\tilde{s}_{23}$ und $\tilde{s}_{32}$ dar, so berechnet sich das allgemeine Element von $S = C^T \tilde{S} C$ wie folgt

$$s_{ij} = c_{3i}\, c_{2j}\, \tilde{s}_{32} + c_{2i}\, c_{3j}\, \tilde{s}_{23} \,, \quad (i,j = 1,2,3) \,. \tag{2.8}$$

Die Transformationen werden im Unterprogramm BALKEN mit geeigneten Indexmanipulationen je für Paare von Matrizen des gleichen Typs durchgeführt.

	$\hat{u}_1$	$\hat{v}_1$	$\hat{w}_1$	$\hat{\theta}_1$	$\hat{w}_1'$	$\hat{v}_1'$	$\hat{u}_2$	$\hat{v}_2$	$\hat{w}_2$	$\hat{\theta}_2$	$\hat{w}_2'$	$\hat{v}_2'$
$\hat{u}_1$	×						×					
$\hat{v}_1$		△				△		△				△
$\hat{w}_1$			⊗		⊗				⊗		⊗	
$\hat{\theta}_1$				□						□		
$\hat{w}_1'$			⊗		⊗				⊗		⊗	
$\hat{v}_1'$		△				△		△				△
$\hat{u}_2$	×						×					
$\hat{v}_2$		△				△		△				△
$\hat{w}_2$			⊗		⊗				⊗		⊗	
$\hat{\theta}_2$				□						□		
$\hat{w}_2'$			⊗		⊗				⊗		⊗	
$\hat{v}_2'$		△				△		△				△

△ Biegung in $(\hat{x},\hat{z})$-Ebene

⊗ Biegung in $(\hat{x},\hat{y})$-Ebene

× Längsdehnung in $\hat{x}$-Richtung

□ Torsion um $\hat{x}$-Achse

Fig. 2.1 Zum Aufbau der Elementmatrizen für ein Balkenelement

```fortran
      SUBROUTINE  BALKEN(XK,YK,ZK,H,B,E,NU,RHO,SE,ME,ND)
C -------------------------------------------------------------------
C     LIEFERT DIE STEIFIGKEITSELEMENTMATRIX  SE(12,12)   UND DIE
C     MASSENELEMENTMATRIX  ME(12,12)   EINES BALKENELEMENTES IN FAST
C     ALLGEMEINER LAGE: ES GILT DIE EINSCHRAENKUNG, DASS DIE BREIT-
C     SEITE DER QUERSCHNITFLAECHE PARALLEL ZUR (X,Y)-EBENE IST
C     XK, YK, ZK : KOORDINATENTRIPPEL DER BEIDEN ENDPUNKTE
C     H : HOEHE DES RECHTECKIGEN QUERSCHNITTES
C     B : BREITE DES RECHTECKIGEN QUERSCHNITTES
C     E : ELASTIZITAETSMODUL
C     NU : POISSONZAHL.  RHO : SPEZIFISCHES GEWICHT
C     ND : AKTUELLE DIMENSIONIERUNG DER ELEMENTMATRIZEN
C -------------------------------------------------------------------
      REAL*8   XK(2),YK(2),ZK(2),H,B,E,NU,RHO,SE(ND,ND),ME(ND,ND)
      REAL*8   X21,Y21,Z21,L,L1,A,IB1,IB2,Q,B1,ETA2,IT,IP
      REAL*8   FAKZS,FAKZM,FAKTS,FAKTM,FAKB1S,FAKB2S,FAKBM
      REAL*8   C(3,3),S(3),M(3),SS,SM,S32,S23,M32,M23
      LOGICAL  CASE
      INTEGER  SL(2,2),ML(2,2),SK(4,4),MK(4,4)
      DATA  SL/1,-1,-1,1/,ML/2,1,1,2/
      DATA  SK/6,3,-6,3,  3,2,-3,1,  -6,-3,6,-3,  3,1,-3,2/
      DATA  MK/156,22,54,-13,  22,4,13,-3,  54,13,156,-22,
     *                  -13,-3,-22,4/
      X21 = XK(2) - XK(1)
      Y21 = YK(2) - YK(1)
      Z21 = ZK(2) - ZK(1)
      L = DSQRT(X21 * X21 + Y21 * Y21 + Z21 * Z21)
      C(1,1) = X21 / L
      C(1,2) = Y21 / L
      C(1,3) = Z21 / L
      L1 = DSQRT(C(1,1)**2 + C(1,2)**2)
      C(2,1) = 0D0
      C(2,2) = 1D0
      C(2,3) = 0D0
      IF(DABS(L1).LT.1D-12)  GOTO 10
      C(2,1) = - C(1,2) / L1
      C(2,2) = C(1,1) / L1
   10 C(3,1) = - C(1,3) * C(2,2)
      C(3,2) = C(1,3) * C(2,1)
      C(3,3) = C(1,1) * C(2,2) - C(1,2) * C(2,1)
      A = H * B
      IB1 = A * H * H / 12D0
      IB2 = A * B * B / 12D0
      Q = H / B
      B1 = B
      IF(Q.GE.1D0)  GOTO 20
      Q = B / H
      B1 = H
   20 ETA2 = ((2.370592D0 * Q - 2.486211D0) * Q + 0.826518D0) /
     *       ((7.111777D0 * Q - 3.057824D0) * Q + 1D0)
      IT = ETA2 * A * B1 * B1
      IP = IB1 + IB2
      FAKZS = E * A / L
      FAKZM = RHO * A * L / 6D0
      FAKTS = E * IT / (2D0 * (1D0 + NU) * L)
      FAKTM = RHO * IP * L / 6D0
      FAKB1S = E * IB1 * 2D0 / L ** 3
      FAKB2S = E * IB2 * 2D0 / L ** 3
      FAKBM  = RHO * A * L / 4.2D2
```

```
      DO 40 I = 1,12
         DO 30 J = 1,12
            SE(I,J) = 0D0
            ME(I,J) = 0D0
 30      CONTINUE
 40   CONTINUE
      DO 60 IH = 1,2
         DO 50 JH = 1,2
            I = 6 * IH - 5
            J = 6 * JH - 5
            SE(I,J) = SL(IH,JH) * FAKZS
            ME(I,J) = ML(IH,JH) * FAKZM
            SE(I+3,J+3) = SL(IH,JH) * FAKTS
            ME(I+3,J+3) = ML(IH,JH) * FAKTM
            I1 = 2 * IH - 1
            J1 = 2 * JH - 1
            SE(I+2,J+2) = SK(I1,J1) * FAKB1S
            ME(I+2,J+2) = MK(I1,J1) * FAKBM
            SE(I+2,J+4) = SK(I1,J1+1) * FAKB1S * L
            ME(I+2,J+4) = MK(I1,J1+1) * FAKBM * L
            SE(I+4,J+2) = SK(I1+1,J1) * FAKB1S * L
            ME(I+4,J+2) = MK(I1+1,J1) * FAKBM * L
            SE(I+4,J+4) = SK(I1+1,J1+1) * FAKB1S * L * L
            ME(I+4,J+4) = MK(I1+1,J1+1) * FAKBM * L * L
            SE(I+1,J+1) = SK(I1,J1) * FAKB2S
            ME(I+1,J+1) = MK(I1,J1) * FAKBM
            SE(I+1,J+5) = -SK(I1,J1+1) * FAKB2S * L
            ME(I+1,J+5) = -MK(I1,J1+1) * FAKBM * L
            SE(I+5,J+1) = -SK(I1+1,J1) * FAKB2S * L
            ME(I+5,J+1) = -MK(I1+1,J1) * FAKBM * L
            SE(I+5,J+5) = SK(I1+1,J1+1) * FAKB2S * L * L
            ME(I+5,J+5) = MK(I1+1,J1+1) * FAKBM * L * L
 50      CONTINUE
 60   CONTINUE
      DO 170 IH = 1,2
        DO 160 JH = 1,2
            ID = 6 * IH - 5
            JD = 6 * JH - 5
            CASE = .FALSE.
 70         DO 80 I = 1,3
               S(I) = SE(ID+I-1,JD+I-1)
               M(I) = ME(ID+I-1,JD+I-1)
 80         CONTINUE
            DO 110 I = 1,3
               DO 100 J = 1,3
                  SS = 0D0
                  SM = 0D0
                  DO 90 K = 1,3
                     SS = SS + C(K,I) * C(K,J) * S(K)
                     SM = SM + C(K,I) * C(K,J) * M(K)
 90               CONTINUE
                  SE(ID+I-1,JD+J-1) = SS
                  ME(ID+I-1,JD+J-1) = SM
100            CONTINUE
110         CONTINUE
            IF(CASE)  GOTO 120
            ID = ID + 3
            JD = JD + 3
            CASE = .TRUE.
```

```
         GOTO 70
120      ID = ID - 3
         CASE = .FALSE.
130      S32 = SE(ID+2,JD+1)
         S23 = SE(ID+1,JD+2)
         M32 = ME(ID+2,JD+1)
         M23 = ME(ID+1,JD+2)
         DO 150 I = 1,3
           II = ID + I - 1
           DO 140 J = 1,3
             JJ = JD + J - 1
             SE(II,JJ) = C(3,I)*C(2,J)*S32 + C(2,I)*C(3,J)*S23
             ME(II,JJ) = C(3,I)*C(2,J)*M32 + C(2,I)*C(3,J)*M23
140        CONTINUE
150      CONTINUE
         IF(CASE)  GOTO 160
         ID = ID + 3
         JD = JD - 3
         CASE = .TRUE.
         GOTO 130
160    CONTINUE
170 CONTINUE
     RETURN
     END
```

2.3 Dirichletprobleme

Die nachfolgenden Unterprogramme für geradlinige Dreieck- und Parallelogramm-elemente sind nach dem gleichen Schema aufgebaut. Zuerst erfolgt die Definition der Grundelementmatrizen S_i, (i = 1,2,3) und des Grundelementvektors s_b durch Daten-anweisungen, darauf werden die von der Geometrie des Elementes abhängigen Grössen a, b und c gemäss (B2.49) berechnet und der Test auf richtige Orientierung der Ecken ausgeführt. Im Fall eines negativen Wertes der Determinante wird eine Fehlermeldung gedruckt, und die logische Variable KONT erhält den Wert FALSE. Dann werden die beiden Elementmatrizen und der Elementvektor nach (B2.59), (B2.60) und (B2.61) aufgebaut. Im Fall von kubischen Ansätzen folgt noch die Transformation auf globale Variable. Die Unterprogramme für geradlinige Randintegrale sind analog aufgebaut.

2.3.1 Quadratischer Ansatz im Dreieck

```
      SUBROUTINE  DRQELL(XK,YK,SE,ME,BE,ND,KONT)
C -------------------------------------------------------------------
C     LIEFERT DIE ELEMENTMATRIZEN SE(6,6) UND ME(6,6) SOWIE DEN
C     ELEMENTVEKTOR BE(6) FUER EIN DREIECKELEMENT
C     QUADRATISCHER ANSATZ, ELLIPTISCHE PROBLEME
C     XK, YK : DIE DREI ECKENKOORDINATENPAARE
C     ND : AKTUELLE DIMENSIONIERUNG DER ELEMENTMATRIZEN
C     KONT : WIRD BEI FALSCHER ORIENTIERUNG GLEICH .TRUE. GESETZT
C -------------------------------------------------------------------
      REAL*8  XK(3),YK(3),SE(ND,ND),ME(ND,ND),BE(ND)
      REAL*8  X21,X31,Y21,Y31,DET,A,B,C
```

```fortran
      LOGICAL   KONT
      INTEGER   S1(6,6),S2(6,6),S3(6,6),S4(6,6),SB(6)
      DATA  S1/3,1,0,-4,0,0, 1,3,0,-4,0,0, 6*0,
     *     -4,-4,0,8,0,0, 4*0,8,-8, 4*0,-8,8/
      DATA  S2/6,1,1,-4,0,-4, 1,0,-1,-4,4,0, 1,-1,0,0,4,-4,
     *     -4,-4,0,8,-8,8, 0,4,4,-8,8,-8, -4,0,-4,8,-8,8/
      DATA  S3/3,0,1,0,0,-4, 6*0, 1,0,3,0,0,-4, 3*0,8,-8,0,
     *     3*0,-8,8,0, -4,0,-4,0,0,8/
      DATA  S4/6,-1,-1,0,-4,0, -1,6,-1,0,0,-4, -1,-1,6,-4,
     *      0,0, 0,0,-4,32,16,16, -4,0,0,16,32,16, 0,-4,0,16,16,32/
      DATA  SB/0,0,0,1,1,1/
      X21 = XK(2) - XK(1)
      X31 = XK(3) - XK(1)
      Y21 = YK(2) - YK(1)
      Y31 = YK(3) - YK(1)
      DET = X21 * Y31 - X31 * Y21
      IF(DET.GT.0D0)  GOTO 10
      WRITE(3,1)
    1 FORMAT(' *** ORIENTIERUNG FALSCH')
      KONT = .TRUE.
      RETURN
   10 A = (X31 * X31 + Y31 * Y31) / DET
      B =-(X31 * X21 + Y31 * Y21) / DET
      C = (X21 * X21 + Y21 * Y21) / DET
      DO 30 I = 1,6
         BE(I) = DET * SB(I) / 6D0
         DO 20 J = 1,6
            SE(I,J) = (A * S1(I,J) + B * S2(I,J) + C * S3(I,J)) / 6D0
            ME(I,J) = S4(I,J) * DET / 3.6D2
   20    CONTINUE
   30 CONTINUE
      RETURN
      END
```

2.3.2 Quadratischer Ansatz der Serendipity-Klasse im Parallelogramm

```fortran
      SUBROUTINE   PAQELL(XK,YK,SE,ME,BE,ND,KONT)
C ----------------------------------------------------------------
C     LIEFERT DIE ELEMENTMATRIZEN SE(8,8) UND ME(8,8) SOWIE DEN
C     ELEMENTVEKTOR BE(8) FUER EIN PARALLELOGRAMMELEMENT
C     QUADRATISCHER ANSATZ DER SERENDIPITY-KLASSE
C     ELLIPTISCHE PROBLEME
C     XK, YK : DIE DREI WESENTLICHEN ECKENKOORDINATENPAARE
C     ND : AKTUELLE DIMENSIONIERUNG DER ELEMENTMATRIZEN
C     KONT : WIRD BEI FALSCHER ORIENTIERUNG GLEICH .TRUE. GESETZT
C ----------------------------------------------------------------
      REAL*8   XK(3),YK(3),SE(ND,ND),ME(ND,ND),BE(ND)
      REAL*8   X21,X31,Y21,Y31,DET,A,B,C
      LOGICAL   KONT
      INTEGER   S1(8,8),S2(8,8),S3(8,8),S4(8,8),SB(8)
      DATA  S1/52,28,23,17,-80,-6,-40,6, 28,52,17,23,-80,6,
     1     -40,-6, 23,17,52,28,-40,6,-80,-6, 17,23,28,52,-40,-6,-80,
     2     6, -80,-80,-40,-40,160,0,80,0, -6,6,6,-6,0,48,0,-48, -40,
     3     -40,-80,-80,80,0,160,0, 6,-6,-6,6,0,-48,0,48/
```

```
      DATA  S2/85,0,35,0,-40,-20,-20,-40, 0,-85,0,-35,40,40
     1     ,20,20, 35,0,85,0,-20,-40,-40,-20, 0,-35,0,-85,20,20,40,
     2      40, -40,40,-20,20,0,-80,0,80, -20,40,-40,20,-80,0,80,0,
     3      -20,20,-40,40,0,80,0,-80, -40,20,-20,40,80,0,-80,0/
      DATA  S3/52,17,23,28,6,-40,-6,-80, 17,52,28,23,6,-80,
     1      -6,-40, 23,28,52,17,-6,-80,6,-40, 28,23,17,52,-6,-40,6,
     2      -80, 6,6,-6,-6,48,0,-48,0, -40,-80,-80,-40,0,160,0,80,
     3      -6,-6,6,6,-48,0,48,0, -80,-40,-40,-80,0,80,0,160/
      DATA  S4/6,2,3,2,-6,-8,-8,-6, 2,6,2,3,-6,-6,-8,-8,
     1      3,2,6,2,-8,-6,-6,-8, 2,3,2,6,-8,-8,-6,-6, -6,-6,-8,-8,32,
     2      20,16,20, -8,-6,-6,-8,20,32,20,16, -8,-8,-6,-6,16,20,32,
     3      20, -6,-8,-8,-6,20,16,20,32/
      DATA  SB/-1,-1,-1,-1,4,4,4,4/
      X21 = XK(2) - XK(1)
      X31 = XK(3) - XK(1)
      Y21 = YK(2) - YK(1)
      Y31 = YK(3) - YK(1)
      DET = X21 * Y31 - X31 * Y21
      IF(DET.GT.0D0)  GOTO 10
      WRITE(3,1)
    1 FORMAT(' *** ORIENTIERUNG FALSCH')
      KONT = .TRUE.
      RETURN
   10 A = (X31 * X31 + Y31 * Y31) / DET
      B =-(X31 * X21 + Y31 * Y21) / DET
      C = (X21 * X21 + Y21 * Y21) / DET
      DO 30 I = 1,8
        BE(I) = DET * SB(I) / 1.2D1
        DO 20 J = 1,8
          SE(I,J) = (A * S1(I,J) + B * S2(I,J) + C * S3(I,J)) / 9D1
          ME(I,J) = S4(I,J) * DET / 18D1
   20     CONTINUE
   30 CONTINUE
      RETURN
      END
```

2.3.3 Reduzierter kubischer Ansatz im Dreieck

Hier werden die Formfunktionen nach Zienkiewicz (B2.110) verwendet mit den dafür bestimmten Grundelementmatrizen S_i und dem Grundelementvektor s_b. Dieses Dreieckelement weist den Vorteil auf, dass zu jedem Knotenpunkt die gleiche Anzahl von drei Knotenvariablen u, u_x und u_y gehören.

```
      SUBROUTINE   DRKELL(XK,YK,SE,ME,BE,ND,KONT)
C-------------------------------------------------------------------
C     LIEFERT DIE ELEMENTMATRIZEN SE(9,9) UND ME(9,9) SOWIE DEN
C     ELEMENTVEKTOR BE(9) FUER EIN DREIECKELEMENT
C     KUBISCHER ANSATZ NACH ZIENKIEWICZ, ELLIPTISCHE PROBLEME
C     XK, YK : DIE DREI ECKENKOORDINATENPAARE
C     ND : AKTUELLE DIMENSIONIERUNG DER ELEMENTMATRIZEN
C     KONT : WIRD BEI FALSCHER ORIENTIERUNG GLEICH .TRUE. GESETZT
C-------------------------------------------------------------------
      REAL*8   XK(3),YK(3),SE(ND,ND),ME(ND,ND),BE(ND)
      REAL*8   DET,X21,X31,Y21,Y31,A,B,C,H1
      INTEGER  S1(9,9),S2(9,9),S3(9,9),S4(9,9),SB(9)
      LOGICAL  KONT
```

```
      DATA  S1/400,6,62,-392,76,-58,-8,-50,4, 6,21,-3,-18,
     1    -6,-3,12,3,-6, 62,-3,13,-58,14,-11,-4,-13,2, -392,-18,
     2    -58,400,-68,62,-8,46,4, 76,-6,14,-68,28,-10,-8,-14,4,
     3    -58,-3,-11,62,-10,13,-4,11,2, -8,12,-4,-8,-8,-4,16,4,-8,
     4    -50,3,-13,46,-14,11,4,25,-2, 4,-6,2,4,4,2,-8,-2,4/
      DATA  S2/784,64,64,-392,88,-120,-392,-120,88, 64,9,
     1    17,-68,10,-19,4,-11,-2, 64,17,9,4,-2,-11,-68,-19,10,
     2    -392,-68,4,16,-8,60,376,60,-80, 88,10,-2,-8,4,6,-80,-6,
     3    16, -120,-19,-11,60,6,17,60,13,-6, -392,4,-68,376,-80,60,
     4    16,60,-8, -120,-11,-19,60,-6,13,60,17,6, 88,-2,10,-80,16,
     5    -6,-8,6,4/
      DATA  S3/400,62,6,-8,4,-50,-392,-58,76, 62,13,-3,-4,
     1    2,-13,-58,-11,14, 6,-3,21,12,-6,3,-18,-3,-6, -8,-4,12,16,
     2    -8,4,-8,-4,-8, 4,2,-6,-8,4,-2,4,2,4, -50,-13,3,4,-2,25,
     3    46,11,-14, -392,-58,-18,-8,4,46,400,62,-68, -58,-11,-3,
     4    -4,2,11,62,13,-10, 76,14,-6,-8,4,-14,-68,-10,28/
      DATA  S4/1936,208,208,712,-212,76,712,76,-212, 208,
     1    31,19,136,-38,13,76,11,-24, 208,19,31,76,-24,11,136,13,
     2    -38, 712,136,76,1936,-416,208,712,136,-212, -212,-38,-24,
     3    -416,100,-50,-212,-38,62, 76,13,11,208,-50,31,136,25,-38,
     4    712,76,136,712,-212,136,1936,208,-416, 76,11,13,136,-38,
     5    25,208,31,-50, -212,-24,-38,-212,62,-38,-416,-50,100/
      DATA  SB/8,1,1,8,-2,1,8,1,-2/
      X21 = XK(2) - XK(1)
      X31 = XK(3) - XK(1)
      Y21 = YK(2) - YK(1)
      Y31 = YK(3) - YK(1)
      DET = X21 * Y31 - X31 * Y21
      IF(DET.GT.0D0)  GOTO  10
      WRITE(3,1)
    1 FORMAT('  *** ORIENTIERUNG FALSCH')
      KONT = .TRUE.
      RETURN
   10 A = (X31 * X31 + Y31 * Y31) / DET
      B =-(X21 * X31 + Y21 * Y31) / DET
      C = (X21 * X21 + Y21 * Y21) / DET
      DO 30 I = 1,9
        DO 20 J = I,9
          SE(I,J) = (A*S1(I,J) + B*S2(I,J) + C*S3(I,J))/7.2D2
          SE(J,I) = SE(I,J)
          ME(I,J) = DET * S4(I,J) / 2.016D4
          ME(J,I) = ME(I,J)
   20   CONTINUE
        BE(I) = SB(I) * DET / 4.8D1
   30 CONTINUE
      DO 50 J = 2,8,3
        DO 40 I = 1,9
          H1 = X21 * SE(I,J) + X31 * SE(I,J+1)
          SE(I,J+1) = Y21 * SE(I,J) + Y31 * SE(I,J+1)
          SE(I,J) = H1
          H1 = X21 * ME(I,J) + X31 * ME(I,J+1)
          ME(I,J+1) = Y21 * ME(I,J) + Y31 * ME(I,J+1)
          ME(I,J) = H1
   40   CONTINUE
   50 CONTINUE
      DO 70 I = 2,8,3
        DO 60 J = 1,9
          H1 = X21 * SE(I,J) + X31 * SE(I+1,J)
          SE(I+1,J) = Y21 * SE(I,J) + Y31 * SE(I+1,J)
```

```fortran
         SE(I,J) = H1
         H1 = X21 * ME(I,J) + X31 * ME(I+1,J)
         ME(I+1,J) = Y21 * ME(I,J) + Y31 * ME(I+1,J)
         ME(I,J) = H1
60    CONTINUE
      H1 = X21 * BE(I) + X31 * BE(I+1)
      BE(I+1) = Y21 * BE(I) + Y31 * BE(I+1)
      BE(I) = H1
70 CONTINUE
   RETURN
   END
```

2.3.4 Kubischer Ansatz der Serendipity-Klasse im Parallelogramm

Dem Unterprogramm liegen die Formfunktionen (B2.106) zugrunde. Die vier Grundelementmatrizen S_i der Ordnung zwölf sollten eigentlich platzsparend nur als untere Hälften gespeichert werden. Davon wurde abgesehen, und anstelle von S_2 ist die nichtsymmetrische Matrix S_2^*, die im Fall von Scheibenproblemen auftritt, als Datensatz aufgenommen. Die Berechnung der Steifigkeitselementmatrix $\hat{S}_e$ muss entsprechend modifiziert werden.

```fortran
      SUBROUTINE  PAKELL(XK,YK,SE,ME,BE,ND,KONT)
C-----------------------------------------------------------------
C     LIEFERT DIE ELEMENTMATRIZEN SE(12,12) UND ME(12,12) SOWIE DEN
C     ELEMENTVEKTOR BE(12) FUER EIN PARALLELOGRAMMELEMENT
C     KUBISCHER ANSATZ DER SERENDIPITY-KLASSE
C     ELLIPTISCHE PROBLEME
C     XK, YK : DIE DREI WESENTLICHEN ECKENKOORDINATENPAARE
C     ND : AKTUELLE DIMENSIONIERUNG DER ELEMENTMATRIZEN
C     KONT : WIRD BEI FALSCHER ORIENTIERUNG GLEICH .TRUE. GESETZT
C-----------------------------------------------------------------
      REAL*8   XK(3),YK(3),SE(ND,ND),ME(ND,ND),BE(ND)
      REAL*8   DET,X21,X31,Y21,Y31,A,B,C,H1
      INTEGER  S1(12,12),S2(12,12),S3(12,12),S4(12,12),SB(12)
      LOGICAL  KONT
      DATA  S1/552,42,66,-552,42,-66,-204,21,39,204,21,
     1    -39, 42,56,0,-42,-14,0,-21,-7,0,21,28,0,
     2    66,0,12,-66,0,-12,-39,0,9,39,0,-9,
     3    -552,-42,-66,552,-42,66,204,-21,-39,-204,-21,39,
     4    42,-14,0,-42,56,0,-21,28,0,21,-7,0,
     5    -66,0,-12,66,0,12,39,0,-9,-39,0,9,
     6    -204,-21,-39,204,-21,39,552,-42,-66,-552,-42,66,
     7    21,-7,0,-21,28,0,-42,56,0,42,-14,0,
     8    39,0,9,-39,0,-9,-66,0,12,66,0,-12,
     9    204,21,39,-204,21,-39,-552,42,66,552,42,-66,
     *    21,28,0,-21,-7,0,-42,-14,0,42,56,0,
     +    -39,0,-9,39,0,9,66,0,-12,-66,0,12/
      DATA  S2/1260,-252,252,-1260,252,-252,-1260,2*252,
     1    1260,2*-252,252,0,35,-252,42,-35,-252,42,35,252,0,-35,
     2    -252,35,0,252,-35,0,-252,35,42,252,-35,-42,
     3    1260,2*252,-1260,2*-252,-1260,-252,252,1260,252,-252,
     4    -252,-42,-35,252,0,35,252,0,-35,-252,-42,35,
     5    -252,-35,0,252,35,0,-252,-35,42,252,35,-42,
     6    -1260,2*-252,1260,252,252,1260,252,-252,-1260,-252,252,
```

```
      7     252,42,35,-252,0,-35,-252,0,35,252,42,-35,
      8     252,35,42,-252,-35,-42,252,35,0,-252,-35,0,
      9     -1260,252,-252,1260,-252,252,1260,-252,-252,-1260,2*252,
      *     -252,0,-35,252,-42,35,252,-42,-35,-252,0,35,
      +     252,-35,42,-252,35,-42,252,-35,0,-252,35,0/
       DATA  S3/552,66,42,204,-39,21,-204,39,21,-552,-66,
      1     42, 66,12,0,39,-9,0,-39,9,0,-66,-12,0,
      2     42,0,56,21,0,28,-21,0,-7,-42,0,-14,
      3     204,39,21,552,-66,42,-552,66,42,-204,-39,21,
      4     -39,-9,0,-66,12,0,66,-12,0,39,9,0,
      5     21,0,28,42,0,56,-42,0,-14,-21,0,-7,
      6     -204,-39,-21,-552,66,-42,552,-66,-42,204,39,-21,
      7     39,9,0,66,-12,0,-66,12,0,-39,-9,0,
      8     21,0,-7,42,0,-14,-42,0,56,-21,0,28,
      9     -552,-66,-42,-204,39,-21,204,-39,-21,552,66,-42,
      *     -66,-12,0,-39,9,0,39,-9,0,66,12,0,
      +     42,0,-14,21,0,-7,-21,0,28,-42,0,56/
       DATA S4/3454,2*461,1226,-274,199,394,2*-116,1226,
      1     199, -274,461,80,63,274,-60,42,116,-30,-28,199,40,-42,
      2     461,63,80,199,-42,40,116,-28,-30,274,42,-60,
      3     1226,274,199,3454,-461,461,1226,-199,-274,394,116,-116,
      4     -274,-60,-42,-461,80,-63,-199,40,42,-116,-30,28,
      5     199,42,40,461,-63,80,274,-42,-60,116,28,-30,
      6     394,116,116,1226,-199,274,3454,-461,-461,1226,274,-199,
      7     -116,-30,-28,-199,40,-42,-461,80,63,-274,-60,42,
      8     -116,-28,-30,-274,42,-60,-461,63,80,-199,-42,40,
      9     1226,199,274,394,-116,116,1226,-274,-199,3454,461,-461,
      *     199,40,42,116,-30,28,274,-60,-42,461,80,-63,
      +     -274,-42,-60,-116,28,-30,-199,42,40,-461,-63,80/
      DATA SB/6,1,1,6,-1,1,6,-1,-1,6,1,-1/
      X21 = XK(2) - XK(1)
      X31 = XK(3) - XK(1)
      Y21 = YK(2) - YK(1)
      Y31 = YK(3) - YK(1)
      DET = X21 * Y31 - X31 * Y21
      IF(DET.GT.0D0)  GOTO 10
      WRITE(3,1)
    1 FORMAT('  *** ORIENTIERUNG FALSCH')
      KONT = .TRUE.
      RETURN
   10 A = (X31 * X31 + Y31 * Y31) / DET
      B =-(X21 * X31 + Y21 * Y31) / (DET * 4D0)
      C = (X21 * X21 + Y21 * Y21) / DET
      DO 30 I = 1,12
        BE(I) = SB(I) * DET / 2.4D1
        DO 20 J = I,12
          SE(I,J) = (A * S1(I,J) + B * (S2(I,J) + S2(J,I))
    1              + C * S3(I,J)) / 1.26D3
          SE(J,I) = SE(I,J)
          ME(I,J) = DET * S4(I,J) / 2.52D4
          ME(J,I) = ME(I,J)
   20    CONTINUE
   30 CONTINUE
      DO 50 J = 2,11,3
        DO 40 I = 1,12
          H1 = X21 * SE(I,J) + X31 * SE(I,J+1)
          SE(I,J+1) = Y21 * SE(I,J) + Y31 * SE(I,J+1)
          SE(I,J) = H1
```

```
            H1 = X21 * ME(I,J)  +   X31 * ME(I,J+1)
            ME(I,J+1) = Y21 * ME(I,J)  + Y31 * ME(I,J+1)
            ME(I,J) = H1
   40    CONTINUE
   50 CONTINUE
      DO 70 I = 2,11,3
         DO 60 J = 1,12
            H1 = X21 * SE(I,J) + X31 * SE(I+1,J)
            SE(I+1,J) = Y21 * SE(I,J) + Y31 * SE(I+1,J)
            SE(I,J) = H1
            H1 = X21 * ME(I,J) + X31 * ME(I+1,J)
            ME(I+1,J) = Y21 * ME(I,J) + Y31 * ME(I+1,J)
            ME(I,J) = H1
   60    CONTINUE
         H1 = X21 * BE(I) + X31 * BE(I+1)
         BE(I+1) = Y21 * BE(I) + Y31 * BE(I+1)
         BE(I) = H1
   70 CONTINUE
      RETURN
      END
```

2.3.5 Randintegrale für quadratischen und kubischen Ansatz

Die Elementmatrix M_e und der Elementvektor b_e werden für den quadratischen Ansatz
auf Grund von (B2.15) und für den kubischen Funktionsverlauf auf Grund von (B2.89)
mit der dort angegebenen Transformation berechnet.

```
      SUBROUTINE   RAQELL(XK,YK,ME,BE,ND)
C -------------------------------------------------------------------
C     LIEFERT DIE ELEMENTMATRIX ME(3,3) UND DEN ELEMENTVEKTOR BE(3)
C     FUER EIN RANDELEMENT. REIHENFOLGE DER PUNKTE: PA,PM,PB
C     QUADRATISCHER ANSATZ, ELLIPTISCHE PROBLEME
C     XK, YK : DIE KOORDINATENPAARE DES ANFANGS- UND ENDPUNKTES
C     ND : AKTUELLE DIMENSIONIERUNG DER ELEMENTMATRIZEN
C -------------------------------------------------------------------
      REAL*8   XK(2),YK(2),ME(ND,ND),BE(ND),L,X21,Y21
      INTEGER  S4(3,3),SB(3)
      DATA  S4/4,2,-1, 2,16,2, -1,2,4/
      DATA  SB/1,4,1/
      X21 = XK(2) - XK(1)
      Y21 = YK(2) - YK(1)
      L = DSQRT(X21 * X21 + Y21 * Y21)
      DO 20 I = 1,3
         BE(I) = L * SB(I) / 6D0
         DO 10 J = 1,3
            ME(I,J) = L * S4(I,J) / 3D1
   10    CONTINUE
   20 CONTINUE
      RETURN
      END
```

```
      SUBROUTINE   RAKELL(XK,YK,ME,BE,ND)
C ----------------------------------------------------------------
C     LIEFERT DIE ELEMENTMATRIX ME(6,6) UND DEN ELEMENTVEKTOR BE(6)
C     FUER EIN RANDELEMENT
C     KUBISCH-HERMITESCHER ANSATZ, ELLIPTISCHE PROBLEME
C     XK, YK : DIE KOORDINATENPAARE DES ANFANGS- UND ENDPUNKTES
C     ND : AKTUELLE DIMENSIONIERUNG DER ELEMENTMATRIX
C ----------------------------------------------------------------
      REAL*8   XK(2),YK(2),ME(ND,ND),BE(ND),X21,Y21,L
      INTEGER  S4(6,6),SB(6)
      DATA S4/156,22,22,54,-13,-13, 22,4,4,13,-3,-3,
     1    22,4,4,13,-3,-3, 54,13,13,156,-22,-22, -13,-3,-3,-22,4,4,
     2    -13,-3,-3,-22,4,4/
      DATA   SB/6,1,1,6,-1,-1/
      X21 = XK(2) - XK(1)
      Y21 = YK(2) - YK(1)
      L = DSQRT(X21 * X21 + Y21 * Y21)
      DO 20 I = 1,6
        BE(I) = L * SB(I) / 1.2D1
        DO 10 J = 1,6
          ME(I,J) = L * S4(I,J) / 4.2D2
   10   CONTINUE
   20 CONTINUE
      DO 40 I = 2,5,3
        BE(I) = X21 * BE(I)
        BE(I+1) = Y21 * BE(I+1)
        DO 30 J = 1,6
          ME(I,J) = X21 * ME(I,J)
          ME(I+1,J) = Y21 * ME(I+1,J)
          ME(J,I) = X21 * ME(J,I)
          ME(J,I+1) = Y21 * ME(J,I+1)
   30   CONTINUE
   40 CONTINUE
      RETURN
      END
```

2.3.6 Isoparametrisches quadratisches Dreieckelement

Die Elementmatrizen $\mathbf{S}_e$ und $\mathbf{M}_e$ sowie der Elementvektor $\mathbf{b}_e$ werden nach Abschn. B2.4.3 auf Grund des Vektors FF des Vektors der Formfunktionen (B2.102) und seiner partiellen Ableitungen FFX und FFE nach ξ, bzw. nach η berechnet. die an verschiedenen Integrationsstützstellen im Einheitsdreieck benötigt werden. Das Hilfsunterprogramm FFQDRE liefert die drei genannten Vektoren zu einer gegebenen Stelle (ξ,η). Das Unterprogramm ISODRQ führt die numerische Integration mit den Integrationsstützstellen und Gewichten von Tab. B2.2 durch. Zur Verringerung des Rechenaufwandes wird dabei die Symmetrie der Elementmatrizen ausgenützt.

```
      SUBROUTINE   ISODRQ(XK,YK,SE,ME,BE,ND,KONT)
C ----------------------------------------------------------------
C     LIEFERT DIE ELEMENTMATRIZEN   SE(6,6)   UND   ME(6,6)   SOWIE DEN
C     ELEMENTVEKTOR BE(6) FUER EIN ISOPARAMETRISCHES DREIECKELEMENT
C     QUADRATISCHER ANSATZ, ELLIPTISCHE PROBLEME
C     XK, YK : DIE SECHS KOORDINATENPAARE DER KNOTENPUNKTE IN DER
C              UEBLICHEN REIHENFOLGE
```

```fortran
C     ND : AKTUELLE DIMENSIONIERUNG DER ELEMENTMATRIZEN
C     KONT : WIRD BEI NEGATIVER JACOBI-DETERMINANTE GLEICH .TRUE.
C            GESETZT. ELEMENTMATRIZEN IN DIESEM FALL UNDEFINIERT
C ----------------------------------------------------------------
      REAL*8   XK(6),YK(6),SE(ND,ND),ME(ND,ND),BE(ND),H1(6),H2(6)
      REAL*8   FF(6),FFX(6),FFE(6),XX,XE,YX,YE,DET,WDET,H
      REAL*8   XSI(7),ETA(7),W(7)
      LOGICAL   KONT
      DATA   XSI/0.333333333D0,0.470142064D0,0.059715872D0,
     *     0.470142064D0,0.101286507D0,0.797426985D0,0.101286507D0/
      DATA   ETA/0.333333333D0,0.470142064D0,0.470142064D0,
     *     0.059715872D0,0.101286507D0,0.101286507D0,0.797426985D0/
      DATA   W/0.1125D0,3*0.0661970764D0,3*0.0629695903D0/
      DO 20 I = 1,6
        BE(I) = 0D0
        DO 10 J = I,6
          SE(I,J) = 0D0
          ME(I,J) = 0D0
 10     CONTINUE
 20   CONTINUE
      DO 80 I = 1,7
        CALL  FFQDRE(XSI(I),ETA(I),FF,FFX,FFE)
        XX = 0D0
        XE = 0D0
        YX = 0D0
        YE = 0D0
        DO 30 J = 1,6
          XX = XX + XK(J) * FFX(J)
          XE = XE + XK(J) * FFE(J)
          YX = YX + YK(J) * FFX(J)
          YE = YE + YK(J) * FFE(J)
 30     CONTINUE
        DET = XX * YE - XE * YX
        IF(DET.GT.0D0)  GOTO 40
        WRITE(3,1)
 1      FORMAT('    *** JACOBI-DETERMINANTE NEGATIV')
        KONT = .TRUE.
        RETURN
 40     WDET = DSQRT(DET)
        DO 50 J = 1,6
          H1(J) = (YE * FFX(J) - YX * FFE(J)) / WDET
          H2(J) = (XX * FFE(J) - XE * FFX(J)) / WDET
 50     CONTINUE
        H = W(I) * DET
        DO 70 J = 1,6
          BE(J) = BE(J) + H * FF(J)
          DO 60 K = J,6
            SE(J,K) = SE(J,K) + W(I) * (H1(J)*H1(K) + H2(J)*H2(K))
            SE(K,J) = SE(J,K)
            ME(J,K) = ME(J,K) + H * FF(J) * FF(K)
            ME(K,J) = ME(J,K)
 60       CONTINUE
 70     CONTINUE
 80   CONTINUE
      RETURN
      END
```

```fortran
      SUBROUTINE  FFQDRE(XSI,ETA,FF,FFX,FFE)
C -----------------------------------------------------------------
C     LIEFERT ZUM WERTEPAAR (XSI,ETA) DIE FORMFUNKTIONEN UND DEREN
C     PARTIELLE ABLEITUNGEN FUER DEN QUADRATISCHEN ANSATZ IN EINEM
C     DREIECKELEMENT IN DEN VEKTOREN  FF(6), FFX(6), FFE(6)
C -----------------------------------------------------------------
      REAL*8  XSI,ETA,FF(6),FFX(6),FFE(6),Z1,Z2,Z3
      Z1 = 1D0 - XSI - ETA
      Z2 = XSI
      Z3 = ETA
      FF(1) = Z1 * (Z1 + Z1 - 1D0)
      FF(2) = Z2 * (Z2 + Z2 - 1D0)
      FF(3) = Z3 * (Z3 + Z3 - 1D0)
      FF(4) = 4D0 * Z1 * Z2
      FF(5) = 4D0 * Z2 * Z3
      FF(6) = 4D0 * Z3 * Z1
      FFX(1) = 1D0 - 4D0 * Z1
      FFX(2) = 4D0 * Z2 -1D0
      FFX(3) = 0D0
      FFX(4) = 4D0 * (Z1 - Z2)
      FFX(5) = 4D0 * Z3
      FFX(6) = - 4D0 * Z3
      FFE(1) = 1D0 - 4D0 * Z1
      FFE(2) = 0D0
      FFE(3) = 4D0 * Z3 - 1D0
      FFE(4) = - 4D0 * Z2
      FFE(5) = 4D0 * Z2
      FFE(6) = 4D0 * (Z1 - Z3)
      RETURN
      END
```

2.3.7 Isoparametrisches quadratisches Viereckelement der Serendipity-Klasse

Den Vektor der Formfunktionen FF, definiert durch (B2.195), zusammen mit seinen beiden partiellen Ableitungen FFX und FFE nach ξ und η zu einer gegebenen Stelle (ξ,η) des Einheitsquadrates liefert das Hilfsunterprogramm FFQPAS. Die numerische Integration über das Einheitsquadrat wird im Unterprogramm ISOPAQ als zweifache Gausssche Integration mit je drei Stützstellen und Gewichten mit den Werten von Tab. B2.3 ausgeführt.

```fortran
      SUBROUTINE  ISOPAQ(XK,YK,SE,ME,BE,ND,KONT)
C -----------------------------------------------------------------
C     LIEFERT DIE ELEMENTMATRIZEN  SE(8,8)  UND  ME(8,8)  SOWIE DEN
C     ELEMENTVEKTOR BE(8) FUER EIN ISOPARAMETRISCHES VIERECKELEMENT
C     QUADRATISCHER ANSATZ DER SERENDIPITY-KLASSE
C     ELLIPTISCHE PROBLEME
C     XK, YK : DIE ACHT KOORDINATENPAARE DER KNOTENPUNKTE IN
C              DER UEBLICHEN REIHENFOLGE
C     ND : AKTUELLE DIMENSIONIERUNG DER ELEMENTMATRIZEN
C     KONT : WIRD BEI NEGATIVER JACOBI-DETERMINANTE GLEICH .TRUE.
C            GESETZT. ELEMENTMATRIZEN IN DIESEM FALL UNDEFINIERT
C -----------------------------------------------------------------
      REAL*8  XK(8),YK(8),SE(ND,ND),ME(ND,ND),BE(ND),H1(8),H2(8)
      REAL*8  FF(8),FFX(8),FFE(8),XX,XE,YX,YE,DET,WDET,H,WW
```

```fortran
      REAL*8   SIG(3),W(3)
      LOGICAL  KONT
      DATA  SIG/0.1127016654D0,0.5D0,0.8872983346D0/
      DATA  W/0.2777777778D0,0.4444444444D0,0.2777777778D0/
      DO 20 I = 1,8
        BE(I) = 0D0
        DO 10 J = I,8
          SE(I,J) = 0D0
          ME(I,J) = 0D0
   10   CONTINUE
   20 CONTINUE
      DO 90 I1 = 1,3
        DO 80 I2 = 1,3
          CALL  FFQPAS(SIG(I1),SIG(I2),FF,FFX,FFE)
          XX = 0D0
          XE = 0D0
          YX = 0D0
          YE = 0D0
          DO 30 J = 1,8
            XX = XX + XK(J) * FFX(J)
            XE = XE + XK(J) * FFE(J)
            YX = YX + YK(J) * FFX(J)
            YE = YE + YK(J) * FFE(J)
   30     CONTINUE
          DET = XX * YE - XE * YX
          IF(DET.GT.0D0)   GOTO 40
          WRITE(3,1)
    1     FORMAT('    *** JACOBI-DETERMINANTE NEGATIV')
          KONT = .TRUE.
          RETURN
   40     WDET = DSQRT(DET)
          DO 50 J = 1,8
            H1(J) = (YE * FFX(J) - YX * FFE(J)) / WDET
            H2(J) = (XX * FFE(J) - XE * FFX(J)) / WDET
   50     CONTINUE
          WW = W(I1) * W(I2)
          H = WW * DET
          DO 70 J = 1,8
            BE(J) = BE(J) + H * FF(J)
            DO 60 K = J,8
              SE(J,K) = SE(J,K) + WW * (H1(J)*H1(K) + H2(J)*H2(K))
              SE(K,J) = SE(J,K)
              ME(J,K) = ME(J,K) + H * FF(J) * FF(K)
              ME(K,J) = ME(J,K)
   60       CONTINUE
   70     CONTINUE
   80   CONTINUE
   90 CONTINUE
      RETURN
      END



      SUBROUTINE  FFQPAS(XSI,ETA,FF,FFX,FFE)
C ----------------------------------------------------------------------
C     LIEFERT ZUM WERTEPAAR (XSI,ETA) DIE FORMFUNKTIONEN UND DEREN
C     ERSTE ABLEITUNGEN FUER DEN QUADRATISCHEN ANSATZ DER
C     SERENDIPITY-KLASSE IM QUADRAT IN DEN VEKTOREN FF(8), FFX(8),
C     FFE(8)
C ----------------------------------------------------------------------
```

```
      REAL*8   XSI,ETA,FF(8),FFX(8),FFE(8),H1,H2,H3,H4,H5,H6
      H1 = 1D0 - XSI
      H2 = 1D0 - ETA
      H3 = 1D0 - 2D0 * (XSI + ETA)
      H4 = 1D0 - 2D0 * (XSI - ETA)
      H5 = 3D0 - 2D0 * (XSI + ETA)
      H6 = 1D0 + 2D0 * (XSI - ETA)
      FF(1)  = H1 * H2 * H3
      FF(2)  = - XSI * H2 * H4
      FF(3)  = - XSI * ETA * H5
      FF(4)  = - ETA * H1 * H6
      FF(5)  = 4D0 * XSI * H1 * H2
      FF(6)  = 4D0 * XSI * ETA * H2
      FF(7)  = 4D0 * XSI * ETA * H1
      FF(8)  = 4D0 * ETA * H1 * H2
      FFX(1) = - H2 * (H3 + 2D0 * H1)
      FFX(2) = - H2 * (H4 - 2D0 * XSI)
      FFX(3) = - ETA * (H5 - 2D0 * XSI)
      FFX(4) = - ETA * (2D0 * H1 - H6)
      FFX(5) = 4D0 * H2 * (H1 - XSI)
      FFX(6) = 4D0 * ETA * H2
      FFX(7) = 4D0 * ETA * (H1 - XSI)
      FFX(8) = - 4D0 * ETA * H2
      FFE(1) = - H1 * (H3 + 2D0 * H2)
      FFE(2) = - XSI * (2D0 * H2 - H4)
      FFE(3) = - XSI * (H5 - 2D0 * ETA)
      FFE(4) = - H1 * (H6 - 2D0 * ETA)
      FFE(5) = - 4D0 * XSI * H1
      FFE(6) = 4D0 * XSI * (H2 - ETA)
      FFE(7) = 4D0 * XSI * H1
      FFE(8) = 4D0 * H1 * (H2 - ETA)
      RETURN
      END
```

2.3.8 Krummliniges Randintegral, quadratischer Ansatz

Die Berechnung der Elementmatrix $\mathbf{M}_e$ und des Elementvektors $\mathbf{b}_e$ erfolgt für ein krummliniges Randstück nach Abschn. B2.4.4. Den Vektor der eindimensionalen Formfunktionen FF und seine Ableitung FFS nach σ an einer gegebenen Stelle σ berechnet das Hilfsunterprogramm FFQUAD. Zur numerischen Integration wird im Unterprogramm ISORAQ die Gaussche Integrationsformel mit drei Stützstellen und Gewichten nach Tab. B2.3 angewandt.

```
      SUBROUTINE  ISORAQ(XK,YK,ME,BE,ND)
C -----------------------------------------------------------------------
C     LIEFERT DIE ELEMENTMATRIX ME(3,3) UND DEN ELEMENTVEKTOR BE(3)
C     FUER EIN KRUMMLINIGES RANDELEMENT
C     QUADRATISCHER ANSATZ, ELLIPTISCHE PROBLEME
C     REIHENFOLGE DER KNOTENPUNKTE : PA, PM, PB !!!!
C     XK, YK : DIE DREI KOORDINATENPAARE DER PUNKTE
C     ND : AKTUELLE DIMENSIONIERUNG DER ELEMENTMATRIX
C -----------------------------------------------------------------------
      REAL*8   XK(3),YK(3),ME(ND,ND),BE(ND),FF(3),FFS(3),XFS,YFS,H
      REAL*8   SIG(3),W(3)
```

```fortran
      DATA  SIG/0.1127016654D0,0.5D0,0.8872983346D0/
      DATA  W/0.2777777778D0,0.4444444444D0,0.27777777778D0/
      DO 20 I = 1,3
        BE(I) = 0D0
        DO 10 J = 1,3
          ME(I,J) = 0D0
 10     CONTINUE
 20   CONTINUE
      DO 60 I = 1,3
        CALL  FFQUAD(SIG(I),FF,FFS)
        XFS = 0D0
        YFS = 0D0
        DO 30 J = 1,3
          XFS = XFS + XK(J) * FFS(J)
          YFS = YFS + YK(J) * FFS(J)
 30     CONTINUE
        H = W(I) * DSQRT(XFS * XFS + YFS * YFS)
        DO 50 J = 1,3
          BE(J) = BE(J) + H * FF(J)
          DO 40 K = 1,3
            ME(J,K) = ME(J,K) + H * FF(J) * FF(K)
 40       CONTINUE
 50     CONTINUE
 60   CONTINUE
      RETURN
      END


      SUBROUTINE  FFQUAD(SIG,FF,FFS)
C --------------------------------------------------------------------
C  LIEFERT ZU GEGEBENEM WERT  SIG  DIE DREI FORMFUNKTIONEN UND
C  IHRE ABLEITUNGEN FUER DEN QUADRATISCHEN ANSATZ IN DEN
C  VEKTOREN  FF(3)  UND  FFS(3)
C --------------------------------------------------------------------
      REAL*8  SIG,FF(3),FFS(3),L1,L2
      L1 = SIG
      L2 = 1D0 - SIG
      FF(1)  = L2 * (L2 - L1)
      FF(2)  = 4D0 * L1 * L2
      FF(3)  = L1 * (L1 - L2)
      FFS(1) = L1 - 3D0 * L2
      FFS(2) = 4D0 * (L2 - L1)
      FFS(3) = 3D0 * L1 - L2
      RETURN
      END
```

2.4 Scheibenprobleme

Die Bereitstellung der Steifigkeitselementmatrix S_e und der Massenelementmatrix M_e für geradlinige Dreieck- und Parallelogrammelemente mit quadratischen und kubischen Verschiebungsansätzen ist im Abschn. B2.5.1 beschrieben. Zuerst werden die Grundelementmatrizen S_1, $S_2{}^*$, S_3 und S_4 als Datensätze definiert, deren Ordnung nur halb so gross ist wie diejenige der gesuchten Elementmatrizen. ann werden die zehn von der Geometrie und der Poissonzahl ν abhängigen Parameter a_1 bis d_3 gemäss (B2.148) und (B2.149) berechnet, die noch gleichzeitig mit den Nennern der betreffenden ganzzahligen Grundelementmatrizen dividiert werden. Mit diesen Zahlwerten werden die Teilmatrizen $\hat{S}_{ii}$ und $\hat{S}_{12}$ (B2.156) gebildet und entsprechend der Anordnung der Knotenvariablen (B2.159) in der Elementmatrix S_e eingesetzt. Die Massenelementmatrix M_e wird analog aufgebaut, wobei berücksichtigt wird, dass Paare von Matrixelementen gleich, bzw. gleich Null sind. Im Fall von kubischen Verschiebungsansätzen mit partiellen Ableitungen als Knotenvariablen ist selbstverständlich die Transformation auf globale Variable durchzuführen.

In den folgenden Unterprogrammen ist der Faktor $Eh/(1 - \nu^2)$ in den Steifigkeits-elementmatrizen S_e nicht berücksichtigt. Dasselbe gilt für den Faktor ρh bei den Massenelementmatrizen M_e im Fall von Schwingungsaufgaben. Für die konkreten Anwendungen wurde die vereinfachende Annahme getroffen, dass sowohl der Elastizitäts-modul E und die Dicke h als auch die Dichte ρ für alle Elemente konstant seien. Die erwähnten Faktoren werden bei der Kompilation der Gesamtmatrizen noch in geeigne-ter Form zu berücksichtigen sein.

2.4.1 Quadratischer Verschiebungsansatz im Dreieck

Die vier Grundelementmatrizen sind gegeben durch (B2.66) und Tab. B2.5.

```
      SUBROUTINE  DRQSCH(XK,YK,NU,SE,ME,ND,KONT)
C ----------------------------------------------------------------------
C     LIEFERT DIE ELEMENTMATRIZEN SE(12,12) UND ME(12,12) FUER EIN
C     DREIECKELEMENT, QUADRATISCHER ANSATZ, SCHEIBENPROBLEM
C     OHNE BERUECKSICHTIGUNG DES FAKTORS  E * H/(1 - NU*NU)   IN  SE
C     XK, YK : DIE DREI ECKENKOORDINATENPAARE
C     NU : POISSON-ZAHL
C     ND : AKTUELLE DIMENSIONIERUNG DER ELEMENTMATRIZEN
C     KONT : WIRD BEI FALSCHER ORIENTIERUNG GLEICH .TRUE. GESETZT
C ----------------------------------------------------------------------
      REAL*8   XK(3),YK(3),NU,SE(ND,ND),ME(ND,ND)
      REAL*8   DET,MU,X21,X31,Y21,Y31,A1,A2,A3,B1,B2,B3,C1,C2,C3,D3
      LOGICAL  KONT
      INTEGER  S1(6,6),S2(6,6),S3(6,6),S4(6,6)
      DATA  S1/3,1,0,-4,0,0, 1,3,0,-4,0,0, 6*0,
     1    -4,-4,0,8,0,0, 4*0,8,-8, 4*0,-8,8/
      DATA  S2/3,1,0,-4,0,0, 6*0, 1,-1,0,0,4,-4,
     1     0,-4,0,4,-4,4, 0,4,0,-4,4,-4, -4,0,0,4,-4,4/
      DATA  S3/3,0,1,0,0,-4, 6*0, 1,0,3,0,0,-4,
     1     3*0,8,-8,0, 3*0,-8,8,0, -4,0,-4,0,0,8/
      DATA  S4/6,-1,-1,0,-4,0, -1,6,-1,0,0,-4, -1,-1,6,-4,
     1     0,0, 0,0,-4,32,16,16, -4,0,0,16,32,16, 0,-4,0,16,16,32/
      MU = (1D0 - NU) * 5D-1
      X21 = XK(2) - XK(1)
      X31 = XK(3) - XK(1)
      Y21 = YK(2) - YK(1)
      Y31 = YK(3) - YK(1)
      DET = X21 * Y31 - X31 * Y21
      IF(DET.GT.0D0)  GOTO 10
      WRITE(3,1)
    1 FORMAT(' *** ORIENTIERUNG FALSCH')
      KONT = .TRUE.
      RETURN
```

```fortran
   10 A1 = (MU * X31 * X31 + Y31 * Y31) / (DET * 6D0)
      B1 =-(MU * X21 * X31 + Y21 * Y31) / (DET * 6D0)
      C1 = (MU * X21 * X21 + Y21 * Y21) / (DET * 6D0)
      A2 = (X31 * X31 + MU * Y31 * Y31) / (DET * 6D0)
      B2 =-(X21 * X31 + MU * Y21 * Y31) / (DET * 6D0)
      C2 = (X21 * X21 + MU * Y21 * Y21) / (DET * 6D0)
      A3 = -5D-1 * (1D0 + NU) * X31 * Y31 / (DET * 6D0)
      B3 = (NU * X21 * Y31 + MU * X31 * Y21) / (DET * 6D0)
      C3 = (NU * X31 * Y21 + MU * X21 * Y31) / (DET * 6D0)
      D3 = -5D-1 * (1D0 + NU) * X21 * Y21 / (DET * 6D0)
      DO 30 I = 1,6
        II = I + I
        IIM1 = II - 1
        DO 20 J = 1,6
          JJ = J + J
          JJM1 = JJ - 1
          SE(IIM1,JJM1) = A1 * S1(I,J) + B1 * (S2(I,J)+S2(J,I))
     1                    + C1 * S3(I,J)
          SE(II,JJ) = A2 * S1(I,J) + B2 * (S2(I,J)+S2(J,I))
     2                    + C2 * S3(I,J)
          SE(IIM1,JJ) = A3 * S1(I,J) + B3 * S2(I,J) + C3 * S2(J,I)
     3                    + D3 * S3(I,J)
          SE(JJ,IIM1) = SE(IIM1,JJ)
          ME(IIM1,JJM1) = DET * S4(I,J) / 3.6D2
          ME(II,JJ) = ME(IIM1,JJM1)
          ME(IIM1,JJ) = 0D0
          ME(II,JJM1) = 0D0
   20   CONTINUE
   30 CONTINUE
      RETURN
      END
```

2.4.2 Quadratischer Verschiebungsansatz im Parallelogramm, Serendipity-Klasse

```fortran
      SUBROUTINE  PAQSCH(XK,YK,NU,SE,ME,ND,KONT)
C -------------------------------------------------------------------
C     LIEFERT DIE ELEMENTMATRIZEN SE(16,16) UND ME(16,16) FUER EIN
C     PARALLELOGRAMMELEMENT, SCHEIBENPROBLEM
C     QUADRATISCHER ANSATZ DER SERENDIPITY-KLASSE
C     OHNE BERUECKSICHTIGUNG DES FAKTORS  E * D/(1 - NU*NU)  IN  SE
C     XK, YK : DIE DREI WESENTLICHEN ECKENKOORDINATENPAARE
C     NU : POISSON-ZAHL
C     ND : AKTUELLE DIMENSIONIERUNG DER ELEMENTMATRIZEN
C     KONT : WIRD BEI FALSCHER ORIENTIERUNG GLEICH .TRUE. GESETZT
C -------------------------------------------------------------------
      REAL*8   XK(3),YK(3),NU,SE(ND,ND),ME(ND,ND)
      REAL*8   DET,MU,X21,X31,Y21,Y31,A1,A2,A3,B1,B2,B3,C1,C2,C3,D3
      LOGICAL  KONT
      INTEGER  S1(8,8),S2(8,8),S3(8,8),S4(8,8)
      DATA  S1/52,28,23,17,-80,-6,-40,6, 28,52,17,23,
     1    -80,6,-40,-6, 23,17,52,28,-40,6,-80,-6, 17,23,28,52,
     2    -40,-6,-80,6, -80,-80,-40,-40,160,0,80,0, -6,6,6,-6,
     3    0,48,0,-48, -40,-40,-80,-80,80,0,160,0, 6,-6,-6,6,
     4    0,-48,0,48/
```

```fortran
      DATA  S2/17,3,7,-3,-20,-4,-4,4,  -3,-17,3,-7,
     1     20,-4,4,4,  7,-3,17,3,-4,4,-20,-4,  3,-7,-3,-17,4,4,20,-4,
     2     4,-4,-4,4,0,-16,0,16,  -4,20,-20,4,-16,0,16,0,
     3     -4,4,4,-4,0,16,0,-16,  -20,4,-4,20,16,0,-16,0/
      DATA  S3/52,17,23,28,6,-40,-6,-80,  17,52,28,23,
     1     6,-80,-6,-40,  23,28,52,17,-6,-80,6,-40,  28,23,17,52,
     2     -6,-40,6,-80,  6,6,-6,-6,48,0,-48,0,  -40,-80,-80,-40,
     3     0,160,0,80,  -6,-6,6,6,-48,0,48,0,  -80,-40,-40,-80,
     4     0,80,0,160/
      DATA  S4/6,2,3,2,-6,-8,-8,-6,  2,6,2,3,-6,-6,-8,-8,
     1     3,2,6,2,-8,-6,-6,-8,  2,3,2,6,-8,-8,-6,-6,
     2     -6,-6,-8,-8,32,20,16,20,  -8,-6,-6,-8,20,32,20,16,
     3     -8,-8,-6,-6,16,20,32,20,  -6,-8,-8,-6,20,16,20,32/
      MU = (1D0 - NU) * 5D-1
      X21 = XK(2) - XK(1)
      X31 = XK(3) - XK(1)
      Y21 = YK(2) - YK(1)
      Y31 = YK(3) - YK(1)
      DET = X21 * Y31 - X31 * Y21
      IF(DET.GT.0D0)  GOTO 10
      WRITE(3,1)
    1 FORMAT(' *** ORIENTIERUNG FALSCH')
      KONT = .TRUE.
      RETURN
   10 A1 = (MU * X31 * X31 + Y31 * Y31) / (DET * 9D1)
      B1 =-(MU * X21 * X31 + Y21 * Y31) / (DET * 3.6D1)
      C1 = (MU * X21 * X21 + Y21 * Y21) / (DET * 9D1)
      A2 = (X31 * X31 + MU * Y31 * Y31) / (DET * 9D1)
      B2 =-(X21 * X31 + MU * Y21 * Y31) / (DET * 3.6D1)
      C2 = (X21 * X21 + MU * Y21 * Y21) / (DET * 9D1)
      A3 = -5D-1 * (1D0 + NU) * X31 * Y31 / (DET * 9D1)
      B3 = (NU * X21 * Y31 + MU * X31 * Y21) / (DET * 3.6D1)
      C3 = (NU * X31 * Y21 + MU * X21 * Y31) / (DET * 3.6D1)
      D3 = -5D-1 * (1D0 + NU) * X21 * Y21 / (DET * 9D1)
      DO 30 I = 1,8
        II = I + I
        IIM1 = II - 1
        DO 20 J = 1,8
          JJ = J + J
          JJM1 = JJ - 1
          SE(IIM1,JJM1) = A1 * S1(I,J) + B1 * (S2(I,J)+S2(J,I))
     1                    + C1 * S3(I,J)
          SE(II,JJ) = A2 * S1(I,J) + B2 * (S2(I,J)+S2(J,I))
     2                    + C2 * S3(I,J)
          SE(IIM1,JJ) = A3 * S1(I,J) + B3 * S2(I,J) + C3 * S2(J,I)
     3                    + D3 * S3(I,J)
          SE(JJ,IIM1) = SE(IIM1,JJ)
          ME(IIM1,JJM1) = DET * S4(I,J) / 1.8D2
          ME(II,JJ) = ME(IIM1,JJM1)
          ME(IIM1,JJ) = 0D0
          ME(II,JJM1) = 0D0
   20   CONTINUE
   30 CONTINUE
      RETURN
      END
```

2.4.3 Vollständiger kubischer Verschiebungsansatz im Dreick mit Kondensation der Schwerpunktvariablen

Für ein Scheibendreieckelement soll der vollständige kubische Verschiebungsansatz (B2.75) verwendet werden, wobei in den Eckpunkten neben den Verschiebungen u und v auch deren partiellen Ableitungen als Knotenvariable auftreten. Da neben den je sechs Knotenvariablen in den Eckpunkten noch die beiden Verschiebungen u und v im Schwerpunkt hinzukommen, resultiert ein für die Datenvorbereitung nicht beliebtes Element mit einer verschiedenen Anzahl von Knotenvariablen pro Knoten. Aus diesem Grund werden in diesem Fall die Knotenvariablen im Schwerpunkt vermittels einer statischen Kondensation nach Abschn. B3.3.3 sukzessive auf Grund der Formeln (B3.46) und (B3.47) eliminiert. Somit erhalten die reduzierten Elementmatrizen die Ordnung 18, wobei die Reihenfolge der Knotenvariablen in jedem Eckpunkt wie folgt festgelegt ist:

$$u, \; v, \; u_x, \; v_x, \; u_y, \; v_y \tag{2.9}$$

```fortran
      SUBROUTINE  DRKSCH(XK,YK,NU,SE,ME,ND,KONT)
C ----------------------------------------------------------------
C     LIEFERT DIE ELEMENTMATRIZEN  SE(18,18)  UND  ME(18,18)  FUER
C     EIN DREIECKELEMENT, VOLLSTAENDIGER KUBISCHER ANSATZ, KONDEN-
C     SATION DER KNOTENVARIABLEN IM SCHWERPUNKT, SCHEIBENPROBLEM
C     OHNE BERUECKSICHTIGUNG DES FAKTORS  E * H/(1 - NU*NU)  IN  SE
C     XK, YK : DIE DREI ECKENKOORDINATENPAARE
C     NU : POISSON-ZAHL
C     ND : AKTUELLE DIMENSIONIERUNG DER ELEMENTMATRIZEN
C          ND MINDESTENS 20, DA DIE MATRIZEN VOR DER ELIMINATION
C          DER ZWEI VARIABLEN DIE ORDNUNG 20 AUFWEISEN
C     KONT : WIRD BEI FALSCHER ORIENTIERUNG GLEICH .TRUE. GESETZT
C ----------------------------------------------------------------
      REAL*8  XK(3),YK(3),NU,SE(ND,ND),ME(ND,ND),AUX,SIG(20)
      REAL*8  MU,X21,X31,Y21,Y31,DET,A1,A2,A3,B1,B2,B3,C1,C2,C3,D3
      LOGICAL  KONT
      INTEGER  S1(10,10),S2(10,10),S3(10,10),S4(10,10)
      DATA  S1/199,3,35,1,-2,5,70,-2,-20,-270,  3,3,0,-3,
     1     6*0,  35,0,7,5,-1,1,14,-1,-4,-54,  1,-3,5,199,-38,35,70,
     2     22,-20,-270,  -2,0,-1,-38,10,-7,-14,-5,4,54,  5,0,1,35,
     3     -7,7,14,5,-4,-54,  70,0,14,70,-14,14,49,7,-14,-189,  -2,
     4     0,-1,22,-5,5,7,7,-2,-27,  -20,0,-4,-20,4,-4,-14,-2,4,54,
     5     -270,0,-54,-270,54,-54,-189,-27,54,729/
      DATA  S2/349,13,49,-89,10,3,91,3,-26,-351,  49,3,5,
     1     -29,4,-1,7,1,-2,-27,  13,5,3,7,-2,1,7,-1,-2,-27,  91,7,7,
     2     49,-14,21,49,21,-14,-189,  -26,-2,-2,-14,4,-6,-14,-6,4,54
     3     ,  3,-1,1,57,-6,11,21,7,-6,-81,  -89,7,-29,229,-50,57,49,
     4     57,-14,-189,  3,1,-1,57,-12,13,21,11,-6,-81,  10,-2,4,-50
     5     ,10,-12,-14,-6,4,54,  -351,-27,-27,-189,54,-81,-189,-81,
     6     54,729/
      DATA  S3/199,35,3,70,-20,-2,1,5,-2,-270,  35,7,0,14
     1     ,-4,-1,5,1,-1,-54,  3,0,3,3*0,-3,3*0,  70,14,0,49,-14,7,
     2     70,14,-14,-189,  -20,-4,0,-14,4,-2,-20,-4,4,54,  -2,-1,0,
     3     7,-2,7,22,5,-5,-27,  1,5,-3,70,-20,22,199,35,-38,-270,
     4     5,1,0,14,-4,5,35,7,-7,-54,  -2,-1,0,-14,4,-5,-38,-7,10,54
     5     ,  -270,-54,0,-189,54,-27,-270,-54,54,729/
```

```fortran
      DATA  S4/626,53,53,14,-4,-13,14,-13,-4,270,  53,8,
     1    2,17,-4,-1,-13,-2,3,27,  53,2,8,-13,3,-2,17,-1,-4,27,
     2    14,17,-13,626,-106,53,14,17,-4,270,  -4,-4,3,-106,20,-10,
     3    -4,-4,1,-54,  -13,-1,-2,53,-10,8,17,5,-4,27,  14,-13,17,
     4    14,-4,17,626,53,-106,270,  -13,-2,-1,17,-4,5,53,8,-10,27,
     5    -4,3,-4,-4,1,-4,-106,-10,20,-54,  270,27,27,270,-54,27,
     6    270,27,-54,1458/
      IF(ND.LT.20)  STOP  'DATENFEHLER IM AUFRUF !!'
      MU = (1D0 - NU) * 5D-1
      X21 = XK(2) - XK(1)
      X31 = XK(3) - XK(1)
      Y21 = YK(2) - YK(1)
      Y31 = YK(3) - YK(1)
      DET = X21 * Y31 - X31 * Y21
      IF(DET.GT.0D0)  GOTO 10
      WRITE(3,1)
    1 FORMAT('   *** ORIENTIERUNG FALSCH')
      KONT = .TRUE.
      RETURN
   10 A1 = (MU * X31 * X31 + Y31 * Y31) / (DET * 1.8D2)
      B1 =-(MU * X21 * X31 + Y21 * Y31) / (DET * 3.6D2)
      C1 = (MU * X21 * X21 + Y21 * Y21) / (DET * 1.8D2)
      A2 = (X31 * X31 + MU * Y31 * Y31) / (DET * 1.8D2)
      B2 =-(X21 * X31 + MU * Y21 * Y31) / (DET * 3.6D2)
      C2 = (X21 * X21 + MU * Y21 * Y21) / (DET * 1.8D2)
      A3 = -(1D0 + NU) * X31 * Y31 / (DET * 3.6D2)
      B3 = (NU * X21 * Y31 + MU * X31 * Y21) / (DET * 3.6D2)
      C3 = (NU * X31 * Y21 + MU * X21 * Y31) / (DET * 3.6D2)
      D3 = -(1D0 + NU) * X21 * Y21 / (DET * 3.6D2)
      DO 30 I = 1,10
        II = I + I
        IIM1 = II - 1
        DO 20 J = 1,10
          JJ = J + J
          JJM1 = JJ - 1
          SE(IIM1,JJM1) = A1 * S1(I,J) + B1 * (S2(I,J) + S2(J,I))
     *                + C1 * S3(I,J)
          SE(II,JJ) = A2 * S1(I,J) + B2 * (S2(I,J) + S2(J,I))
     *              + C2 * S3(I,J)
          SE(IIM1,JJ) = A3 * S1(I,J) + B3 * S2(I,J) + C3 * S2(J,I)
     *                + D3 * S3(I,J)
          SE(JJ,IIM1) = SE(IIM1,JJ)
          ME(IIM1,JJM1) = DET * S4(I,J) / 1.008D4
          ME(II,JJ) = ME(IIM1,JJM1)
          ME(IIM1,JJ) = 0D0
          ME(II,JJM1) = 0D0
   20   CONTINUE
   30 CONTINUE
      DO 50 J = 3,15,6
        DO 40 I = 1,20
          AUX = X21 * SE(I,J) + X31 * SE(I,J+2)
          SE(I,J+2) = Y21 * SE(I,J) + Y31 * SE(I,J+2)
          SE(I,J) = AUX
          AUX = X21 * SE(I,J+1) + X31 * SE(I,J+3)
          SE(I,J+3) = Y21 * SE(I,J+1) + Y31 * SE(I,J+3)
          SE(I,J+1) = AUX
          AUX = X21 * ME(I,J) + X31 * ME(I,J+2)
          ME(I,J+2) = Y21 * ME(I,J) + Y31 * ME(I,J+2)
          ME(I,J) = AUX
```

```
         AUX = X21 * ME(I,J+1) + X31 * ME(I,J+3)
         ME(I,J+3) = Y21 * ME(I,J+1) + Y31 * ME(I,J+3)
         ME(I,J+1) = AUX
  40     CONTINUE
  50 CONTINUE
     DO 70 I = 3,15,6
        DO 60 J = 1,20
         AUX = X21 * SE(I,J) + X31 * SE(I+2,J)
         SE(I+2,J) = Y21 * SE(I,J) + Y31 * SE(I+2,J)
         SE(I,J) = AUX
         AUX = X21 * SE(I+1,J) + X31 * SE(I+3,J)
         SE(I+3,J) = Y21 * SE(I+1,J) + Y31 * SE(I+3,J)
         SE(I+1,J) = AUX
         AUX = X21 * ME(I,J) + X31 * ME(I+2,J)
         ME(I+2,J) = Y21 * ME(I,J) + Y31 * ME(I+2,J)
         ME(I,J) = AUX
         AUX = X21 * ME(I+1,J) + X31 * ME(I+3,J)
         ME(I+3,J) = Y21 * ME(I+1,J) + Y31 * ME(I+3,J)
         ME(I+1,J) = AUX
  60     CONTINUE
  70 CONTINUE
C ------------------------------------------------------------------------
C     KONDENSATIONSSCHRITTE FUER DIE VARIABLEN IM SCHWERPUNKT
C ------------------------------------------------------------------------
     DO 110 I = 1,2
        M = 21 - I
        M1 = M - 1
        DO 80 J = 1,M1
          SIG(J) = - SE(M,J) / SE(M,M)
  80    CONTINUE
        DO 100 J = 1,M1
          DO 90 K = 1,J
            SE(J,K) = SE(J,K) + SE(M,J) * SIG(K)
            SE(K,J) = SE(J,K)
            ME(J,K) = ME(J,K) + SIG(J) * ME(M,K) + ME(M,J) * SIG(K)
     *              + SIG(J) * SIG(K) * ME(M,M)
            ME(K,J) = ME(J,K)
  90      CONTINUE
 100    CONTINUE
 110 CONTINUE
     RETURN
     END
```

2.4.4 Kubischer Verschiebungsansatz im Parallelogramm, Serendipity-Klasse

Da die vier Grundelementmatrizen S_1, S_2^*, S_3 und S_4 für das Unterprogramm PAKSCH identisch sind mit denjenigen im Unterprogramm PAKELL im Abschn. 2.3.4, sind sie nicht mehr explizit aufgeführt, sondern lediglich durch einen Hinweis ersetzt.

```fortran
      SUBROUTINE  PAKSCH(XK,YK,NU,SE,ME,ND,KONT)
C -----------------------------------------------------------------
C     LIEFERT DIE ELEMENTMATRIZEN  SE(24,24)  UND  ME(24,24)  FUER
C     EIN PARALLELOGRAMMELEMENT, KUBISCHER ANSATZ DER SERENDIPITY-
C     KLASSE, SCHEIBENPROBLEM
C     OHNE BERUECKSICHTIGUNG DES FAKTORS  E * H/(1 - NU*NU)  IN  SE
C     XK, YK : DIE DREI WESENTLICHEN ECKENKOORDINATENPAARE
C     NU : POISSON-ZAHL
C     ND : AKTUELLE DIMENSIONIERUNG DER ELEMENTMATRIZEN
C     KONT : WIRD BEI FALSCHER ORIENTIERUNG GLEICH .TRUE. GESETZT
C -----------------------------------------------------------------
      REAL*8  XK(3),YK(3),NU,SE(ND,ND),ME(ND,ND),AUX
      REAL*8  MU,X21,X31,Y21,Y31,DET,A1,A2,A3,B1,B2,B3,C1,C2,C3,D3
      LOGICAL  KONT
      INTEGER  S1(12,12),S2(12,12),S3(12,12),S4(12,12)

      ******************************************************************
      *   AN DIESER STELLE SIND DIE DATA-ANWEISUNGEN FUER DIE         *
      *   MATRIZEN S1, S2, S3 UND S4 AUS PAKELL EINZUSETZEN           *
      ******************************************************************

      MU = (1D0 - NU) * 5D-1
      X21 = XK(2) - XK(1)
      X31 = XK(3) - XK(1)
      Y21 = YK(2) - YK(1)
      Y31 = YK(3) - YK(1)
      DET = X21 * Y31 - X31 * Y21
      IF(DET.GT.0D0)  GOTO 10
      WRITE(3,1)
    1 FORMAT('   *** ORIENTIERUNG FALSCH')
      KONT = .TRUE.
      RETURN
   10 A1 = (MU * X31 * X31 + Y31 * Y31) / (DET * 1.26D3)
      B1 =-(MU * X21 * X31 + Y21 * Y31) / (DET * 5.04D3)
      C1 = (MU * X21 * X21 + Y21 * Y21) / (DET * 1.26D3)
      A2 = (X31 * X31 + MU * Y31 * Y31) / (DET * 1.26D3)
      B2 =-(X21 * X31 + MU * Y21 * Y31) / (DET * 5.04D3)
      C2 = (X21 * X21 + MU * Y21 * Y21) / (DET * 1.26D3)
      A3 = -(1D0 + NU) * X31 * Y31 / (DET * 2.52D3)
      B3 = (NU * X21 * Y31 + MU * X31 * Y21) / (DET * 5.04D3)
      C3 = (NU * X31 * Y21 + MU * X21 * Y31) / (DET * 5.04D3)
      D3 = -(1D0 + NU) * X21 * Y21 / (DET * 2.52D3)
      DO 30 I = 1,12
        II = I + I
        IIM1 = II - 1
        DO 20 J = 1,12
          JJ = J + J
          JJM1 = JJ - 1
          SE(IIM1,JJM1) = A1 * S1(I,J) + B1 * (S2(I,J) + S2(J,I))
     *                + C1 * S3(I,J)
          SE(II,JJ) = A2 * S1(I,J) + B2 * (S2(I,J) + S2(J,I))
     *              + C2 * S3(I,J)
          SE(IIM1,JJ) = A3 * S1(I,J) + B3 * S2(I,J) + C3 * S2(J,I)
     *                + D3 * S3(I,J)
          SE(JJ,IIM1) = SE(IIM1,JJ)
          ME(IIM1,JJM1) = DET * S4(I,J) / 2.52D4
          ME(II,JJ) = ME(IIM1,JJM1)
          ME(IIM1,JJ) = 0D0
          ME(II,JJM1) = 0D0
```

```
20    CONTINUE
30 CONTINUE
   DO 50 J = 3,21,6
      DO 40 I = 1,24
         AUX = X21 * SE(I,J) + X31 * SE(I,J+2)
         SE(I,J+2) = Y21 * SE(I,J) + Y31 * SE(I,J+2)
         SE(I,J) = AUX
         AUX = X21 * SE(I,J+1) + X31 * SE(I,J+3)
         SE(I,J+3) = Y21 * SE(I,J+1) + Y31 * SE(I,J+3)
         SE(I,J+1) = AUX
         AUX = X21 * ME(I,J) + X31 * ME(I,J+2)
         ME(I,J+2) = Y21 * ME(I,J) + Y31 * ME(I,J+2)
         ME(I,J) = AUX
         AUX = X21 * ME(I,J+1) + X31 * ME(I,J+3)
         ME(I,J+3) = Y21 * ME(I,J+1) + Y31 * ME(I,J+3)
         ME(I,J+1) = AUX
40    CONTINUE
50 CONTINUE
   DO 70 I = 3,21,6
      DO 60 J = 1,24
         AUX = X21 * SE(I,J) + X31 * SE(I+2,J)
         SE(I+2,J) = Y21 * SE(I,J) + Y31 * SE(I+2,J)
         SE(I,J) = AUX
         AUX = X21 * SE(I+1,J) + X31 * SE(I+3,J)
         SE(I+3,J) = Y21 * SE(I+1,J) + Y31 * SE(I+3,J)
         SE(I+1,J) = AUX
         AUX = X21 * ME(I,J) + X31 * ME(I+2,J)
         ME(I+2,J) = Y21 * ME(I,J) + Y31 * ME(I+2,J)
         ME(I,J) = AUX
         AUX = X21 * ME(I+1,J) + X31 * ME(I+3,J)
         ME(I+3,J) = Y21 * ME(I+1,J) + Y31 * ME(I+3,J)
         ME(I+1,J) = AUX
60    CONTINUE
70 CONTINUE
   RETURN
   END
```

2.4.5 Spannungsberechnung in Elementen

Für quadratische Verschiebungsansätze in Dreieck- und Parallelogrammelementen sollen die Spannungen in den Schwerpunkten bestimmt werden, welche als repräsentative Mittelwerte betrachtet werden können. Die Berechnung von σ_x, σ_y und τ_{xy} ist im Abschn. B2.5.3 beschrieben. Zur Auswertung der Formeln (B2.169) oder (B2.171) werden einmal die Verschiebungen u und v der Knotenpunkte des Elementes benötigt. Ferner erfordern die Formeln (B2.167) für die Verzerrungen ε_x, ε_y und τ_{xy} die drei wesentlichen Eckenkoordinaten des betreffenden Elementes, und für die Bestimmung der Normal- und Schubspannungen σ_x, σ_y und τ_{xy} aus (B2.166) braucht man noch den Elastizitätsmodul E und die Poissonzahl ν. Zusätzlich werden aus den Werten σ_x, σ_y und τ_{xy} die beiden Hauptspannungswerte σ_1 und σ_2 sowie die Hauptspannungsdifferenz $\sigma_d = \sigma_1 - \sigma_2$ und der Phasenwinkel ϕ berechnet [HMS86].

Da sich die Spannungsberechnung für ein Dreieck- und Parallelogrammelement nur in den Formeln für u_ξ, u_η, v_ξ und v_η unterscheiden, sind die beiden Fälle in einem

Unterprogramm zusammengefasst. Das Unterprogramm liefert als Resultate (im Resultat-File) die Schwerpunktskoordinaten x_S und y_S des betreffenden Elementes, die Normalspannungen σ_x, σ_y und die Schubspannung τ_{xy} im Schwerpunkt, die zugehörigen Hauptspannungen σ_1 und σ_2, ihre Differenz σ_d und den Phasenwinkel ϕ.

```fortran
      SUBROUTINE   SPAQUA(XK,YK,UE,VE,E,NU,IFALL)
C ---------------------------------------------------------------
C     BERECHNET DIE SPANNUNGEN IM SCHWERPUNKT EINES DREIECK-, BZW.
C     PARALLELOGRAMMELEMENTES AUS DEN WESENTLICHEN ECKENKOORDINATEN
C     UND DEN VERSCHIEBUNGEN IN DEN KNOTENPUNKTEN DES ELEMENTES
C     QUADRATISCHE ANSAETZE
C     XK : X-KOORDINATEN DER DREI WESENTLICHEN ECKEN
C     YK : Y-KOORDINATEN DER DREI WESENTLICHEN ECKEN
C     UE : VERSCHIEBUNGEN  U  DER KNOTEN DES ELEMENTES
C     VE : VERSCHIEBUNGEN  V  DER KNOTEN DES ELEMENTES
C     E : ELASTIZITAETSMODUL,  NU : POISSONZAHL
C     IFALL : 1 FUER DREIECKELEMENT
C             2 FUER PARALLELOGRAMMELEMENT
C ---------------------------------------------------------------
      REAL*8   XK(3),YK(3),UE(8),VE(8),E,NU
      REAL*8   X21,X31,Y21,Y31,DET,UXSI,VXSI,UETA,VETA,XS,YS,DIF
      REAL*8   EPSX,EPSY,GAMXY,SIGX,SIGY,TAUXY,SIG1,SIG2,PHI,SIGD
      X21 = XK(2) - XK(1)
      X31 = XK(3) - XK(1)
      Y21 = YK(2) - YK(1)
      Y31 = YK(3) - YK(1)
      DET = X21 * Y31 - X31 * Y21
      IF(IFALL.EQ.2)  GOTO 10
      UXSI = (UE(2) - UE(1) + 4D0 * (UE(5) - UE(6))) / 3D0
      VXSI = (VE(2) - VE(1) + 4D0 * (VE(5) - VE(6))) / 3D0
      UETA = (UE(3) - UE(1) + 4D0 * (UE(5) - UE(4))) / 3D0
      VETA = (VE(3) - VE(1) + 4D0 * (VE(5) - VE(4))) / 3D0
      XS = (XK(1) + XK(2) + XK(3)) / 3D0
      YS = (YK(1) + YK(2) + YK(3)) / 3D0
      GOTO 20
   10 UXSI = UE(6) - UE(8)
      VXSI = VE(6) - VE(8)
      UETA = UE(7) - UE(5)
      VETA = VE(7) - VE(5)
      XS = (XK(2) + XK(3)) / 2D0
      YS = (YK(2) + YK(3)) / 2D0
   20 EPSX = (Y31 * UXSI - Y21 * UETA) / DET
      EPSY = (X21 * VETA - X31 * VXSI) / DET
      GAMXY = (X21 * UETA - X31 * UXSI + Y31 * VXSI - Y21*VETA)/DET
      SIGX = E * (EPSX + NU * EPSY) / (1D0 - NU * NU)
      SIGY = E * (NU * EPSX + EPSY) / (1D0 - NU * NU)
      TAUXY = E * GAMXY / (2D0 * (1D0 + NU))
      DIF = SIGY - SIGX
      SIGD = DSQRT(DIF * DIF + 4D0 * TAUXY * TAUXY)
      SIG1 = (SIGX + SIGY + SIGD) / 2D0
      SIG2 = SIG1 - SIGD
      PHI = 2.86479D1 * DATAN(2D0 * TAUXY / (SIGX - SIGY))
      WRITE(3,1)  XS,YS,SIGX,SIGY,TAUXY,SIG1,SIG2,SIGD,PHI
    1 FORMAT(3X,2F10.4,3F12.3/23X,3F12.3,F9.2)
      RETURN
      END
```

2.5 Plattenprobleme

Im folgenden werden nur drei Plattenelemente berücksichtigt. Es handelt sich dabei einmal um das konforme Rechteckelement für den bikubischen Verschiebungsansatz (B2.172) mit 16 Knotenvariablen und dann um die beiden nichtkonformen Dreieck- und Parallelogrammelemente für die Formfunktionen (B2.110) von Zienkiewicz mit 9 Knotenvariablen, bzw. für den kubischen Verschiebungsansatz der Serendipity-Klasse (B2.73) mit 12 Knotenvariablen.

Die Berechnung der Steifigkeitselementmatrix S_e erfolgt mit Hilfe der sechs von der Geometrie und der Poissonzahl ν abhängigen Grössen a_1 bis a_6 (B2.191) vermittels Linearkombination der sechs Grundelementmatrizen S_i (B2.192). Anschliessend erfolgt die Transformation auf die globalen Knotenvariablen. Die von den Materialkonstanten E und ν wie auch von der Dicke h des Plattenelementes abhängige Plattensteifigkeit D $= Eh^3/[12(1 - \nu^2)]$ ist in der Elementsteifigkeitsmatrix S_e berücksichtigt, da für die späteren Anwendungsprogramme Plattenelemente mit verschiedener Dicke h zugelassen sein sollen.

In der Massenelementmatrix M_e ist der bei Schwingungsaufgaben auftretende Faktor hρ nicht enthalten und muss deshalb bei den entsprechenden Anwendungen berücksichtigt werden. Dagegen ist im Elementvektor b_e die elementabhängige, konstante Belastung p pro Flächeneinheit als Faktor enthalten.

Da die symmetrischen Grundelementmatrizen sowohl zahlreich sind als auch eine relativ grosse Ordnung aufweisen, sind zur Reduktion des Speicherbedarfs nur je die Matrixelemente in und oberhalb der Diagonale zeilenweise in einem eindimensionalen Datensatz definiert. Die vollbesetzten Elementmatrizen werden deshalb ebenfalls zeilenweise aufgebaut unter gleichzeitiger Ausnützung der Symmetrie.

2.5.1 Konformes bikubisches Rechteckelement

Die Seiten des Rechteckelementes müssen parallel zu den Achsen des Koordinatensystems sein. Dies bedeutet keine Einschränkung, da sich mit diesem Element ohnehin nur Platten behandeln lassen, deren Seiten parallel zu zwei orthogonalen Richtungen sind. Die Numerierung der Eckpunkte unterliegt der üblichen Einschränkung des positiven Umlaufsinns, sie darf aber in einer beliebigen Ecke beginnen. Im Unterprogramm RBIPLA wird sowohl die positive Orientierung als auch die achsenparallele Lage des Elementes getestet und eine allfällige Fehlermeldung gegeben.

Auf Grund dieser speziellen Annahmen sind die beiden Werte a_2 und a_5 (B2.191) gleich Null. Deshalb sind die zugehörigen Grundelementmatrizen S_2 und S_5 nicht aufgeführt. Zudem vereinfachen sich die Ausdrücke für a_3 und a_4. Die teilweise verschiedenen Nenner der Grundelementmatrizen sind in den betreffenden a_i enthalten.

Zu jedem Knotenpunkt gehören die vier Knotenvariablen w, w_x, w_y und w_{xy}. Die notwendige Transformation auf die globalen Variablen vereinfacht sich infolge der speziellen Lage des Elementes auf Multiplikationen der Zeilen und Kolonnen, die zu den Knotenvariablen w_x, w_y und w_{xy} gehören, mit den entsprechenden Faktoren x_{21}, y_{31} und $x_{21}y_{31}$. Analoges gilt für den Elementvektor b_e.

```fortran
      SUBROUTINE  RBIPLA(XK,YK,E,NU,H,P,SE,ME,BE,ND,KONT)
C -----------------------------------------------------------------
C     LIEFERT DIE ELEMENTMATRIZEN SE(16,16) UND ME(16,16) SOWIE DEN
C     ELEMENTVEKTOR BE(16) FUER EIN KONFORMES RECHTECKELEMENT
C     BIKUBISCHER ANSATZ, PLATTENPROBLEME
C     XK, YK : DIE DREI WESENTLICHEN ECKENKOORDINATENPAARE
C     E : ELASTIZITAETSMODUL,  NU : POISSONZAHL
C     H : DICKE DES ELEMENTES,  P : BELSATUNG DES ELEMENTES
C     ND : AKTUELLE DIMENSIONIERUNG DER ELEMENTMATRIZEN
C     KONT : WIRD BEI FALSCHER ORIENTIERUNG ODER BEI NICHT
C            ACHSENPARALLELER LAGE GLEICH .TRUE. GESETZT
C -----------------------------------------------------------------
      REAL*8  XK(3),YK(3),E,NU,H,P,SE(ND,ND),ME(ND,ND),BE(ND)
      REAL*8  X21,X31,Y21,Y31,DET,D,DET3,H1,H2,H3,A1,A3,A4,A6
      LOGICAL  KONT
      INTEGER  S1(136),S3(136),S4(136),S6(136),S7(136),SB(16)
      DATA  S1/936,468,132,66,-936,468,-132,66,-324,162,
     1     78,-39,324,162,-78,-39,  312,66,44,-468,156,-66,22,-162,
     2     54,39,-13,162,108,-39,-26,  24,12,-132,66,-24,12,-78,39,
     3     18,-9,78,39,-18,-9,  8,-66,22,-12,4,-39,13,9,-3,39,26,
     4     -9,-6,  936,-468,132,-66,324,-162,-78,39,-324,-162,78,
     5     39,  312,-66,44,-162,108,39,-26,162,54,-39,-13,  24,-12,
     6     78,-39,-18,9,-78,-39,18,9,  8,-39,26,9,-6,39,13,-9,-3,
     7     936,-468,-132,66,-936,-468,132,66,  312,66,-44,468,156,
     8     -66,-22,  24,-12,132,66,-24,-12,  8,-66,-22,12,4,  936,
     9     468,-132,-66,  312,-66,-44,  24,12,  8/
      DATA  S3/1296,648,648,99,-1296,108,-648,54,1296,-108,
     1     -108,9,-1296,-648,108,54,  144,549,72,-108,-36,-54,-18,
     2     108,36,-9,-3,-648,-144,54,12,  144,72,-648,54,-144,12,
     3     108,-9,36,-3,-108,-54,-36,-18,  16,-54,-18,-12,-4,9,3,3,
     4     1,-54,-12,-18,-4,  1296,-648,648,-99,-1296,648,108,-54,
     5     1296,108,-108,-9,  144,-549,72,648,-144,-54,12,-108,36,9,
     6     -3,  144,-72,-108,54,-36,18,108,9,36,3,  16,54,-12,18,-4,
     7     -9,3,-3,1,  1296,-648,-648,99,-1296,-108,648,54,  144,
     8     549,-72,108,-36,-54,18,  144,-72,648,54,-144,-12,  16,
     9     -54,18,12,-4,  1296,648,-648,-99,  144,-549,-72,  144,72,
     A     16/
      DATA  S4/1296,108,108,9,-1296,108,-108,9,1296,-108,
     1     -108,9,-1296,-108,108,9,  144,9,12,-108,-36,-9,-3,108,36,
     2     -9,-3,-108,-144,9,12,  144,12,-108,9,-144,12,108,-9,36,
     3     -3,-108,-9,-36,-3,  16,-9,-3,-12,-4,9,3,3,1,-9,-12,-3,-4,
     4     1296,-108,108,-9,-1296,108,108,-9,1296,108,-108,-9,  144,
     5     -9,12,108,-144,-9,12,-108,36,9,-3,  144,-12,-108,9,-36,3,
     6     108,9,36,3,  16,9,-12,3,-4,-9,3,-3,1,  1296,-108,-108,9,
     7     -1296,-108,108,9,  144,9,-12,108,-36,-9,3,  144,-12,108,
     8     9,-144,-12,  16,-9,3,12,-4,  1296,108,-108,-9,  144,-9,
     9     -12,  144,12,  16/
      DATA  S6/936,132,468,66,324,-78,162,-39,-324,78,162,
     1     -39,-936,-132,468,66,  24,66,12,78,-18,39,-9,-78,18,39,
     2     -9,-132,-24,66,12,  312,44,162,-39,108,-26,-162,39,54,
     3     -13,-468,-66,156,22,  8,39,-9,26,-6,-39,9,13,-3,-66,-12,
     4     22,4,  936,-132,468,-66,-936,132,468,-66,-324,-78,162,39,
     5     24,-66,12,132,-24,-66,12,78,18,-39,-9,  312,-44,-468,66,
     6     156,-22,-162,-39,54,13,  8,66,-12,-22,4,39,9,-13,-3,
     7     936,-132,-468,66,324,78,-162,-39,  24,66,-12,-78,-18,39,
     8     9,  312,-44,-162,-39,108,26,  8,39,9,-26,-6,  936,132,
     9     -468,-66,  24,-66,-12,  312,44,  8/
```

```fortran
      DATA   S7/24336,3432,3432,484,8424,-2028,1188,-286,
     1     2916,-702,-702,169,8424,1188,-2028,-286,  624,484,88,2028
     2     ,-468,286,-66,702,-162,-169,39,1188,216,-286,-52,  624,88
     3     ,1188,-286,216,-52,702,-169,-162,39,2028,286,-468,-66,
     4     16,286,-66,52,-12,169,-39,-39,9,286,52,-66,-12,  24336,
     5     -3432,3432,-484,8424,-1188,-2028,286,2916,702,-702,-169,
     6     624,-484,88,-1188,216,286,-52,-702,-162,169,39,  624,-88,
     7     2028,-286,-468,66,702,169,-162,-39,  16,-286,52,66,-12,
     8     -169,-39,39,9,  24336,-3432,-3432,484,8424,2028,-1188,
     9     -286,  624,484,-88,-2028,-468,286,66,  624,-88,-1188,-286
     A     ,216,52,  16,286,66,-52,-12,  24336,3432,-3432,-484,  624
     B     ,-484,-88,  624,88,  16/
      DATA  SB/36,6,6,1,36,-6,6,-1,36,-6,-6,1,36,6,-6,-1/
      X21 = XK(2) - XK(1)
      X31 = XK(3) - XK(1)
      Y21 = YK(2) - YK(1)
      Y31 = YK(3) - YK(1)
      D = E * H * H * H /(12D0 * ( 1D0 - NU * NU))
      DET = X21 * Y31 - X31 * Y21
      IF(DET.GT.0D0)  GOTO 10
      WRITE(3,1)
    1 FORMAT('   *** ORIENTIERUNG FALSCH')
      KONT = .TRUE.
      RETURN
   10 DET3 = DET * DET * DET / D
      H1 = X31 * X31 + Y31 * Y31
      H2 = X21 * X31 + Y21 * Y31
      H3 = X21 * X21 + Y21 * Y21
      IF(DABS(H2).LT.1D-10)  GOTO 20
      WRITE(3,2)
    2 FORMAT('   *** RECHTECK NICHT IN ACHSENPARALLELER LAGE')
      KONT = .TRUE.
      RETURN
   20 A1 = H1 * H1 / (DET3 * 2.1D2)
      A3 = NU * D / (DET * 4.5D2)
      A4 = (1D0 - NU) * D / (DET * 4.5D2)
      A6 = H3 * H3 / (DET3 * 2.1D2)
      IJ = 0
      DO 40 I = 1,16
        DO 30 J = I,16
          IJ = IJ + 1
          SE(I,J) = A1*S1(IJ) + A3*S3(IJ) + A4*S4(IJ) + A6*S6(IJ)
          SE(J,I) = SE(I,J)
          ME(I,J) = DET * S7(IJ) / 1.764D5
          ME(J,I) = ME(I,J)
   30   CONTINUE
        BE(I) = P * DET * SB(I) / 1.44D2
   40 CONTINUE
      DO 60 J = 2,14,4
        DO 50 I = 1,16
          SE(I,J) = X21 * SE(I,J)
          SE(I,J+1) = Y31 * SE(I,J+1)
          SE(I,J+2) = X21 * Y31 * SE(I,J+2)
          ME(I,J) = X21 * ME(I,J)
          ME(I,J+1) = Y31 * ME(I,J+1)
          ME(I,J+2) = X21 * Y31 * ME(I,J+2)
          SE(J,I) = X21 * SE(J,I)
          SE(J+1,I) = Y31 * SE(J+1,I)
          SE(J+2,I) = X21 * Y31 * SE(J+2,I)
```

```fortran
      ME(J,I) = X21 * ME(J,I)
      ME(J+1,I) = Y31 * ME(J+1,I)
      ME(J+2,I) = X21 * Y31 * ME(J+2,I)
   50 CONTINUE
      BE(J) = X21 * BE(J)
      BE(J+1) = Y31 * BE(J+1)
      BE(J+2) = X21 * Y31 * BE(J+2)
   60 CONTINUE
      RETURN
      END
```

2.5.2 Nichtkonformes kubisches Plattendreieckelement

```fortran
      SUBROUTINE   DRKPLA(XK,YK,E,NU,H,P,SE,ME,BE,ND,KONT)
C ----------------------------------------------------------------
C     LIEFERT DIE ELEMENTMATRIZEN SE(9,9) UND ME(9,9) SOWIE DEN
C     ELEMENTVEKTOR BE(9) FUER EIN NICHTKONFORMES DREIECKELEMENT
C     KUBISCHER ANSATZ NACH ZIENKIEWICZ, PLATTENPROBLEME
C     XK, YK : DIE DREI ECKENKOORDINATENPAARE
C     E : ELASTIZITAETSMODUL,  NU : POISSONZAHL
C     H : DICKE DES ELEMENTES,  P : BELASTUNG DES ELEMENTES
C     ND : AKTUELLE DIMENSIONIERUNG DER ELEMENTMATRIZEN
C     KONT : WIRD BEI FALSCHER ORIENTIERUNG GLEICH .TRUE. GESETZT
C ----------------------------------------------------------------
      REAL*8   XK(3),YK(3),E,NU,H,P,SE(ND,ND),ME(ND,ND),BE(1)
      REAL*8   X21,X31,Y21,Y31,DET,D,A1,A2,A3,A4,A5,A6,DET3,H1,H2,H3
      LOGICAL  KONT
      INTEGER  S1(45),S2(45),S3(45),S4(45),S5(45),S6(45),S7(45)
      INTEGER  SB(9)
      DATA  S1/80,28,4,-64,40,4,-16,-4,8,  30,-4,-44,10,-4,
     1    16,4,-8,  2,4,2,2,-8,-2,4,  80,-32,4,-16,-4,8,  24,2,-8,
     2    -2,4,  2,-8,-2,4,  32,8,-16,  2,-4,  8/
      DATA  S2/64,12,8,-32,24,8,-32,-4,16,  11,2,-12,5,-2,0,
     1    -4,0,  1,-4,1,1,-4,1,2,  16,-12,-4,16,8,-8,  8,5,-12,-1,
     2    6,  1,-4,1,2,  16,-4,-8,  -3,2,  4/
      DATA  S3/64,12,12,-32,20,0,-32,0,20,  -1,11,0,2,1,-12,
     1    -1,0,  -1,-12,0,-1,0,1,2,  16,-16,0,16,0,-4,  12,-2,-4,2,
     2    6,  -1,0,1,2,  16,0,-16,  -1,-2,  12/
      DATA  S4/64,8,8,-32,16,8,-32,8,16,  5,1,-4,2,1,-4,-3,
     1    2,  5,-4,2,-3,-4,1,2,  16,-8,-4,16,-4,-8,  4,2,-8,2,4,
     2    5,-4,1,2,  16,-4,-8,  5,2,  4/
      DATA  S5/64,8,12,-32,16,-4,-32,8,24,  1,2,-4,2,1,-4,1,
     1    1,  11,0,0,-4,-12,-2,5,  16,-8,-4,16,-4,-12,  4,2,-8,2,6,
     2    -3,8,1,-1,  16,-4,-12,  1,5,  8/
      DATA  S6/80,4,28,-16,8,-4,-64,4,40,  2,-4,-8,4,-2,4,2,
     1    2,  30,16,-8,4,-44,-4,10,  32,-16,8,-16,-8,-8,  8,-4,8,4,
     2    4,  2,-4,-2,-2,  80,4,-32,  2,2,  24/
      DATA  S7/1936,208,208,712,-212,76,712,76,-212,  31,19,
     1    136,-38,13,76,11,-24,  31,76,-24,11,136,13,-38,  1936,
     2    -416,208,712,136,-212,  100,-50,-212,-38,62,  31,136,25,
     3    -38,  1936,208,-416,  31,-50,  100/
      DATA  SB/8,1,1,8,-2,1,8,1,-2/
      X21 = XK(2) - XK(1)
      X31 = XK(3) - XK(1)
      Y21 = YK(2) - YK(1)
      Y31 = YK(3) - YK(1)
```

```
      D = E * H * H * H /(12D0 * ( 1D0 - NU * NU))
      DET = X21 * Y31 - X31 * Y21
      IF(DET.GT.0D0)  GOTO 10
      WRITE(6,1)
    1 FORMAT(' *** ORIENTIERUNG FALSCH')
      KONT = .TRUE.
      RETURN
   10 DET3 = DET * DET * DET * 24D0 / D
      H1 = X31 * X31 + Y31 * Y31
      H2 = X21 * X31 + Y21 * Y31
      H3 = X21 * X21 + Y21 * Y21
      A1 = H1 * H1 / DET3
      A2 = -4D0 * H2 * H1 / DET3
      A3 = 2D0 * (H2 * H2 + NU * DET * DET) / DET3
      A4 = (4D0 * H2 * H2 + 2D0 * (1D0 - NU) * DET * DET) / DET3
      A5 = -4D0 * H2 * H3 / DET3
      A6 = H3 * H3 / DET3
      IJ = 0
      DO 30 I = 1,9
        DO 20 J = I,9
          IJ = IJ + 1
          SE(I,J) = A1 * S1(IJ) + A2 * S2(IJ) + A3 * S3(IJ)
     *              + A4 * S4(IJ) + A5 * S5(IJ) + A6 * S6(IJ)
          SE(J,I) = SE(I,J)
          ME(I,J) = DET * S7(IJ) / 2.016D4
          ME(J,I) = ME(I,J)
   20   CONTINUE
        BE(I) = P * DET * SB(I) / 4.8D1
   30 CONTINUE
      DO 50 J = 2,8,3
        DO 40 I = 1,9
          H1 = X21 * SE(I,J) + X31 * SE(I,J+1)
          SE(I,J+1) = Y21 * SE(I,J) + Y31 * SE(I,J+1)
          SE(I,J) = H1
          H1 = X21 * ME(I,J) + X31 * ME(I,J+1)
          ME(I,J+1) = Y21 * ME(I,J) + Y31 * ME(I,J+1)
          ME(I,J) = H1
   40   CONTINUE
   50 CONTINUE
      DO 70 I = 2,8,3
        DO 60 J = 1,9
          H1 = X21 * SE(I,J) + X31 * SE(I+1,J)
          SE(I+1,J) = Y21 * SE(I,J) + Y31 * SE(I+1,J)
          SE(I,J) = H1
          H1 = X21 * ME(I,J) + X31 * ME(I+1,J)
          ME(I+1,J) = Y21 * ME(I,J) + Y31 * ME(I+1,J)
          ME(I,J) = H1
   60   CONTINUE
        H1 = X21 * BE(I) + X31 * BE(I+1)
        BE(I+1) = Y21 * BE(I) + Y31 * BE(I+1)
        BE(I) = H1
   70 CONTINUE
      RETURN
      END
```

2.5.3 Nichtkonformes kubisches Plattenparallelogrammelement

```fortran
      SUBROUTINE   PAKPLA(XK,YK,E,NU,H,P,SE,ME,BE,ND,KONT)
C ------------------------------------------------------------------
C     LIEFERT DIE ELEMENTMATRIZEN SE(12,12) UND ME(12,12) SOWIE DEN
C     ELEMENTVEKTOR BE(12) FUER EIN NICHTKONFORMES PARALLELOGRAMM-
C     ELEMENT, KUBISCHER ANSATZ DER SERENDIPITY-KLASSE
C     PLATTENPROBLEME
C     XK, YK : DIE DREI ECKENKOORDINATENPAARE
C     E : ELASTIZITAETSMODUL,  NU : POISSONZAHL
C     H : DICKE DES ELEMENTES,  P : BELASTUNG DES ELEMENTES
C     ND : AKTUELLE DIMENSIONIERUNG DER ELEMENTMATRIZEN
C     KONT : WIRD BEI FALSCHER ORIENTIERUNG GLEICH .TRUE. GESETZT
C ------------------------------------------------------------------
      REAL*8   XK(3),YK(3),E,NU,H,P,SE(ND,ND),ME(ND,ND),BE(ND)
      REAL*8   X21,X31,Y21,Y31,DET,D,A1,A2,A3,A4,A5,A6,DET3,H1,H2,H3
      LOGICAL   KONT
      INTEGER  S1(78),S2(78),S3(78),S4(78),S5(78),S6(78),S7(78),SB(12)
      DATA  S1/24,12,0,-24,12,0,-12,6,0,12,6,0,  8,0,-12,4,
     1    0,-6,2,0,6,4,0,  10*0,  24,-12,0,12,-6,0,-12,-6,0,  8,0,
     2    -6,4,0,6,2,0,  7*0,  24,-12,0,-24,-12,0,  8,0,12,4,0,
     3    4*0,  24,12,0,  8,0,  0/
      DATA  S2/7*0,12,0,0,-12,0,  6,1,0,0,-1,-12,6,1,12,0,
     1    -1,  0,0,-1,0,0,1,0,0,-1,0,  4*0,-12,0,0,12,0,  -6,1,12,
     2    0,-1,-12,-6,1,  0,0,-1,0,0,1,0,  6*0,  6,1,0,0,-1,  0,0,
     3    -1,0,  3*0,  -6,1,  0/
      DATA  S3/6,3,3,-6,0,-3,6,0,0,-6,-3,0,  0,3,6*0,-3,0,0,
     1    0,-3,8*0,  6,-3,3,-6,3,0,6,0,0,  0,-3,3,5*0,  7*0,  6,-3,
     2    -3,-6,0,3,  0,3,3*0,  0,3,0,0,  6,3,-3,  0,-3,  0/
      DATA  S4/42,3,3,-42,3,-3,42,-3,-3,-42,-3,3,  4,0,-3,
     1    -1,0,3,1,0,-3,-4,0,  4,-3,0,-4,3,0,1,-3,0,-1,  42,-3,3,
     2    -42,3,3,42,3,-3,  4,0,3,-4,0,-3,1,0,  4,-3,0,-1,3,0,1,
     3    42,-3,-3,-42,-3,3,  4,0,3,-1,0,  4,3,0,-4,  42,3,-3,  4,
     4    0,  4/
      DATA  S5/5*0,-12,0,0,12,3*0,  0,1,0,0,-1,0,0,1,0,0,-1,
     1    6,12,-1,0,-12,1,6,0,-1,0,  8*0,-12,  0,1,0,0,-1,0,0,1,
     2    -6,0,-1,0,12,1,-6,  5*0,12,  0,1,0,0,-1,  6,-12,-1,0,
     3    3*0,  0,1,  -6/
      DATA  S6/24,0,12,12,0,6,-12,0,6,-24,0,12,  11*0,  8,
     1    6,0,4,-6,0,2,-12,0,4,  24,0,12,-24,0,12,-12,0,6,  8*0,
     2    8,-12,0,4,-6,0,2,  24,0,-12,12,0,-6,  5*0,  8,-6,0,4,
     3    24,0,-12,  0,0,  8/
      DATA  S7/3454,2*461,1226,-274,199,394,2*-116,1226,199,-274,
     1    80,63,274,-60,42,116,-30,-28,199,40,-42,  80,199,-42,
     2    40,116,-28,-30,274,42,-60,  3454,-461,461,1226,-199,-274,
     3    394,116,-116,  80,-63,-199,40,42,-116,-30,28,  80,274,
     4    -42,-60,116,28,-30,  3454,-461,-461,1226,274,-199, 80,63,
     5    -274,-60,42,  80,-199,-42,40,  3454,461,-461, 80,-63, 80/
      DATA  SB/6,1,1,6,-1,1,6,-1,-1,6,1,-1/
      X21 = XK(2) - XK(1)
      X31 = XK(3) - XK(1)
      Y21 = YK(2) - YK(1)
      Y31 = YK(3) - YK(1)
      D = E * H * H * H /(12D0 * (1D0 - NU * NU))
      DET = X21 * Y31 - X31 * Y21
      IF(DET.GT.0D0)  GOTO 10
      WRITE(3,1)
    1 FORMAT('  *** ORIENTIERUNG FALSCH')
```

```fortran
      KONT = .TRUE.
      RETURN
10    DET3 = DET * DET * DET * 6D0 / D
      H1 = X31 * X31 + Y31 * Y31
      H2 = X21 * X31 + Y21 * Y31
      H3 = X21 * X21 + Y21 * Y21
      A1 = H1 * H1 / DET3
      A2 = - H2 * H1 / DET3
      A3 = 2D0 * (H2 * H2 + NU * DET * DET) / DET3
      A4 = (4D0 * H2 * H2 + 2D0 * (1D0 - NU) * DET * DET)/DET3/5D0
      A5 = - H2 * H3 / DET3
      A6 = H3 * H3 / DET3
      IJ = 0
      DO 30 I= 1,12
        DO 20 J = I,12
          IJ = IJ + 1
          SE(I,J) = A1 * S1(IJ) + A2 * S2(IJ) + A3 * S3(IJ)
     *              + A4 * S4(IJ) + A5 * S5(IJ) + A6 * S6(IJ)
          SE(J,I) = SE(I,J)
          ME(I,J) = DET * S7(IJ) / 2.52D4
          ME(J,I) = ME(I,J)
20      CONTINUE
        BE(I) = P * SB(I) * DET / 2.4D1
30    CONTINUE
      DO 50 J = 2,11,3
        DO 40 I = 1,12
          H1 = X21 * SE(I,J) + X31 * SE(I,J+1)
          SE(I,J+1) = Y21 * SE(I,J) + Y31 * SE(I,J+1)
          SE(I,J) = H1
          H1 = X21 * ME(I,J) + X31 * ME(I,J+1)
          ME(I,J+1) = Y21 * ME(I,J) + Y31 * ME(I,J+1)
          ME(I,J) = H1
40      CONTINUE
50    CONTINUE
      DO 70 I = 2,11,3
        DO 60 J = 1,12
          H1 = X21 * SE(I,J) + X31 * SE(I+1,J)
          SE(I+1,J) = Y21 * SE(I,J) + Y31 * SE(I+1,J)
          SE(I,J) = H1
          H1 = X21 * ME(I,J) + X31 * ME(I+1,J)
          ME(I+1,J) = Y21 * ME(I,J) + Y31 * ME(I+1,J)
          ME(I,J) = H1
60      CONTINUE
        H1 = X21 * BE(I) + X31 * BE(I+1)
        BE(I+1) = Y21 * BE(I) + Y31 * BE(I+1)
        BE(I) = H1
70    CONTINUE
      RETURN
      END
```

3 Der Kompilationsprozess

Mit ausgewählten Programmen wird der Aufbau der algebraischen Gleichungen darge-
legt, wie im Fall von statischen Aufgaben die Gesamtsteifigkeitsmatrix **A** und der
Konstantenvektor **b** oder wie im Fall von Schwingungsproblemen die Gesamtsteifigkeitsmatrix **A** und die Gesamtmassenmatrix **B** bereitgestellt werden. In den folgenden
Unterprogrammen werden verschiedene Möglichkeiten einer effizienten Realisierung
dargestellt. Da aus jedem Anwendungsbereich mindestens ein Programm zur Kompilation verfügbar sein sollte, sind gewisse Wiederholungen kaum zu vermeiden. Die
wiedergegebenen Unterprogramme sollen das grundsätzliche Vorgehen erläutern und
sollen dem Leser die Entwicklung anderer Unterprogramme, die nicht berücksichtigt
werden konnten, durch entsprechende Modifikationen und Anpassungen erleichtern.

Die Unterprogramme besitzen die folgende einheitliche Gliederung:

a) Es sind zuerst diejenigen Daten vorzugeben, welche das Problem kennzeichnen wie
Anzahl der Knotenpunkte, Anzahl der Elemente und Werte von Problemkonstanten.
Diese Daten werden eingehend beschrieben.

b) Darauf erfolgt die Eingabe der Koordinaten derjenigen Knotenpunkte mit den
zugehörigen Knotennummern, die für die später erfolgende Berechnung der Elementmatrizen nötig sind. Im Fall von geradlinigen quadratischen Elementen sind dies nur
die Eckpunkte der Elemente, während in allen andern Fällen die Koordinaten von
sämtlichen Knotenpunkten vorzugeben sind.

c) Anschliessend folgt die Eingabe der Elementdaten, welche insbesondere die Nummern der am Element beteiligten Knotenpunkte umfasst, wobei die Reihenfolge der
Referenznumerierung bei zweidimensionalen Elementen und bei Randstücken genau zu
beachten ist. Gleichzeitig können allenfalls noch weitere, das Element betreffende
Angaben eingegeben werden. Ist die Speicherung der Gesamtmatrix in Bandform
vorgesehen, so genügt die Vorgabe der Bandbreite, um die Speicheranordnung festzu-
legen. Deshalb genügen in diesem Fall die Angaben über das Element den Element-
beitrag zu berechnen und ihn unmittelbar im Kompilationsprozess zu verwerten. Wenn
die Information über das einzelne Element später nicht mehr benötigt wird, so braucht
sie nicht abgespeichert zu werden. Anders verhält es sich bei den anderen Speicherungsarten, weil die Besetzungsstruktur der Matrizen in einem vorbereitenden Schritt erst
bestimmt werden muss. Somit muss die Elementinformation abgespeichert werden,
damit sie nach beendeter Ermittlung der Besetzungsstruktur noch verfügbar ist, um die
Elementbeiträge zu berechnen und entsprechend zu addieren. Mit wiederabrufbaren
Datenträgern oder anderer Organisation der Datenfiles sind natürlich andere Lösungen
denkbar.

d) Im Fall von statischen Fachwerkaufgaben, Rahmenkonstruktionen oder Scheibenproblemen sind zusätzlich die äusseren Kräfte vorzugeben, welche den Konstantenvektor
definieren.

In allen in Betracht gezogenen Elementen gehört zu jedem Knotenpunkt die gleiche
Zahl von Knotenvariablen. Deshalb können die Daten der Probleme in der vereinfach-
ten Form auf der Basis der Knoten und deren Nummern vorbereitet werden, da sich

daraus die zugehörigen Nummern der Knotenvariablen ableiten lassen. Alle Knotennummern werden geprüft, ob sie die gegebene Anzahl der Knotenpunkte nicht übersteigt. Andernfalls erfolgt eine Fehlermeldung und eine Kontrollvariable wird gesetzt.

3.1 Statisches Fachwerkproblem, Hüllenstruktur

Die Gesamtsteifigkeitsmatrix **A** soll in Hüllenform gespeichert werden und zwar so, dass zuerst die Matrixelemente unterhalb der Diagonale zeilenweise angeordnet sind und erst anschliessend die Diagonalelemente aufeinanderfolgend (vgl. Abschn. B4.3 und Fig. B4.8). Zur Vereinfachung ist angenommen, dass die Stabelemente des Fachwerkes die gleiche Querschnittfläche F und denselben Elastizitätsmodul E aufweisen. Die Information über ein Stabelement besteht deshalb nur aus einem Paar von Knotennummern, die im Datensatz je auf einer Zeile anzuordnen sind. Diese Organisation erlaubt eine einfache Erweiterung des Programms, falls für die einzelnen Stabelemente individuelle Querschnittflächen und eventuell auch Elastizitätsmoduln vorgesehen werden sollen.

Die Hüllenstruktur von **A** wird zunächst auf der Basis der Knotennummern ermittelt. Die Werte f_i erhalten in dieser vorbereitenden Phase den kleinsten Indexwert jenes Knotens des Fachwerkes, der mit dem i-ten Knotenpunkt durch ein Stabelement verbunden ist. Um etwas Speicherplatz zu sparen sind diese Werte f_i im Vektor IZ gespeichert. Da weiter jedem Knotenpunkt drei Knotenvariable mit aufeinanderfolgenden Indexwerten zugeordnet werden, zu denen die gleichen Kolonnenindizes des ersten möglicherweise von Null verschiedenen Matrixelementes gehören, folgt daraus die tatsächliche Hüllenstruktur. Die betreffenden Werte werden unter Berücksichtigung der Speicherung gemäss Fig. B4.8 in absteigender Reihenfolge wiederum im Vektor IZ erzeugt und dann daraus die für die Speicheranordnung von **A** erforderlichen endgültigen Zeigerwerte IZ bestimmt, welche auf die letzten Nichtdiagonalelemente von **A** im Feld A zeigen. Das resultierende Profil der Matrix **A** wird mit der aktuellen Dimensionierung verglichen, und es erfolgt allenfalls eine Fehlermeldung.

Eingabedaten in FACHEN2:

<table>
<tr><td>1.</td><td>NKNOT</td><td>:</td><td>Anzahl der Knotenpunkte</td></tr>
<tr><td></td><td>NSTAB</td><td>:</td><td>Anzahl der Stabelemente</td></tr>
<tr><td></td><td>F</td><td>:</td><td>Querschnittfläche, konstant für alle Stäbe</td></tr>
<tr><td></td><td>E</td><td>:</td><td>Elastizitätsmodul des Materials</td></tr>
<tr><td>2.</td><td>NRP</td><td>:</td><td>Nummer des Knotenpunktes</td></tr>
<tr><td></td><td colspan="2">XKN, YKN, ZKN :</td><td>Koordinatentripel des Knotenpunktes</td></tr>
<tr><td></td><td colspan="3">(je eine Datenzeile pro Knotenpunkt)</td></tr>
<tr><td>3.</td><td colspan="2">NPP(I,1), NPP(I,2) :</td><td>Knotennummernpaar des i-ten Stabelementes</td></tr>
<tr><td></td><td colspan="3">(je eine Datenzeile pro Element, total NSTAB Zahlenpaare)</td></tr>
<tr><td>4.</td><td>NLAST</td><td>:</td><td>Anzahl der Knotenpunkte mit Einzellasten</td></tr>
<tr><td>5.</td><td>NRKNOT</td><td>:</td><td>Nummer des Knotenpunktes mit äusserer Kraft</td></tr>
<tr><td></td><td colspan="2">FX, FY, FZ :</td><td>Komponenten der angreifenden äusseren Kraft</td></tr>
<tr><td></td><td colspan="3">(je eine Datenzeile pro belasteten Knotenpunkt)</td></tr>
</table>

```fortran
      SUBROUTINE  FACHEN2(N,A,IZ,B,NKNOT,NSTAB,XE,YE,ZE,F,E,NPP,
     *                    NDA,NDEL,NDEC)
C -------------------------------------------------------------------
C     LIEFERT DIE GESAMTSTEIFIGKEITSMATRIX A IN HUELLENFORM UND DEN
C     KONSTANTENVEKTOR B FUER EIN STATISCHES FACHWERKPROBLEM
C     F UND E SIND FUER ALLE STABELEMENTE KONSTANT VORAUSGESETZT
C     N : ORDNUNG DER MATRIX A, ANZAHL DER KNOTENVARIABLEN
C     A : MATRIXELEMENTE VON A IN DER HUELLE
C         NICHTDIAGONALELEMENTE ZEILENWEISE
C         DIAGONALELEMENTE ANSCHLIESSEND AUFEINANDERFOLGEND
C     IZ : N ZEIGER AUF DIE LETZTEN NICHTDIAGONALELEMENTE
C     B : KONSTANTENVEKTOR IM SYSTEM  A * X + B = 0
C     NKNOT : ANZAHL KNOTENPUNKTE
C     NSTAB : ANZAHL STABELEMENTE
C     XE,YE,ZE : KOORDINATENTRIPEL DER KNOTENPUNKTE
C     F : QUERSCHNITTFLAECHE DER STABELEMENTE
C     E : ELASTIZITAETSMODUL DER STABELEMENTE
C     NPP : NUMMERN DER KNOTENPUNKTE DER STABELEMENTE
C     NDA : AKTUELLE DIMENSIONIERUNG VON A, PROFIL MAXIMAL 32767 !!
C     NDEL : AKTUELLE ERSTE DIMENSIONIERUNG VON NPP
C     NDEC : AKTUELLE DIMENSIONIERUNGEN VON XE, YE UND ZE
C -------------------------------------------------------------------
      REAL*8   A(NDA),B(1),XE(NDEC),YE(NDEC),ZE(NDEC),F,E,FX,FY,FZ
      REAL*8   AE(6,6),XK(2),YK(2),ZK(2),XKN,YKN,ZKN
      INTEGER*2  IZ(1),NPP(NDEL,2),NP(6),NZP,NNP
      LOGICAL  KONT
      KONT = .FALSE.
      READ(1,*)  NKNOT,NSTAB,F,E
      N = 3 * NKNOT
      WRITE(3,1)  N,NKNOT,NSTAB,F,E
    1 FORMAT('    FACHWERKPROBLEM'/3X,I4,'  KNOTENVARIABLE'/
     *    3X,I4,'  KNOTENPUNKTE'/3X,I4,'  STABELEMENTE'/
     *    '    F = ',F12.5,'   E = ',D12.4//
     *    '    KOORDINATEN DER KNOTENPUNKTE'/)
      IF(NKNOT.GT.NDEC)  STOP  'KNOTENZAHL ZU GROSS !!'
      IF(NSTAB.GT.NDEL)  STOP  'ZAHL DER STAEBE ZU GROSS !!'
      DO 10 I = 1,NKNOT
        READ(1,*)  NRP,XKN,YKN,ZKN
        WRITE(3,2)  NRP,XKN,YKN,ZKN
    2   FORMAT(3X,I4,3F12.5)
        IF(NRP.GT.NKNOT)  THEN
          WRITE(3,3)  NRP
    3     FORMAT('    *** NUMMER ZU GROSS',I8)
          KONT = .TRUE.
        ELSE
          XE(NRP) = XKN
          YE(NRP) = YKN
          ZE(NRP) = ZKN
        ENDIF
   10 CONTINUE
      IF(KONT)  STOP  'FEHLER IN KNOTENNUMMERN !!'
      WRITE(3,4)
    4 FORMAT(/'    KNOTENNUMMERN DER STABELEMENTE'/)
      DO 20 I = 1,NSTAB
        READ(1,*)  NPP(I,1),NPP(I,2)
        WRITE(3,5)  I,NPP(I,1),NPP(I,2)
    5   FORMAT(3X,3I6)
   20 CONTINUE
```

```
C ------------------------------------------------------------------
C     BESTIMMUNG DER POTENTIELLEN HUELLE VON A
C     IN  IZ   WERDEN VORUEBERGEHEND DIE WERTE VON  FA   AUFGEBAUT
C ------------------------------------------------------------------
      DO 30 I = 1,NKNOT
        IZ(I) = I
  30  CONTINUE
      DO 60 IEL = 1,NSTAB
        KMIN = NKNOT
        DO 40 I = 1,2
          NP(I) = NPP(IEL,I)
          KMIN = MINO(KMIN,NP(I))
          IF(NP(I).LE.NKNOT)  GOTO  40
          WRITE(3,6)  IEL,NP(I)
  6       FORMAT('   *** ZU GROSSE NUMMER IM ELEMENT',I4,I8)
          KONT = .TRUE.
  40    CONTINUE
        IF(KONT)  GOTO  60
        DO 50 I = 1,2
          IZ(NP(I)) = MINO(IZ(NP(I)),KMIN)
  50    CONTINUE
  60  CONTINUE
      IF(KONT)  STOP  'FEHLER IN KNOTENNUMMERN !!'
      DO 70 I = NKNOT,1,-1
        KMIN = 3 * IZ(I) - 2
        IZ(3*I-2) = KMIN
        IZ(3*I-1) = KMIN
        IZ(3*I) = KMIN
  70  CONTINUE
      IZ(1) = 0
      B(1) = 0D0
      DO 80 I = 2,N
        IZ(I) = IZ(I-1) + I - IZ(I)
        B(I) = 0D0
  80  CONTINUE
      NPROF = IZ(N) + N
      WRITE(3,7)  NPROF
  7   FORMAT(//'   PROFIL DER MATRIX =',I8)
      IF(NPROF.GT.NDA)  THEN
        WRITE(3,8)  NDA
  8     FORMAT('   *** PROFIL GROESSER ALS',I8)
        STOP  'PROFIL ZU GROSS !!'
      ENDIF
      DO 90 I = 1,NPROF
        A(I) = 0D0
  90  CONTINUE
C ------------------------------------------------------------------
C     AUFBAU DER MATRIX  A
C ------------------------------------------------------------------
      ID0 = IZ(N)
      DO 140 IEL = 1,NSTAB
        DO 110 I = 1,2
          NRE = NPP(IEL,I)
          XK(I) = XE(NRE)
          YK(I) = YE(NRE)
          ZK(I) = ZE(NRE)
          DO 100 K = 1,3
            NP(3*I+K-3) = 3 * NRE + K - 3
  100     CONTINUE
```

```
110    CONTINUE
       CALL  STABEL(XK,YK,ZK,E,F,AE,6)
       DO 130 J = 1,6
         NZP = NP(J)
         IDI = IDO + NZP
         A(IDI) = A(IDI) + AE(J,J)
         ID1 = IZ(NZP) + 1
         DO 120 K = 1,6
           NNP = NP(K)
           IF(NNP.GE.NZP)  GOTO 120
           I = ID1 + NNP - NZP
           A(I) = A(I) + AE(J,K)
120      CONTINUE
130    CONTINUE
140 CONTINUE
C -----------------------------------------------------------------
C    VORGABE DER AEUSSEREN KRAEFTE, DEFINIERT VEKTOR  B
C -----------------------------------------------------------------
     READ(1,*)  NLAST
     WRITE(3,9)  NLAST
   9 FORMAT(/3X,I6,'  KNOTENPUNKTE MIT LASTEN'/
   *      3X,'KNOTEN',8X,'FX',10X,'FY',10X,'FZ'/)
     DO 150 I = 1,NLAST
       READ(1,*)  NRKNOT,FX,FY,FZ
       WRITE(3,11)  NRKNOT,FX,FY,FZ
  11   FORMAT(3X,I6,3F12.2)
       K = 3 * NRKNOT - 2
       B(K) = - FX
       B(K+1) = - FY
       B(K+2) = - FZ
150  CONTINUE
     RETURN
     END
```

3.2 Rahmenkonstruktionen

3.2.1 Statische Belastung einer Rahmenkonstruktion, Bandstruktur

Von der Gesamtsteifigkeitsmatrix A soll nur die Bandstruktur mit konstanter Bandbreite m ausgenützt werden, und die untere Hälfte von A wird zeilenweise in einem eindimensionalen Feld gespeichert gemäss Fig. B4.3. Es wird vorausgesetzt, dass die Bandbreite m der Gesamtsteifigkeitsmatrix A auf Grund der Konstruktion und der gewählten Knotennumerierung bekannt sei. Im Verlauf der Kompilation von A wird einerseits geprüft, ob die vorgegebene Bandbreite m genügend gross ist, aber anderseits wird auch die tatsächliche Bandbreite der resultierenden Matrix A bestimmt und der festgestellte Wert angegeben, damit die Bandbreite für weitere Berechnungen allenfalls angepasst werden kann. Die Balkenelemente der Rahmenkonstruktion sollen aus demselben Material mit dem Elastizitätsmodul E und der Poissonzahl ν bestehen, während die Querschnittflächen elementabhängig seien und durch ihre Höhen und Breiten definiert werden.

Eingabedaten in RAHMBNDN:

1. NKNOT : Anzahl der Knotenpunkte
   NBALK : Anzahl der Balkenelemente
   M : Vorgegebene Bandbreite der Gesamtsteifigkeitsmatrix
   E : Elastizitätsmodul, konstant für alle Balkenelemente
   NU : Poissonzahl, konstant für alle Balkenelemente
2. NRP : Nummer des Knotenpunktes
   XKN, YKN, ZKN : Koordinatentripel des Knotenpunktes
   (je eine Datenzeile pro Knotenpunkt)
3. NP1, NP2 : Knotennummern des Balkenelementes
   HB, BB : Höhe und Breite des Balkenelementes
   (je eine Datenzeile pro Balkenelement)
4. NLAST : Anzahl der Knotenpunkte mit äusseren Lasten
5. NRKNOT : Nummer des Knotenpunktes mit Lastangriff
   FX, FY, FZ : Kraftkomponenten der äusseren Lasten
   MX, MY, MZ : Angreifende Momente
   (je eine Datenzeile pro belasteten Knotenpunkt)

```fortran
      SUBROUTINE  RAHMBNDN(N,M,A,B,XE,YE,ZE,ND,NDA,NDE)
C -------------------------------------------------------------------
C     LIEFERT DIE GESAMTSTEIFIGKEITSMATRIX  A  IN BANDFORM UND DEN
C     KONSTANTENVEKTOR  B  FUER EIN RAEUMLICHES RAHMENWERK UNTER
C     BELASTUNG (EINZELKRAEFTE UND MOMENTE IN DEN KNOTENPUNKTEN)
C     ZEILENWEISE SPEICHERUNG DER BANDMATRIX  A
C     DER ELASTIZITAETSMODUL  E  UND DIE POISSONZAHL  NU  SIND FUER
C     ALLE BALKENELEMENTE KONSTANT VORAUSGESETZT
C     DER RECHTECKIGE QUERSCHNITT DER ELEMENTE IST VARIABEL
C     N : ORDNUNG DER MATRIX  A, ANZAHL DER KNOTENVARIABLEN
C     M : VORGEGEBENE BANDBREITE DER MATRIX  A
C     A : MATRIXELEMENTE VON  A  INNERHALB DES BANDES
C         ZEILENWEISE GESPEICHERT IN EINDIMENSIONALEM FELD
C     B : KONSTANTENVEKTOR IM SYSTEM  A * X + B = 0
C     XE, YE, ZE : KOORDINATENTRIPEL DER KNOTENPUNKTE
C     ND : AKTUELLE DIMENSIONIERUNG VON  B
C     NDA : AKTUELLE DIMENSIONIERUNG DES FELDES  A
C     NDE : AKTUELLE DIMENSIONIERUNGEN VON  XE, YE    UND  ZE
C -------------------------------------------------------------------
      REAL*8   A(NDA),B(ND),XE(NDE),YE(NDE),ZE(NDE),HB,BB,E,NU
      REAL*8   SE(12,12),ME(12,12),XK(2),YK(2),ZK(2),XKN,YKN,ZKN
      REAL*8   FX,FY,FZ,MX,MY,MZ
      INTEGER  NP(12)
      LOGICAL  KONT
      READ(1,*)  NKNOT,NBALK,M,E,NU
      N = 6 * NKNOT
      WRITE(3,1)  N,NKNOT,NBALK,M,E,NU
    1 FORMAT(/3X,'STATISCHES RAHMENWERKPROBLEM'/
     *     3X,I4,'  KNOTENVARIABLE',3X,I4,'  KNOTENPUNKTE'/
     *     3X,I4,'  BALKENELEMENTE'/
     *     3X,'VORGEGEBENE BANDBREITE M =',I4/
     *     3X,'E = ',D12.4,3X,'NU = ',F10.4//
     *     3X,'KOORDINATEN DER KNOTENPUNKTE'/)
```

```fortran
      M1 = M + 1
      NM1 = N * M1
      IF(N.GT.ND)  STOP  'ZAHL KNOTENVARIABLE ZU GROSS !!'
      IF(NKNOT.GT.NDE)  STOP  'ZAHL KNOTEN ZU GROSS !!'
      IF(NM1.GT.NDA)  STOP  'BAND ZU GROSS !!'
      KONT = .FALSE.
      DO 10 I = 1,NKNOT
        READ(1,*)   NRP,XKN,YKN,ZKN
        WRITE(3,2)   NRP,XKN,YKN,ZKN
    2   FORMAT(3X,I4,3F12.5)
        IF(NRP.GT.NKNOT)  THEN
          WRITE(3,3)   NRP
    3     FORMAT(3X,'*** NUMMER ZU GROSS',I8)
          KONT = .TRUE.
        ELSE
          XE(NRP) = XKN
          YE(NRP) = YKN
          ZE(NRP) = ZKN
        ENDIF
   10 CONTINUE
C -----------------------------------------------------------------------
C     EINGABE DER DATEN DER BALKENELEMENTE UND GLEICHZEITIGER
C     AUFBAU DER MATRIX  A. BESTIMMUNG DER EFFEKTIVEN BANDBREITE
C -----------------------------------------------------------------------
      DO 20 I = 1,NM1
        A(I) = 0D0
   20 CONTINUE
      DO 30 I = 1,N
        B(I) = 0D0
   30 CONTINUE
      WRITE(3,4)
    4 FORMAT(/3X,'KNOTENNUMMERN UND DATEN DER BALKENELEMENTE'/
     *     5X,'NR.1',3X,'NR.2',6X,'H =',7X,'B ='/)
      MEFF = 0
      DO 70 IEL = 1,NBALK
        READ(1,*)   NP1,NP2,HB,BB
        WRITE(3,5)   NP1,NP2,HB,BB
    5   FORMAT(3X,I6,I7,2X,2F10.4)
        IF(NP1.GT.NKNOT.OR.NP2.GT.NKNOT)  THEN
          WRITE(3,3)
          KONT = .TRUE.
          GOTO 70
        ENDIF
        IDIF = 6 * IABS(NP1 - NP2) + 5
        MEFF = MAX0(MEFF,IDIF)
        IF(IDIF.GT.M)  THEN
          WRITE(3,6)
    6     FORMAT(3X,'*** BANDBREITE M ZU KLEIN')
          KONT = .TRUE.
        ELSE
          XK(1) = XE(NP1)
          YK(1) = YE(NP1)
          ZK(1) = ZE(NP1)
          XK(2) = XE(NP2)
          YK(2) = YE(NP2)
          ZK(2) = ZE(NP2)
```

```
          DO 40 I = 1,6
            NP(I) = 6 * NP1 + I - 6
            NP(I+6) = 6 * NP2 + I - 6
   40     CONTINUE
          CALL   BALKEN(XK,YK,ZK,HB,BB,E,NU,1D0,SE,ME,12)
          DO 60 J = 1,12
            NZP = NP(J)
            IDI = NZP * M1
            DO 50 K = 1,12
              NNP = NP(K)
              IF(NNP.GT.NZP)  GOTO 50
              I = IDI - NZP + NNP
              A(I) = A(I) + SE(J,K)
   50       CONTINUE
   60     CONTINUE
        ENDIF
   70 CONTINUE
      WRITE(3,7)  MEFF
    7 FORMAT(/,'    EFFEKTIVE BANDBREITE VON  A   IST   MEFF =',I4)
C --------------------------------------------------------------------
C     VORGABE DER AEUSSEREN KRAEFTE UND MOMENTE
C --------------------------------------------------------------------
      READ(1,*)  NLAST
      WRITE(3,8)  NLAST
    8 FORMAT(/3X,I4,'  KNOTENPUNKTE MIT LASTEN'/3X,'KNOTEN',
     *     8X,'FX',7X,'FY',7X,'FZ',7X,'MX',7X,'MY',7X,'MZ'/)
      DO 80 I = 1,NLAST
        READ(1,*)   NRKNOT,FX,FY,FZ,MX,MY,MZ
        WRITE(3,9)   NRKNOT,FX,FY,FZ,MX,MY,MZ
    9   FORMAT(3X,I6,2X,6F9.1)
        K = 6 * NRKNOT - 5
        B(K) = - FX
        B(K+1) = - FY
        B(K+2) = - FZ
        B(K+3) = - MX
        B(K+4) = - MY
        B(K+5) = - MZ
   80 CONTINUE
      IF(KONT)  STOP  'DATENFEHLER !!'
      RETURN
      END
```

3.2.2 Eigenschwingungen einer Rahmenkonstrution, Hüllenstruktur

Die Gesamtsteifigkeitsmatrix A und die Gesamtmassenmatrix B werden in Hüllenform gespeichert und zwar zeilenweise unter Einschluss der Diagonalelemente gemäss Fig. B4.7. Die Struktur der Matrizen wird auf Grund der Elementdaten bestimmt. Dies erfolgt zunächst auf der Basis der Knotennummern, wobei die betreffenden Werte f_i in einem vorbereitenden Schritt im Vektor IZAB gespeichert werden. Sodann werden die tatsächlichen Werte f_i der Gesamtmatrizen gebildet unter Beachtung der Tatsache, dass zu jedem Knoten sechs Knotenvariable gehören und die ganze Gruppe die gleichen Indexwerte f_i besitzen, welche wiederum im Vektor IZAB vorbereitet werden. Um keine Information zu verlieren sind diese Werte in rückläufiger Weise zu berechnen und abzuspeichern. Jetzt werden die eigentlichen Zeigerwerte auf die Positionen der

Diagonalelemente in den eindimensionalen Feldern A und B im Vektor IZAB rekursiv aufgebaut gemäss (B4.51). Dabei wird gleichzeitig geprüft, ob das resultierende Profil der beiden Matrizen A und B die vorgegebene Grösse nicht überschreitet. In diesem Fall erfolgt eine Fehlermeldung, eine Kontrollvariable wird gesetzt und die eigentliche Kompilation der Matrizen wird unterdrückt.

Zur Vereinfachung der Datenvorbereitung wird vorausgesetzt, dass alle Balkenelemente aus demselben Material bestehen und somit die gleichen physikalischen Grössen des Elastizitätsmoduls E, der Poissonzahl ν und der spezifischen Dichte ρ haben. Die Abmessungen der Querschnittflächen sind aber elementabhängig vorgesehen, weshalb jedes Balkenelement durch die beiden Knotennummern sowie die Höhe h und die Breite b des Querschnittes beschrieben wird.

Das Unterprogramm RAHMEWEN liefert die beiden Gesamtmatrizen in derjenigen Form, wie sie zur Berechnung der Eigenwerte und der Eigenvektoren mit Hilfe der Methode der simultanen, inversen Vektoriteration verwendet werden können.

Eingabedaten in RAHMEWEN:

```
1.  NKNOT   : Anzahl der Knotenpunkte
    NBALK   : Anzahl der Balkenelemente
    E       : Elastizitätsmodul  E
    NU      : Poissonzahl ν
    RHO     : Spezifische Dichte ρ des Materials
2.  NRP              : Nummer des Knotenpunkte
    XKN, YKN, ZKN  : Koordinatentripel
    (je eine Datenzeile pro Knotenpunkt)
3.  NP1, NP2  : Knotennummernpaar des Balkenelementes
    HB, BB    : Höhe h und Breite b des Querschnittes
    (je eine Datenzeile pro Balkenelement)
```

```
      SUBROUTINE  RAHMEWEN(N,A,B,IZAB,XE,YE,ZE,NPP,HB,BB,
     *                     NDAB,NDEL,NDEC)
C -------------------------------------------------------------------------
C     LIEFERT DIE STEIFIGKEITS- UND MASSENMATRIX FUER EINE
C     RAHMEN-EIGENWERTAUFGABE. SPEICHERUNG IN HUELLENFORM
C     ZEILENWEISE EINSCHLIESSLICH DER DIAGONALELEMENTE
C     E, NU  UND  RHO   SIND KONSTANT FUER ALLE BALKENELEMENTE
C     N : ORDNUNG DER MATRIZEN, ANZAHL DER KNOTENVARIABLEN
C     A : MATRIXELEMENTE DER STEIFIGKEITSMATRIX IN DER HUELLE
C     B : MATRIXELEMENTE DER MASSENMATRIX IN DER HUELLE
C     IZAB : GEMEINSAME  N  ZEIGER AUF DIE DIAGONALELEMENTE
C     XE,YE,ZE : KOORDINATENTRIPEL DER KNOTENPUNKTE
C     NPP : NUMMERN DER KNOTENPUNKTE DER ELEMENTE
C     HB,BB : HOEHE UND BREITE DER BALKENQUERSCHNITTE
C     NDAB : AKTUELLE DIMENSIONIERUNGEN VON  A  UND  B
C            *** PROFIL MAXIMAL 32767 ***
C     NDEL : AKTUELLE ERSTE DIMENSIONIERUNG VON  NPP
C            DIMENSIONIERUNGEN VON  HB  UND  BB
C     NDEC : AKTUELLE DIMENSIONIERUNGEN VON  XE, YE  UND  ZE
C -------------------------------------------------------------------------
```

```fortran
      REAL*8   A(NDAB),B(NDAB),XE(NDEC),YE(NDEC),ZE(NDEC)
      REAL*8   HB(NDEL),BB(NDEL),E,NU,RHO
      REAL*8   AE(12,12),BE(12,12),XK(2),YK(2),ZK(2),X,Y,Z
      INTEGER*2  IZAB(1),NPP(NDEL,2),NP(24),NZP,NNP
      LOGICAL  KONT
      KONT = .FALSE.
      READ(1,*)   NKNOT,NBALK,E,NU,RHO
      N = 6 * NKNOT
      WRITE(3,1)   N,NKNOT,NBALK,E,NU,RHO
    1 FORMAT(/' EIGENSCHWINGUNGSAUFGABE FUER RAHMENKONSTRUKTION'/
     *     2X,I4,' KNOTENVARIABLE',I6,'  KNOTENPUNKTE'/
     *     2X,I4,' BALKENELEMENTE'/'  E = ',D12.5,
     *     '  NU = ',F10.5,'  RHO = ',F12.3//
     *     '  KOORDINATEN DER ECKPUNKTE'/)
      IF(NKNOT.GT.NDEC)  STOP 'KNOTENZAHL ZU GROSS !!!'
      IF(NBALK.GT.NDEL)  STOP 'ELEMENTZAHL ZU GROSS !!!'
      DO 10 I = 1,NKNOT
        READ(1,*)   NRE,X,Y,Z
        WRITE(3,2)   NRE,X,Y,Z
    2   FORMAT(2X,I4,3F12.5)
        IF(NRE.GT.NKNOT)  THEN
          WRITE(3,3)   NRE
    3     FORMAT('   *** KNOTENNUMMER ZU GROSS',I6)
          KONT = .TRUE.
        ELSE
          XE(NRE) = X
          YE(NRE) = Y
          ZE(NRE) = Z
        ENDIF
   10 CONTINUE
C -------------------------------------------------------------------
C     BESTIMMUNG DER POTENTIELLEN HUELLEN VON  A   UND  B
C -------------------------------------------------------------------
      DO 20 I = 1,NKNOT
        IZAB(I) = I
   20 CONTINUE
      WRITE(3,4)
    4 FORMAT(//'  DATEN DER BALKENELEMENTE'/
     *      '  KNOTENNUMMERN  HOEHE    BREITE '/)
      DO 50 IEL = 1,NBALK
        READ(1,*)   (NPP(IEL,I), I=1,2),HB(IEL),BB(IEL)
        WRITE(3,5)   (NPP(IEL,I), I=1,2),HB(IEL),BB(IEL)
    5   FORMAT(3X,2I4,2X,2F10.4)
        KMIN = NKNOT
        DO 30 I = 1,2
          NP(I) = NPP(IEL,I)
          KMIN = MIN0(NP(I),KMIN)
          IF(NP(I).LE.NKNOT)  GOTO 30
          WRITE(3,3)   NP(I)
          KONT = .TRUE.
   30   CONTINUE
        IF(KONT)  GOTO 50
        DO 40 I = 1,2
          IZAB(NP(I)) = MIN0(IZAB(NP(I)),KMIN)
   40   CONTINUE
   50 CONTINUE
      IF(KONT)  STOP 'FEHLER IN KNOTENNUMMERN !!!'
```

```fortran
      DO 70 I = NKNOT,1,-1
        KMIN = 6 * IZAB(I) - 5
        DO 60 J = 1,6
          IZAB(6*I-J+1) = KMIN
   60   CONTINUE
   70 CONTINUE
      IZAB(1) = 1
      DO 80 I = 2,N
        IZAB(I) = IZAB(I-1) + I - IZAB(I) + 1
   80 CONTINUE
      NPROF = IZAB(N)
      WRITE(3,6)  NPROF
    6 FORMAT(//'  PROFIL DER MATRIZEN =',I8)
      IF(NPROF.GT.NDAB)  THEN
        WRITE(3,7)  NDAB
    7   FORMAT('  *** PROFIL GROESSER ALS',I8)
        STOP  'PROFIL ZU GROSS !!'
      ENDIF
C ------------------------------------------------------------------
C     AUFBAU DER MATRIZEN  A   UND  B
C ------------------------------------------------------------------
      DO 90 I = 1,NPROF
        A(I) = 0D0
        B(I) = 0D0
   90 CONTINUE
      DO 140 IEL = 1,NBALK
        DO 110 I = 1,2
          NRE = NPP(IEL,I)
          XK(I) = XE(NRE)
          YK(I) = YE(NRE)
          ZK(I) = ZE(NRE)
          DO 100 K = 1,6
            NP(6*I+K-6) = 6 * NRE + K - 6
  100     CONTINUE
  110   CONTINUE
        CALL  BALKEN(XK,YK,ZK,HB(IEL),BB(IEL),E,NU,RHO,AE,BE,12)
        DO 130 J = 1,12
          NZP = NP(J)
          ID = IZAB(NZP)
          DO 120 K = 1,12
            NNP = NP(K)
            IF(NNP.GT.NZP)  GOTO 120
            I = ID + NNP - NZP
            A(I) = A(I) + AE(J,K)
            B(I) = B(I) + BE(J,K)
  120     CONTINUE
  130   CONTINUE
  140 CONTINUE
      RETURN
      END
```

3.3 Elliptische Randwertprobleme

Zur Behandlung der elliptischen Randwertaufgabe

$$u_{xx} + u_{yy} + \rho u = f \quad \text{in} \quad G, \quad (\rho, f \text{ konstant in } G) \tag{3.1}$$

unter den Randbedingungen

$$u(s) = \phi(s) \quad \text{auf} \quad C_1 \tag{3.2}$$

und

$$\frac{\partial u}{\partial n} + \alpha(s)u = \gamma(s) \quad \text{auf} \quad C_2 , \tag{3.3}$$

wo $C_1 \cap C_2 = \emptyset$ und $C_1 \cup C_2 = C$ den Rand von G bedeutet, wird das Variationsintegral

$$I = \frac{1}{2} \iint\limits_{G}(u_x{}^2 + u_y{}^2)dxdy - \frac{1}{2}\rho \iint\limits_{G}u^2dxdy + f\iint\limits_{G}udxdy + \frac{1}{2} \int\limits_{C_2}\alpha u^2ds - \int\limits_{C_2}\gamma uds \tag{3.4}$$

unter der Bedingung (3.2) stationär gemacht. Die drei folgenden Unterprogramme liefern die zu (3.4) gehörende Gesamtsteifigkeitsmatrix **A** und den Konstantenvektor **b** unter der Annahme, dass α und γ auf jedem Randelement der Diskretisation konstant seien, jedoch von Randstück zu Randstück variieren können.

3.3.1 Quadratische geradlinige und isoparametrische Elemente, Bandstruktur

Um die Programmstruktur zu vereinfachen soll die Gesamtsteifigkeitsmatrix **A** in Bandform mit zeilenweiser Anordnung der Matrixelemente gemäss Fig. B4.3 gespeichert werden, wobei die Bandbreite m der Bandmatrix vorgegeben sei. Zur Diskretisierung des Gebietes G können sowohl geradlinige als auch krummlinige isoparametrische Dreiecke und Parallelogramme verwendet werden, die beliebig miteinander kombiniert werden können. In den Dreiecken gilt der normale quadratische Ansatz, während in den Parallelogrammen der quadratische Ansatz der Serendipity-Klasse zur Anwendung gelangt. Auf dem Rand werden deshalb neben den geradlinigen auch die zugehörigen krummlinigen isoparametrischen Randelemente in Betracht gezogen. Um die sechs verschiedenen Elementtypen nicht mit Typennummern versehen zu müssen, wird im Unterprogramm ERWQBNDN vorausgesetzt, dass die Elementdaten nach Typen angeordnet sind in der folgenden Reihenfolge: Geradlinige Dreiecke, isoparametrische Dreiecke, geradlinige Parallelogramme, isoparametrische Parallelogramme, geradlinige Randelemente und krummlinige Randelemente. Deshalb wird zu Beginn die Information über die Anzahl der Elemente eines jeden Typs verlangt. Auf Grund dieser Angaben wird sowohl die Eingabe der Elementdaten (6 Knotennummern für ein Dreieckelement, 8 Knotennummern für ein Parallelogrammelement, 3 Knotennummern zusammen mit den Werten α und γ für ein Randintegral) als auch die Bereitstellung der erforderlichen Koordinatenpaare, der Aufruf des betreffenden Unterprogramms zur Berechnung der Elementbeiträge und die problemgerechte Addition zur Gesamtsteifigkeitsmatrix **A** und zum Konstantenvektor **b** gesteuert. Dazu wird die Anzahl NKEL der Knotenpunkte des Elementes verwendet.

Eingabedaten in ERWQBNDN:

<table>
<tr><td>1.</td><td>N</td><td>:</td><td>Anzahl der Knotenpunkte = Anzahl der Unbekannten</td></tr>
<tr><td></td><td>NKOORD</td><td>:</td><td>Anzahl Koordinatenpaare von Knotenpunkten</td></tr>
<tr><td></td><td>NDREI</td><td>:</td><td>Anzahl der geradlinigen Dreiecke</td></tr>
<tr><td></td><td>NISOPD</td><td>:</td><td>Anzahl der krummlinigen isoparametrischen Dreiecke</td></tr>
<tr><td></td><td>NPAR</td><td>:</td><td>Anzahl der geradlinigen Parallelogrammelemente</td></tr>
<tr><td></td><td>NISOPV</td><td>:</td><td>Anzahl der krummlinigen isoparametrischen Vierecke</td></tr>
<tr><td></td><td>NRAND</td><td>:</td><td>Anzahl der geraden Randelemente von C_2</td></tr>
<tr><td></td><td>NKRAND</td><td>:</td><td>Anzahl der krummen Randelemente von C_2</td></tr>
<tr><td></td><td>M</td><td>:</td><td>Vorgegebene Bandbreite m der Gesamtmatrix A</td></tr>
<tr><td></td><td>RHO, F</td><td>:</td><td>Werte von ρ und f in (3.1)</td></tr>
<tr><td>2.</td><td>NRP</td><td>:</td><td>Nummer des Knotenpunktes</td></tr>
<tr><td></td><td>X, Y</td><td>:</td><td>Koordinatenpaar des Knotenpunktes</td></tr>
<tr><td></td><td colspan="3">(je eine Datenzeile pro Knotenpunkt)</td></tr>
<tr><td>3.</td><td>NP(I)</td><td>:</td><td>Knotennummern eines zweidimensionalen Elementes, richtige Reihenfolge ist zu beachten !</td></tr>
<tr><td></td><td colspan="3">(je eine Datenzeile pro Element mit 6 oder 8 Nummern)</td></tr>
<tr><td>4.</td><td>NP(I)</td><td>:</td><td>3 Knotennummern eines Randelementes, Reihenfolge !</td></tr>
<tr><td></td><td>ALF,GAM</td><td>:</td><td>Werte von α und γ in (3.3)</td></tr>
<tr><td></td><td colspan="3">(je eine Datenzeile pro Randintegral)</td></tr>
</table>

```fortran
      SUBROUTINE   ERWQBNDN(N,M,A;B,XE,YE,ND,NDA)
C -----------------------------------------------------------------
C     LIEFERT DIE GESAMTSTEIFIGKEITSMATRIX   A   IN BANDFORM UND DEN
C     KONSTANTENVEKTOR   B   FUER EIN ELLIPTISCHES RANDWERTPROBLEM
C     QUADRATISCHE GERADLINIGE UND ISOPARAMETRISCHE DREIECK- UND
C     PARALLELOGRAMMELEMENTE DER SERENDIPITY-KLASSE
C     GERADE UND KRUMMLINIGE RANDSTUECKE
C     RHO   UND   F   SIND FUER ALLE ELEMENTE KONSTANT VORAUSGESETZT
C     N : ORDNUNG DER MATRIX   A, ANZAHL KNOTENVARIABLE
C     M : VORGEGEBENE BANDBREITE DER MATRIX   A
C     A : MATRIXELEMENTE VON   A   INNERHALB DES BANDES
C         ZEILENWEISE GESPEICHERT IN EINDIMENSIONALEM FELD
C     B : KONSTANTENVEKTOR IM SYSTEM   A * X + B = 0
C     XE,YE : KOORDINATENPAARE DER ERFORDERLICHEN KNOTENPUNKTE
C     ND : AKTUELLE DIMENSIONIERUNGEN VON   B,XE,YE
C     NDA : AKTUELLE DIMENSIONIERUNG DES FELDES   A
C -----------------------------------------------------------------
      REAL*8   A(NDA),B(ND),XE(ND),YE(ND)
      REAL*8   AE(8,8),BE(8,8),BB(8),XK(8),YK(8),X,Y,RHO,F,ALF,GAM
      INTEGER  NP(8)
      LOGICAL  KONT,ISO
      KONT = .FALSE.
      READ(1,*) N,NKOORD,NDREI,NISOPD,NPAR,NISOPV,NRAND,NKRAND,M,
     *          RHO,F
      WRITE(3,1) N,NKOORD,NDREI,NISOPD,NPAR,NISOPV,NRAND,NKRAND,M,
     *          RHO,F
    1 FORMAT('   ELLIPTISCHE RANDWERTAUFGABE, QUADRATISCHE ',
     *      'ANSAETZE'/3X,I4,'   KNOTENPUNKTE'/
     *      3X,I4,'   KOORDINATENPAARE'/
     *      3X,I4,'   GERADLINIGE DREIECKELEMENTE'/
```

```fortran
     *       3X,I4,'  ISOPARAMETRISCHE DREIECKELEMENTE'/
     *       3X,I4,'  GERADLINIGE PARALLELOGRAMMELEMENTE'/
     *       3X,I4,'  ISOPARAMETRISCHE VIERECKELEMENTE'/
     *       3X,I4,'  GERADE RANDSTUECKE'/3X,I4,'  KRUMME RANDSTUECKE'
     *       /3X,I4,' = VORGEBEBENE BANDBREITE'//
     *       3X,'RHO = ',F12.5,'   F = ',F12.5//
     *       3X,'KOORDINATEN VON KNOTENPUNKTEN'/)
      M1 = M + 1
      NM1 = N * M1
      NEL = NDREI + NISOPD + NPAR + NISOPV + NRAND + NKRAND
      IF(N.GT.ND)  STOP  'N  ZU GROSS !!'
      IF(NM1.GT.NDA)  STOP  'BAND ZU GROSS !!'
      DO 10 I = 1,N
        XE(I) = 9.8765D20
        YE(I) = 9.8765D20
        B(I) = 0D0
   10 CONTINUE
      DO 20 I = 1,NKOORD
        READ(1,*)  NRP,X,Y
        WRITE(3,2) NRP,X,Y
    2   FORMAT(3X,I4,2F12.5)
        IF(NRP.GT.N)  THEN
          WRITE(3,3) NRP
    3     FORMAT('   *** KNOTENNUMMER ZU GROSS',I6)
          KONT = .TRUE.
        ELSE
          XE(NRP) = X
          YE(NRP) = Y
        ENDIF
   20 CONTINUE
      IF(KONT)  STOP  'FEHLER IN KNOTENNUMMER !!'
C ----------------------------------------------------------------------
C     EINGABE DER ELEMENTDATEN UND GLEICHZEITIGER AUFBAU DER
C     MATRIX  A   UND DES KONSTANTENVEKTORS  B
C ----------------------------------------------------------------------
      DO 30 I = 1,NM1
        A(I) = 0D0
   30 CONTINUE
      MEFF = 0
      WRITE(3,4)
    4 FORMAT(//,'   KNOTENNUMMERN DER ELEMENTE'/)
      NDR = NDREI + NISOPD
      NPA = NPAR + NISOPV
      NZW = NDR + NPA
      DO 90 IEL = 1,NEL
        NKEL = 3
        IF(IEL.LE.NDR)  NKEL = 6
        IF(IEL.GT.NDR.AND.IEL.LE.NZW)  NKEL = 8
        IF(NKEL.NE.3)  THEN
          READ(1,*)  (NP(I), I=1,NKEL)
          WRITE(3,5)  (NP(I), I=1,NKEL)
    5     FORMAT(1X,8I6)
        ELSE
          READ(1,*)  (NP(I), I=1,3),ALF,GAM
          WRITE(3,6)  (NP(I), I=1,3),ALF,GAM
    6     FORMAT(1X,3I6,2F12.5)
        ENDIF
        DO 40 I = 1,NKEL
          IF(NP(I).LE.N)  GOTO  40
```

```fortran
          WRITE(3,3) NP(I)
          KONT = .TRUE.
40    CONTINUE
      ISO = IEL.GT.NDREI.AND.IEL.LE.NDR .OR.
     *        IEL.GT.NDR+NPAR.AND.IEL.LE.NZW .OR. IEL.GT.NZW+NRAND
      DO 50 I = 1,NKEL
        NRP = NP(I)
        IF(.NOT.ISO.AND.I.EQ.2.AND.NKEL.EQ.3)  NRP = NP(3)
        IF(.NOT.ISO.AND.I.EQ.3.AND.NKEL.EQ.8)  NRP = NP(4)
        XK(I) = XE(NRP)
        YK(I) = YE(NRP)
        IF(XK(I).EQ.9.8765D20.OR.YK(I).EQ.9.8765D20)   THEN
          WRITE(3,7) NRP
7         FORMAT('   *** UNDEFINIERTE KOORDINATEN FUER PUNKT',I6)
          KONT = .TRUE.
          GOTO 90
        ENDIF
        IF(ISO)  GOTO 50
        IF(I.EQ.3.AND.NKEL.EQ.6.OR.NRP.NE.NP(I))  GOTO 60
50    CONTINUE
60    IF(.NOT.ISO)  THEN
        IF(NKEL.EQ.6)  CALL  DRQELL(XK,YK,AE,BE,BB,8,KONT)
        IF(NKEL.EQ.8)  CALL  PAQELL(XK,YK,AE,BE,BB,8,KONT)
        IF(NKEL.EQ.3)  CALL  RAQELL(XK,YK,BE,BB,8)
      ELSE
        IF(NKEL.EQ.6)  CALL  ISODRQ(XK,YK,AE,BE,BB,8,KONT)
        IF(NKEL.EQ.8)  CALL  ISOPAQ(XK,YK,AE,BE,BB,8,KONT)
        IF(NKEL.EQ.3)  CALL  ISORAQ(XK,YK,BE,BB,8)
      ENDIF
      IF(KONT)  GOTO 90
      DO 80 J = 1,NKEL
        NZP = NP(J)
        IDI = NZP * M1
        DO 70 K = 1,NKEL
          NNP = NP(K)
          IF(NNP.GT.NZP)  GOTO 70
          IDIF = NZP - NNP
          MEFF = MAX0(MEFF,IDIF)
          IF(IDIF.GT.M)  THEN
            WRITE(3,8) IDIF,NZP,NNP
8           FORMAT('   *** INDEXDIFFERENZ',I4,' GROESSER ALS M ',
     *             'FUER PAAR',2I6)
            KONT = .TRUE.
          ELSE
            I = IDI - IDIF
            IF(NKEL.NE.3)  A(I) = A(I) + AE(J,K) - RHO * BE(J,K)
            IF(NKEL.EQ.3)  A(I) = A(I) + ALF * BE(J,K)
          ENDIF
70      CONTINUE
        IF(NKEL.NE.3)  B(NZP) = B(NZP) + F * BB(J)
        IF(NKEL.EQ.3)  B(NZP) = B(NZP) - GAM * BB(J)
80    CONTINUE
90 CONTINUE
   IF(KONT)  STOP  'DATENFEHLER !!'
   WRITE(3,9)  MEFF
9 FORMAT(/'   EFFEKTIVE BANDBREITE IST  MEFF = ',I4/)
   RETURN
   END
```

3.3.2 Kubische geradlinige Elemente, Hüllenstruktur

Für die Gesamtsteifigkeitsmatrix A soll die variable Bandbreite berücksichtigt werden, und sie soll deshalb in Hüllenform gespeichert werden. Die Matrixelemente sollen zeilenweise unter Einschluss der Diagonalelemente gemäss Fig. B4.7 angeordnet sein. Das resultierende Gleichungssystem kann dann mit der direkten Methode von Cholesky gelöst werden.

Zur Diskretisierung des Gebietes G sind nur geradlinige Dreiecke und Parallelogramme vorgesehen mit kubischen Ansätzen nach Zienkiewicz, bzw. der Serendipity-Klasse, so dass auch nur geradlinige Randstücke für C_2 betrachtet werden. Die Elementdaten sind in der Reihenfolge Dreiecke, Parallelogramme, Randstücke anzuordnen. Eine erste Datenzeile enthält unter anderem die Angaben über die Anzahl der einzelnen Elementtypen, welche die nachfolgende Eingabe der Elementdaten, dann auch die Wahl der Unterprogramme zur Berechnung der Elementbeiträge und den Kompilationsprozess steuern.

Die Eingabe der Knotennummern der einzelnen Elemente ist mit der Bestimmung der Hüllenstruktur der Gesamtsteifigkeitsmatrix A verbunden. Die Struktur wird dabei zunächst auf der Basis der Knotennummern ermittelt, wobei die Werte f_i im Vektor IZ aufgebaut werden. f_i stellt den kleinsten Index desjenigen Knotenpunktes dar, welcher mit dem i-ten Knotenpunkt einem gemeinsamen Element angehört. Da für die betrachteten kubischen Elemente zu jedem Knotenpunkt die drei aufeinanderfolgend numerierten Knotenvariablen u, u_x und u_y gehören, ergibt sich die tatsächliche Hüllenstruktur von A. Zu jeder Dreiergruppe gehören die gleichen Kolonnenindizes f_i, deren Werte in absteigender Reihenfolge im Vektor IZ erzeugt werden. Schliesslich werden die allein benötigten Zeigerwerte IZ(I), welche die Positionen der Diagonalelemente im eindimensionalen Feld A festlegen, berechnet und das resultierende Profil mit der aktuellen Dimensionierung auf eine mögliche Bereichsüberschreitung geprüft.

Eingabedaten in ERWKEN1:

<table>
<tr><td>1.</td><td>NKNOT</td><td>:</td><td>Anzahl der Knotenpunkte</td></tr>
<tr><td></td><td>NDREI</td><td>:</td><td>Anzahl der Dreieckelemente</td></tr>
<tr><td></td><td>NPAR</td><td>:</td><td>Anzahl der Parallelogrammelemente</td></tr>
<tr><td></td><td>NRAND</td><td>:</td><td>Anzahl der Randstücke von C_2</td></tr>
<tr><td></td><td>RHO, F</td><td>:</td><td>Werte für ρ und f in (3.1)</td></tr>
<tr><td>2.</td><td>NRE</td><td>:</td><td>Nummer des Eckpunktes</td></tr>
<tr><td></td><td>X, Y</td><td>:</td><td>Koordinatenpaar des Eckpunktes</td></tr>
<tr><td></td><td colspan="3">(je eine Datenzeile pro Eckpunkt)</td></tr>
<tr><td>3.</td><td>NPP(IEL,I):</td><td></td><td>Knotennummern eines zweidimensionalen Elementes</td></tr>
<tr><td></td><td colspan="3">(je eine Datenzeile pro Element mit 3 oder 4 Knotennummern)</td></tr>
<tr><td>4.</td><td>NPP(IEL,I):</td><td></td><td>2 Knotennummern eines Randstückes (Reihenfolge !)</td></tr>
<tr><td></td><td>ALF,GAM</td><td>:</td><td>Werte von α und γ in (3.3)</td></tr>
<tr><td></td><td colspan="3">(je eine Datenzeile pro Randstück/Randintegral)</td></tr>
</table>

```fortran
      SUBROUTINE   ERWKEN1(N,A,IZ,B,XE,YE,ALF,GAM,NPP,NDA,NDEL,NDEC)
C -----------------------------------------------------------------
C     LIEFERT DIE GESAMTSTEIFIGKEITSMATRIX A IN HUELLENFORM UND DEN
C     KONSTANTENVEKTOR B FUER EIN ELLIPTISCHES RANDWERTPROBLEM
C     KUBISCHE GERADLINIGE DREIECK- UND PARALLELOGRAMMELEMENTE
C     RHO  UND  F  SIND FUER ALLE ELEMENTE KONSTANT VORAUSGESETZT
C     N : ORDNUNG DER MATRIX  A, ANZAHL DER KNOTENVARIABLEN
C     A : MATRIXELEMENTE VON  A, ZEILENWEISE ANGEORDNET
C         EINSCHLIESSLICH DER DIAGONALELEMENTE
C     IZ : N  ZEIGER AUF DIE DIAGONALELEMENTE
C     B : KONSTANTENVEKTOR IM SYSTEM  A * X + B = 0
C     XE,YE : KOORDINATENPAARE DER ECKPUNKTE
C     ALF,GAM : WERTE VON  ALPHA  UND GAMMA  DER RANDINTEGRALE
C     NPP : NUMMERN DER ECKPUNKTE DER ELEMENTE, ZEILENWEISE
C     NDA : AKTUELLE DIMENSIONIERUNG VON A, PROFIL MAXIMAL 32767 !!
C     NDEL : AKTUELLE ERSTE DIMENSIONIERUNG VON  NPP
C             AKTUELLE DIMENSIONIERUNG VON  ALF  UND  GAM
C     NDEC : AKTUELLE DIMENSIONIERUNG VON  XE  UND  YE
C -----------------------------------------------------------------
      REAL*8   A(NDA),B(1),XE(NDEC),YE(NDEC),ALF(NDEL),GAM(NDEL)
      REAL*8   AE(12,12),BE(12,12),BB(12),XK(4),YK(4),X,Y,RHO,F
      INTEGER*2  IZ(1),NPP(NDEL,4),NP(12),NZP,NNP
      LOGICAL   KONT
      KONT = .FALSE.
      READ(1,*)   NKNOT,NDREI,NPAR,NRAND,RHO,F
      N = 3 * NKNOT
      WRITE(3,1)   N,NKNOT,NDREI,NPAR,NRAND,RHO,F
    1 FORMAT(//'    ELLIPTISCHE RANDWERTAUFGABE, KUBISCHE ANSAETZE'/
     *    3X,I4,'  KNOTENVARIABLE',I6,'   KNOTENPUNKTE'/
     *    3X,I4,'  DREIECKELEMENTE',I5,'   PARALLELOGRAMMELEMENTE'/
     *    3X,I4,'  RANDINTEGRALE'/'   RHO =',F12.5,'  F =',F12.5//
     *    '   KOORDINATEN DER ECKPUNKTE'/)
      NEL = NDREI + NPAR + NRAND
      NDRPA = NDREI + NPAR
      IF(NKNOT.GT.NDEC)  STOP  'KNOTENZAHL ZU GROSS !!'
      IF(NEL.GT.NDEL)  STOP  'ELEMENTZAHL ZU GROSS !!'
      DO 10 I = 1,NKNOT
        READ(1,*)  NRE,X,Y
        WRITE(3,2)  NRE,X,Y
    2   FORMAT(1X,I6,2F12.5)
        IF(NRE.GT.NKNOT)  THEN
          WRITE(3,3)  NRE
    3     FORMAT('    *** KNOTENNUMMER ZU GROSS',I6)
          KONT = .TRUE.
        ELSE
          XE(NRE) = X
          YE(NRE) = Y
        ENDIF
        IZ(I) = I
   10 CONTINUE
C -----------------------------------------------------------------
C     BESTIMMUNG DER POTENTIELLEN HUELLE VON A
C -----------------------------------------------------------------
      WRITE(3,4)
    4 FORMAT(//'   KNOTENNUMMERN DER ELEMENTE'/)
      DO 40 IEL = 1,NEL
        NKEL = 3
        IF(IEL.GT.NDREI)  NKEL = 4
        IF(IEL.GT.NDRPA)  NKEL = 2
```

```fortran
      IF(NKEL.NE.2)  READ(1,*)   (NPP(IEL,I), I=1,NKEL)
      IF(NKEL.EQ.2)  READ(1,*)   (NPP(IEL,I), I=1,NKEL),
     *                           ALF(IEL),GAM(IEL)
      IF(NKEL.NE.2)  WRITE(3,5)  (NPP(IEL,I), I=1,NKEL)
      IF(NKEL.EQ.2)  WRITE(3,6)  (NPP(IEL,I), I=1,NKEL),
     *                           ALF(IEL),GAM(IEL)
    5 FORMAT(3X,4I6)
    6 FORMAT(3X,2I6,2F12.5)
      KMIN = NKNOT
      DO 20 I = 1,NKEL
        NP(I) = NPP(IEL,I)
        KMIN = MIN0(KMIN,NP(I))
        IF(NP(I).LE.NKNOT)  GOTO 20
        WRITE(3,3)  NP(I)
        KONT = .TRUE.
   20   CONTINUE
      IF(KONT)  GOTO 40
      DO 30 I = 1,NKEL
        IZ(NP(I)) = MIN0(IZ(NP(I)),KMIN)
   30   CONTINUE
   40 CONTINUE
      IF(KONT)  STOP 'DATENFEHLER !'
      DO 50 I = NKNOT,1,-1
        KMIN = 3 * IZ(I) - 2
        IZ(3*I-2) = KMIN
        IZ(3*I-1) = KMIN
        IZ(3*I) = KMIN
   50 CONTINUE
      IZ(1) = 1
      DO 60 I = 2,N
        IZ(I) = IZ(I-1) + I - IZ(I) + 1
   60 CONTINUE
      NPROF = IZ(N)
      WRITE(3,7)  NPROF
    7 FORMAT(//'    PROFIL DER MATRIX =',I8)
      IF(NPROF.GT.NDA)  THEN
        WRITE(3,8)  NDA
    8   FORMAT('    *** PROFIL GROESSER ALS',I8)
        KONT = .TRUE.
      ELSE
        DO 70 I = 1,NPROF
          A(I) = 0D0
   70   CONTINUE
        DO 80 I = 1,N
          B(I) = 0D0
   80   CONTINUE
      ENDIF
C ------------------------------------------------------------------
C     AUFBAU DER MATRIX  A   UND DES VEKTORS   B
C ------------------------------------------------------------------
      DO 130 IEL = 1,NEL
        NKEL = 3
        IF(IEL.GT.NDREI)  NKEL = 4
        IF(IEL.GT.NDRPA)  NKEL = 2
        NNEL = 3 * NKEL
        DO 100 I = 1,NKEL
          NRE = NPP(IEL,I)
          XK(I) = XE(NRE)
          YK(I) = YE(NRE)
```

```
             DO 90 K = 1,3
               NP(3*I+K-3) = 3 * NRE + K - 3
  90       CONTINUE
 100       CONTINUE
           IF(NKEL.EQ.3)   CALL    DRKELL(XK,YK,AE,BE,BB,12,KONT)
           IF(NKEL.EQ.4)   THEN
             XK(3) = XK(4)
             YK(3) = YK(4)
             CALL    PAKELL(XK,YK,AE,BE,BB,12,KONT)
           ENDIF
           IF(NKEL.EQ.2)   CALL    RAKELL(XK,YK,BE,BB,12)
           IF(KONT)   GOTO   130
           DO 120 J = 1,NNEL
             NZP = NP(J)
             ID = IZ(NZP)
             DO 110 K = 1,NNEL
               NNP = NP(K)
               IF(NNP.GT.NZP)   GOTO   110
               I = ID + NNP - NZP
               IF(IEL.LE.NDRPA)   A(I) = A(I) + AE(J,K) - RHO * BE(J,K)
               IF(IEL.GT.NDRPA)   A(I) = A(I) + ALF(IEL) * BE(J,K)
 110         CONTINUE
             IF(IEL.LE.NDRPA)   B(NZP) = B(NZP) + F * BB(J)
             IF(IEL.GT.NDRPA)   B(NZP) = B(NZP) - GAM(IEL) * BB(J)
 120       CONTINUE
 130     CONTINUE
         IF(KONT)   STOP 'DATENFEHLER !!'
         RETURN
         END
```

3.3.3 Quadratische Elemente, kompakte zeilenweise Speicherung

Zur Anwendung und speicherökonomischen Durchführung einer vorkonditionierten Methode der konjugierten Gradienten für die iterative Lösung der linearen Gleichungssysteme werden nur die von Null verschiedenen Matrixelemente der unteren Hälfte der Gesamtsteifigkeitsmatrix A benötigt, die für diesen Zweck kompakt zeilenweise angeordnet und gespeichert werden (vg. Fig. B4.21). Die von Null verschiedenen Matrixelemente einer jeden Zeile sind aufeinanderfolgend so gespeichert, dass ihre Kolonnenindizes monoton zunehmen. Die zugehörigen Kolonnenindizes sind im Vektor IA enthalten, und der Zeigervektor IZ enthält die Information über die Position der Diagonalelemente der einzelnen Zeilen im eindimensionalen Feld A.

Die Besetzungsstruktur der unteren Hälfte von A wird auf Grund der Elementdaten von geradlinigen Dreieck- und Parallelogrammelementen mit quadratischen Ansätzen in einem vorbereitenden Schritt ermittelt. Dazu muss die diesbezügliche Anzahl der von Null verschiedenen Matrixelemente einer jeden Zeile bestimmt werden. Zu diesem Zweck werden für jeden Knotenpunkt eines Elementes diejenigen Knotenpunkte mit kleinerer Nummer gezählt und diese Anzahlen im Vektor IZ aufaddiert. Auf diese Weise werden Knotenpaare, die einer inneren Kante von zwei Elementen gemeinsam angehören, doppelt erfasst, so dass die so ermittelten Zahlwerte im allgemeinen zu gross ausfallen, aber brauchbare obere Schranken darstellen. Mit diesen Werten kann jetzt eine provisorische Anordnung der Diagonalelemente festgelegt werden, und die

Länge dieses Feldes ist erfahrungsgemäss etwa 25 bis 30 % zu hoch. Dies muss bei der Dimensionierung des Feldes IA berücksichtigt werden. Jetzt erfolgt die Bestimmung der Kolonnenindizes derjenigen Nichtdiagonalelemente, die in den einzelnen Zeilen links vom Diagonalelement potentiell von Null verschieden sind mit gleichzeitiger Anordnung in monoton wachsender Folge. Anschliessend wird die im Vektor IA aufgebaute Besetzungsstruktur auf die echte Länge komprimiert und gleichzeitig der Zeigervektor IZ gebildet. Dabei erfolgt ein Test auf eine mögliche Überschreitung der Feldlänge NDA von A. Nun kann der eigentliche Kompilationsprozess für die Gesamtsteifigkeitsmatrix A und den Konstantenvektor b beginnen. Die Addition eines Wertes der Elementsteifigkeitsmatrix an die richtige Stelle in A erfordert einen Suchprozess. Der Fehlerstop mit der Meldung 'Programmfehler 2 ?!' darf nicht ansprechen.

Eingabedaten in ERWQKOZ:

1.	N	: Anzahl der Knotenpunkte
	NECKEN	: Anzahl der Koordinatenpaare für Eckpunkte
	NDREI	: Anzahl der Dreieckelemente
	NPAR	: Anzahl der Parallelogrammelemente
	NRAND	: Anzahl der Randelemente von C_2
	RHO, F	: Werte für ρ und f in (3.1)
2.	NRE	: Nummer des Eckpunktes
	X, Y	: Koordinatenpaar
	(je eine Datenzeile pro Eckpunkt)	
3.	NP(I)	: Knotennummern eines zweidimensionalen Elementes
	(je eine Datenzeile pro Element mit 6 oder 8 Nummern)	
4.	NP(I)	: 3 Knotennummern eines Randelementes, Reihenfolge !
	ALF,GAM: Werte von α und γ in (3.3)	
	(je eine Datenzeile pro Randintegral)	

```
      SUBROUTINE   ERWQKOZ(N,A,IA,IZ,B,XE,YE,ALF,GAM,NPP,
     *                     NDA,NDI,ND,NDEL)
C  --------------------------------------------------------------------
C     LIEFERT DIE GESAMTSTEIFIGKEITSMATRIX  A  UND DEN VEKTOR  B,
C     KOMPAKTE ZEILENWEISE SPEICHERUNG DER UNTEREN HAELFTE VON  A.
C     ELLIPTISCHES RANDWERTPROBLEM, QUADRATISCHE ANSAETZE IN
C     GERADLINIGEN DREIECKEN UND PARALLELOGRAMMEN,
C     RHO  UND  F  SIND FUER ALLE ELEMENTE KONSTANT VORAUSGESETZT
C     N : ORDNUNG DER MATRIX  A, ANZAHL DER KNOTENVARIABLEN
C     A : MATRIXELEMENTE VON  A, UNTERE HAELFTE KOMPAKT GESPEICHERT
C     IA : ZUGEHOERIGE KOLONNENINDIZES
C     IZ : N  ZEIGER AUF DIAGONALELEMENTE
C     B : KONSTANTENVEKTOR IM SYSTEM  A * X + B = 0
C     XE,YE : KOORDINATENPAARE DER ECKPUNKTE
C     ALF,GAM : WERTE VON  ALPHA  UND  GAMMA  DER RANDINTEGRALE
C     NPP : NUMMERN DER KNOTENPUNKTE DER ELEMENTE, ZEILENWEISE
C     NDA : AKTUELLE DIMENSIONIERUNG VON  A, MAXIMAL 32767
C     NDI : AKTUELLE DIMENSIONIERUNG VON IA, MAXIMAL 32767
C     ND  : AKTUELLE DIMENSIONIERUNGEN VON  B,  XE  UND  YE
```

```
C      NDEL : AKTUELLE ERSTE DIMENSIONIERUNG VON  NPP  UND
C             AKTUELLE DIMENSIONIERUNGEN VON  ALF  UND  GAM
C -------------------------------------------------------------------
       REAL*8  A(NDA),B(ND),XE(ND),YE(ND),ALF(NDEL),GAM(NDEL)
       REAL*8  AE(8,8),BE(8,8),BB(8),XK(3),YK(3),X,Y,RHO,F
       INTEGER*2  IA(NDI),IZ(ND),NPP(NDEL,8),NP(8),NZP,NNP
       LOGICAL  KONT
       KONT = .FALSE.
       READ(1,*)  N,NECKEN,NDREI,NPAR,NRAND,RHO,F
       WRITE(3,1)  N,NECKEN,NDREI,NPAR,NRAND,RHO,F
     1 FORMAT('   ELLIPTISCHE RANDWERTAUFGABE, QUADRATISCHE ANSAETZE
      *     '/3X,I4,'  KNOTENPUNKTE',4X,I4,'  ECKPUNKTE'/
      *    3X,I4,'  DREIECKELEMENTE',I5,'  PARALLELOGRAMMELEMENTE'/
      *    3X,I4,'  RANDINTEGRALE'/'   RHO =',F12.5,'  F =',F12.5//
      *    '   KOORDINATEN DER ECKPUNKTE'/)
       NEL = NDREI + NPAR + NRAND
       NDRPA = NDREI + NPAR
       IF(N.GT.ND)  STOP  'ZAHL UNBEKANNTE ZU GROSS !!!'
       IF(NEL.GT.NDEL)  STOP  'ZAHL ELEMENTE ZU GROSS !!!'
       DO 10 I = 1,N
         XE(I) = 9.8765D20
         YE(I) = 9.8765D20
         IZ(I) = 1
         B(I) = 0D0
    10 CONTINUE
       DO 20 I = 1,NECKEN
         READ(1,*)  NRE,X,Y
         WRITE(3,2)  NRE,X,Y
     2   FORMAT(1X,I6,2F12.5)
         IF(NRE.GT.N)  THEN
           WRITE(3,3)  NRE
     3     FORMAT('   *** KNOTENNUMMER ZU GROSS',I6)
           KONT = .TRUE.
         ELSE
           XE(NRE) = X
           YE(NRE) = Y
         ENDIF
    20 CONTINUE
C -------------------------------------------------------------------
C    BESTIMMUNG DER POTENTIELLEN BESETZUNG DER MATRIX  A
C -------------------------------------------------------------------
       WRITE(3,4)
     4 FORMAT(//'   KNOTENNUMMERN DER ELEMENTE'/)
       DO 50 IEL = 1,NEL
         NNEL = 6
         IF(IEL.GT.NDREI)  NNEL = 8
         IF(IEL.GT.NDRPA)  NNEL = 3
         IF(NNEL.NE.3)  THEN
           READ(1,*)  (NP(I), I=1,NNEL)
           WRITE(3,5)  (NP(I), I=1,NNEL)
     5     FORMAT(3X,8I6)
         ELSE
           READ(1,*)  (NP(I), I=1,NNEL),ALF(IEL),GAM(IEL)
           WRITE(3,6)  (NP(I), I=1,NNEL),ALF(IEL),GAM(IEL)
     6     FORMAT(3X,3I6,'   ALF =',F10.5,'   GAM =',F10.5)
         ENDIF
         DO 40 I = 1,NNEL
           NZP = NP(I)
           NPP(IEL,I) = NZP
```

```
       IF(NZP.GT.N)   THEN
         WRITE(3,3)   NP(I)
         KONT = .TRUE.
       ELSE
         IF(NNEL.NE.3)   THEN
           DO 30 J = 1,NNEL
             IF(NP(J).LT.NZP)   IZ(NZP) = IZ(NZP) + 1
30         CONTINUE
         ENDIF
       ENDIF
40   CONTINUE
50 CONTINUE
   IF(KONT)   STOP  'NUMMERNFEHLER !!'
   DO 60 I = 2,N
     IZ(I) = IZ(I-1) + IZ(I)
60 CONTINUE
   IUP = IZ(N)
   WRITE(3,7)   IUP
 7 FORMAT(/,'   PROVISORISCHE LAENGE VON  IA  IST =',I8)
   IF(IUP.GT.NDI)   THEN
     WRITE(3,8)
 8   FORMAT('   *** VEKTOR IA ZU KURZ !')
     STOP  'DIMENSION VON IA ZU KLEIN !!'
   ENDIF
   DO 70 I = 1,IUP
     IA(I) = 0
70 CONTINUE
   IA(1) = 1
   DO 80 I = 2,N
     IA(IZ(I-1)+1) = I
80 CONTINUE
   DO 130 IEL = 1,NEL
     NNEL = 6
     IF(IEL.GT.NDREI)   NNEL = 8
     IF(IEL.GT.NDRPA)   NNEL = 3
     DO 120 J = 1,NNEL
       NZP = NPP(IEL,J)
       I1 = 1
       IF(NZP.GT.1)   I1 = IZ(NZP-1) + 1
       I2 = IZ(NZP)
       DO 110 K = 1,NNEL
         NNP = NPP(IEL,K)
         IF(NNP.GE.NZP)   GOTO 110
         DO 100 I = I1,I2
           IF(NNP.EQ.IA(I))   GOTO 110
           IF(NNP.GT.IA(I))   GOTO 100
           NH = IA(I)
           IA(I) = NNP
           DO 90 L = I+1,I2
             NH1 = IA(L)
             IA(L) = NH
             IF(NH.EQ.NZP)   GOTO 110
             NH = NH1
90         CONTINUE
100      CONTINUE
         STOP  'PROGRAMMFEHLER 1 ?!'
110    CONTINUE
120  CONTINUE
130 CONTINUE
```

```fortran
C ------------------------------------------------------------------
C     KOMPRIMIERUNG DER POTENTIELLEN BESETZUNG IM VEKTOR   IA
C ------------------------------------------------------------------
      IZIEL = 1
      IUP = 1
      A(1) = 0D0
      DO 150 J = 2,N
        IWO = IUP + 1
        IUP = IZ(J)
        DO 140 I = IWO,IUP
          IF(IA(I).EQ.0)  GOTO 150
          IZIEL = IZIEL + 1
          IF(IZIEL.GT.NDA)  THEN
            WRITE(3,9)  NDA
    9       FORMAT('  *** ANZAHL MATRIXELEMENTE GROESSER ALS',I8)
            STOP ' DIMENSION VON  A   ZU KLEIN !!'
          ENDIF
          IA(IZIEL) = IA(I)
          A(IZIEL) = 0D0
          IZ(J) = IZIEL
  140   CONTINUE
  150 CONTINUE
      WRITE(3,11)  IZIEL
   11 FORMAT(//'    ANZAHL MATRIXELEMENTE UNGLEICH NULL :',I8)
C ------------------------------------------------------------------
C     AUFBAU DER MATRIX  A  UND DES VEKTORS  B
C ------------------------------------------------------------------
      DO 210 IEL = 1,NEL
        NNEL = 6
        IF(IEL.GT.NDREI)  NNEL = 8
        IF(IEL.GT.NDRPA)  NNEL = 3
        DO 160 I = 1,NNEL
          NP(I) = NPP(IEL,I)
  160   CONTINUE
        DO 170 I = 1,3
          NRE = NP(I)
          IF(I.EQ.3.AND.NNEL.EQ.8)  NRE = NP(4)
          IF(I.EQ.2.AND.NNEL.EQ.3)  NRE = NP(3)
          XK(I) = XE(NRE)
          YK(I) = YE(NRE)
          IF(XK(I).NE.9.8765D20.AND.YK(I).NE.9.8765D20)  GOTO 170
          WRITE(3,12)  NRE
   12     FORMAT('  *** ECKPUNKT',I6,' NICHT DEFINIERT')
          KONT = .TRUE.
  170   CONTINUE
        IF(NNEL.EQ.6)  CALL  DRQELL(XK,YK,AE,BE,BB,8,KONT)
        IF(NNEL.EQ.8)  CALL  PAQELL(XK,YK,AE,BE,BB,8,KONT)
        IF(NNEL.EQ.3)  CALL  RAQELL(XK,YK,BE,BB,8)
        IF(KONT)  GOTO 210
        DO 200 J = 1,NNEL
          NZP = NP(J)
          ILOW = 1
          IF(NZP.GT.1)  ILOW = IZ(NZP-1) + 1
          IUP = IZ(NZP)
          DO 190 K = 1,NNEL
            NNP = NP(K)
            IF(NNP.GT.NZP)  GOTO 190
```

```
          DO 180 I = ILOW,IUP
            IF(IA(I).NE.NNP)  GOTO 180
            IF(NNEL.NE.3)  A(I) = A(I) + AE(J,K) - RHO * BE(J,K)
            IF(NNEL.EQ.3)  A(I) = A(I) + ALF(IEL) * BE(J,K)
            GOTO 190
  180     CONTINUE
          STOP  'PROGRAMMFEHLER 2 ?!'
  190   CONTINUE
          IF(NNEL.NE.3)  B(NZP) = B(NZP) + F * BB(J)
          IF(NNEL.EQ.3)  B(NZP) = B(NZP) - GAM(IEL) * BB(J)
  200   CONTINUE
  210 CONTINUE
      IF(KONT)  STOP  'DATENFEHLER !!'
      RETURN
      END
```

3.4 Elliptische Eigenwertprobleme

Zur Behandlung der elliptischen Eigenwertaufgabe

$$u_{xx} + u_{yy} + \lambda u = 0 \quad \text{in } G \tag{3.5}$$

unter den homogenen Randbedingungen

$$u(s) = 0 \quad \text{auf } C_1 \tag{3.6}$$

und

$$\frac{\partial u}{\partial n} + \alpha(s)u = 0 \quad \text{auf } C_2 \, , \tag{3.7}$$

wo $C_1 \cap C_2 = \emptyset$ und $C_1 \cup C_2 = C$ den Rand von G bedeutet, wird das Variations-integral

$$I = \frac{1}{2} \iint_G (u_x{}^2 + u_y{}^2)dxdy + \frac{1}{2} \int_{C_2} \alpha u^2 ds - \frac{1}{2} \lambda \iint_G u^2 dxdy \tag{3.8}$$

betrachtet. Die beiden nachfolgenden Unterprogramme liefern die zu (3.8) gehörende Gesamtsteifigkeitsmatrix **A** entsprechend den beiden ersten Integralen und die Gesamt-massenmatrix **B** entsprechend des letzten Integrals. Der Wert α ist auf jedem Randelement als konstant vorausgesetzt, darf aber vom Randelement abhängig sein.

3.4.1 Quadratische Elemente, kompakte zeilenweise Speicherung

Das Grundgebiet G kann in geradlinige Dreiecke und Parallelogramme unterteilt werden, in denen die entsprechenden quadratischen Ansätze mit 6, bzw. 8 Knotenpunkten verwendet werden. Die Matrizen **A** und **B** sollen in kompakter zeilenweiser Form gemäss Fig. B4.21 gespeichert werden, die zur Behandlung der Eigenwertaufgabe **A**x = λ**B**x entweder mit der Bisektionsmethode, mit dem Verfahren von Lanczos oder mit mit der vorkonditionierten Rayleigh-Quotient-Minimierung vorausgesetzt wird. Die Bestimmung der Besetzungsstruktur der unteren Hälften der Matrizen **A** und **B** erfolgt vollkommen analog zum Vorgehen, das im Abschn. 3.3.3 beschrieben ist.

Eingabedaten in EEWQKOZ:

1. **N**   : Anzahl der Knotenpunkte
   NECKEN : Anzahl der Koordinatenpaare für Eckpunkte
   NDREI   : Anzahl der Dreieckelemente
   NPAR   : Anzahl der Parallelogrammelemente
   NRAND   : Anzahl der Randelemente von C_2
2. **NRE**   : Nummer des Eckpunktes
   X, Y   : Koordinatenpaar des Eckpunktes
   (je eine Datenzeile pro Eckpunkt)
3. **NP(I)**   : Knotennummern eines zweidimensionalen Elementes
   (je eine Datenzeile pro Element mit 6 oder 8 Knotennummern)
4. **NP(I)**   : 3 Knotennummern eines Randelementes, Reihenfolge !
   ALF   : Wert α in (3.7)
   (je eine Datenzeile pro Randintegral)

```
      SUBROUTINE   EEWQKOZ(N,A,B,IA,IZ,XE,YE,ALF,NPP,
     *                     NDA,NDI,NDX,NDEL)
C -----------------------------------------------------------------
C     LIEFERT DIE STEIFIGKEITSMATRIX  A  UND MASSENMATRIX  B
C     KOMPAKTE ZEILENWEISE SPEICHERUNG DER UNTEREN HAELFTE,
C     FUER EINE ELLIPTISCHE EIGENWERTAUFGABE. QUADRATISCHE
C     ANSAETZE IN GERADLINIGEN DREIECKEN UND PARALLELOGRAMMEN
C     N : ORDNUNG DER MATRIZEN  A,B, ANZAHL DER KNOTENVARIABLEN
C     A : MATRIXELEMENTE VON  A
C     B : MATRIXELEMENTE VON  B
C     IA : ZUGEHOERIGE KOLONNENINDIZES
C     IZ : N  ZEIGER AUF DIAGONALELEMENTE
C     XE,YE : KOORDINATENPAARE DER ECKPUNKTE
C     ALF : WERTE VON  ALPHA   DER BETREFFENDEN RANDINTEGRALE
C     NPP : NUMMERN DER KNOTENPUNKTE DER ELEMENTE, ZEILENWEISE
C     NDA : AKTUELLE DIMENSIONIERUNGEN VON A UND B, MAXIMAL 32767
C     NDI : AKTUELLE DIMENSIONIERUNG VON  IA, MAXIMAL 32767
C     NDX : AKTUELLE DIMENSIONIERUNGEN VON  XE, YE  UND  IZ
C     NDEL : AKTUELLE ERSTE DIMENSIONIERUNG VON  NPP  UND
C            AKTUELLE DIMENSIONIERUNGEN VON  ALF
C -----------------------------------------------------------------
      REAL*8   A(NDA),B(NDA),XE(NDX),YE(NDX),ALF(NDEL)
      REAL*8   AE(8,8),BE(8,8),BB(8),XK(3),YK(3),X,Y
      INTEGER*2  IA(NDI),IZ(NDX),NPP(NDEL,8),NP(8),NZP,NNP
      LOGICAL  KONT
      KONT = .FALSE.
      READ(1,*)  N,NECKEN,NDREI,NPAR,NRAND
      WRITE(3,1)  N,NECKEN,NDREI,NPAR,NRAND
    1 FORMAT('   ELLIPTISCHE EIGENWERTAUFGABE, QUADRATISCHE ANSAETZE
     *    '/3X,I4,'  KNOTENPUNKTE',4X,I4,'  ECKPUNKTE'/
     *    3X,I4,'  DREIECKELEMENTE',I5,'  PARALLELOGRAMMELEMENTE'/
     *    3X,I4,'  RANDINTEGRALE'//
     *    '   KOORDINATEN DER ECKPUNKTE'/)
      NEL = NDREI + NPAR + NRAND
      NDRPA = NDREI + NPAR
      IF(N.GT.NDX)  STOP  'WERT N ZU GROSS !!'
      IF(NEL.GT.NDEL)  STOP  'ELEMENTZAHL ZU GROSS !!'
```

```fortran
      DO 10 I = 1,N
        XE(I) = 9.8765D20
        YE(I) = 9.8765D20
        IZ(I) = 1
   10 CONTINUE
      DO 20 I = 1,NECKEN
        READ(1,*)   NRE,X,Y
        WRITE(3,2)   NRE,X,Y
    2   FORMAT(1X,I6,2F12.5)
        IF(NRE.GT.N)   THEN
          WRITE(3,3)   NRE
    3     FORMAT('   *** KNOTENNUMMER ZU GROSS',I6)
          KONT = .TRUE.
        ELSE
          XE(NRE) = X
          YE(NRE) = Y
        ENDIF
   20 CONTINUE
C -------------------------------------------------------------------
C     BESTIMMUNG DER POTENTIELLEN BESETZUNG DER MATRIX   A
C -------------------------------------------------------------------
      WRITE(3,4)
    4 FORMAT(//'   KNOTENNUMMERN DER ELEMENTE'/)
      DO 50 IEL = 1,NEL
        NNEL = 6
        IF(IEL.GT.NDREI)   NNEL = 8
        IF(IEL.GT.NDRPA)   NNEL = 3
        IF(NNEL.NE.3)   READ(1,*)   (NP(I), I=1,NNEL)
        IF(NNEL.EQ.3)   READ(1,*)   (NP(I), I=1,NNEL),ALF(IEL)
        IF(NNEL.NE.3)   WRITE(3,5)   (NP(I), I=1,NNEL)
        IF(NNEL.EQ.3)   WRITE(3,6)   (NP(I), I=1,NNEL),ALF(IEL)
    5   FORMAT(3X,8I6)
    6   FORMAT(3X,3I6,'   ALF =',F10.5 )
        DO 40 I = 1,NNEL
          NZP = NP(I)
          NPP(IEL,I) = NZP
          IF(NZP.GT.N)   THEN
            WRITE(3,3)   NP(I)
            KONT = .TRUE.
          ENDIF
          IF(NNEL.NE.3)   THEN
            DO 30 J = 1,NNEL
              IF(NP(J).LT.NZP)   IZ(NZP) = IZ(NZP) + 1
   30       CONTINUE
          ENDIF
   40   CONTINUE
   50 CONTINUE
      DO 60 I = 2,N
        IZ(I) = IZ(I-1) + IZ(I)
   60 CONTINUE
      IUP = IZ(N)
      WRITE(3,7)   IUP
    7 FORMAT(/,'   VORLAEUFIGE LAENGE VON  IA   IST =',I8)
      IF(IUP.GT.NDI)   THEN
        WRITE(3,8)
    8   FORMAT('   *** VEKTOR  IA   ZU KLEIN DIMENSIONIERT ! ***')
        STOP  'DIMENSION VON  IA   ZU KLEIN !!'
      ENDIF
```

```
      DO 70 I = 1,IUP
        IA(I) = 0
   70 CONTINUE
      IA(1) = 1
      DO 80 I = 2,N
        IA(IZ(I-1)+1) = I
   80 CONTINUE
      DO 130 IEL = 1,NEL
        NNEL = 6
        IF(IEL.GT.NDREI)  NNEL = 8
        IF(IEL.GT.NDRPA)  NNEL = 3
        DO 120 J = 1,NNEL
          NZP = NPP(IEL,J)
          I1 = 1
          IF(NZP.GT.1)  I1 = IZ(NZP-1) + 1
          I2 = IZ(NZP)
          DO 110 K = 1,NNEL
            NNP = NPP(IEL,K)
            IF(NNP.GE.NZP)  GOTO  110
            DO 100 I = I1,I2
              IF(NNP.EQ.IA(I))  GOTO  110
              IF(NNP.GT.IA(I))  GOTO  100
              NH = IA(I)
              IA(I) = NNP
              DO 90 L = I+1,I2
                NH1 = IA(L)
                IA(L) = NH
                IF(NH.EQ.NZP)  GOTO  110
                NH = NH1
   90         CONTINUE
  100       CONTINUE
            STOP  '  PROGRAMMFEHLER 1 ?!'
  110     CONTINUE
  120   CONTINUE
  130 CONTINUE
      IF(KONT)  STOP  ' DATENFEHLER !!'
C -------------------------------------------------------------------
C     KOMPRIMIERUNG DER POTENTIELLEN BESETZUNG IM VEKTOR   IA
C -------------------------------------------------------------------
      IZIEL = 1
      IUP = 1
      DO 150 J = 2,N
        IWO = IUP + 1
        IUP = IZ(J)
        DO 140 I = IWO,IUP
          IF(IA(I).EQ.0)  GOTO  150
          IZIEL = IZIEL + 1
          IA(IZIEL) = IA(I)
          IZ(J) = IZIEL
  140   CONTINUE
  150 CONTINUE
      WRITE(3,9)  IZIEL
    9 FORMAT(//'    ANZAHL MATRIXELEMENTE UNGLEICH NULL :',I8)
      IF(IZIEL.GT.NDA)  THEN
        WRITE(3,11)  NDA
   11   FORMAT('   *** ANZAHL MATRIXELEMENTE GROESSER ALS',I8)
        KONT = .TRUE.
      ELSE
```

```fortran
      DO 160 I = 1,IZIEL
        A(I) = 0D0
        B(I) = 0D0
160   CONTINUE
      ENDIF
C -----------------------------------------------------------------
C     AUFBAU DER MATRIZEN  A   UND  B
C -----------------------------------------------------------------
      DO 220 IEL = 1,NEL
        NNEL = 6
        IF(IEL.GT.NDREI)  NNEL = 8
        IF(IEL.GT.NDRPA)  NNEL = 3
        DO 170 I = 1,NNEL
          NP(I) = NPP(IEL,I)
170     CONTINUE
        DO 180 I = 1,3
          NRE = NP(I)
          IF(I.EQ.3.AND.NNEL.EQ.8)  NRE = NP(4)
          IF(I.EQ.2.AND.NNEL.EQ.3)  NRE = NP(3)
          XK(I) = XE(NRE)
          YK(I) = YE(NRE)
          IF(XK(I).NE.9.8765D20.AND.YK(I).NE.9.8765D20)  GOTO  180
          WRITE(3,12)  NRE
12        FORMAT('    *** ECKPUNKT',I6,' NICHT DEFINIERT')
          KONT = .TRUE.
180     CONTINUE
        IF(NNEL.EQ.6)  CALL   DRQELL(XK,YK,AE,BE,BB,8,KONT)
        IF(NNEL.EQ.8)  CALL   PAQELL(XK,YK,AE,BE,BB,8,KONT)
        IF(NNEL.EQ.3)  CALL   RAQELL(XK,YK,BE,BB,8)
        IF(KONT)  GOTO  220
        DO 210 J = 1,NNEL
          NZP = NP(J)
          ILOW = 1
          IF(NZP.GT.1)  ILOW = IZ(NZP-1) + 1
          IUP = IZ(NZP)
          DO 200 K = 1,NNEL
            NNP = NP(K)
            IF(NNP.GT.NZP)  GOTO  200
            DO 190 I = ILOW,IUP
              IF(IA(I).NE.NNP)  GOTO  190
              IF(NNEL.NE.3)  THEN
                A(I) = A(I) + AE(J,K)
                B(I) = B(I) + BE(J,K)
              ELSE
                A(I) = A(I) + ALF(IEL) * BE(J,K)
              ENDIF
              GOTO  200
190         CONTINUE
            STOP  'PROGRAMMFEHLER BEIM AUFBAU'
200       CONTINUE
210     CONTINUE
220   CONTINUE
      IF(KONT)  STOP  ' DATENFEHLER !!'
      RETURN
      END
```

3.4.2 Kubische Elemente, kompakte zeilenweise Speicherung

Das Grundgebiet G kann in geradlinige Dreiecke und Parallelogramme unterteilt werden. In den Dreiecken wird der kubische Ansatz nach Zienkiewicz und in den Parallelogrammen der kubische Ansatz der Serendipity-Klasse verwendet. Die Matrizen **A** und **B** sollen in kompakter zeilenweiser Form gemäss Fig. B4.21 gespeichert werden. Die Eigenwertaufgabe $\mathbf{Ax} = \lambda\mathbf{Bx}$ wird sowohl mit der Bisektionsmethode, dem Lanczos-Algorithmus oder mit der vorkonditionierten Rayleigh-Quotient-Minimierung behandelt werden können.

Zur Bestimmung der Besetzungsstruktur der unteren Hälften von **A** und **B** wird im Unterprogramm EEWKKOZ eine effiziente Methode angewandt, die aus drei Schritten besteht. Zuerst wird wieder eine provisorische Besetzung auf Grund der Knotennummern bestimmt, wobei angenommen wird, dass jeder Knotenpunkt höchstens 11 benachbarte Knotenpunkte mit kleinerer Nummer besitzt. Somit werden pro Knotenpunkt 12 Plätze im Vektor IAB reserviert. Dieser Platz ist sicher kleiner als der später wirklich benötigte Bereich für die tatsächliche Besetzungsstruktur, weil aus jeder Knotennummer im allgemeinen eine Gruppe von 3×3 Indexwerten erzeugt wird. Mit dem Einlesen der Elementdaten werden zu jedem Knotenpunkt die mit ihm verknüpften Knotenpunkte mit kleinerer Nummer bestimmt und im Vektor IAB in aufsteigender Reihenfolge angeordnet. Im zweiten Schritt wird diese provisorische Besetzungsstruktur in IAB komprimiert, die Anzahl der von Null verschiedenen Matrixelemente berechnet und mit der Dimensionierung NDAB der Felder **A** und **B** verglichen. Im dritten Schritt wird die tatsächliche Besetzungsstruktur der Matrizen **A** und **B** auf der Basis der Knotenvariablen gebildet. Zu jedem Knotenpaar mit verschiedenen Indexwerten wird eine Gruppe von 3×3 Kolonnenindizes erzeugt, andernfalls sind die sechs Indexwerte einzusetzen, welche der unteren Hälfte einer in der Diagonale ligenden (3×3)-Untermatrix entsprechen. Erst jetzt kann die Kompilation der Matrizen **A** und **B** erfolgen, welche vor der Addition eines Zahlwertes der Elementmatrizen in die Gesamtmatrizen einen Suchprozess erfordert.

Eingabedaten in EEWKKOZ:

<table>
<tr><td>1.</td><td>NKNOT</td><td>: Anzahl der Knotenpunkte</td></tr>
<tr><td></td><td>NDREI</td><td>: Anzahl der Dreieckelemente</td></tr>
<tr><td></td><td>NPAR</td><td>: Anzahl der Parallelogrammelemente</td></tr>
<tr><td></td><td>NRAND</td><td>: Anzahl der Randintegrale von C_2</td></tr>
<tr><td>2.</td><td>NRE</td><td>: Nummer des Eckpunktes</td></tr>
<tr><td></td><td>X, Y</td><td>: Koordinatenpaar des Eckpunktes</td></tr>
<tr><td></td><td colspan="2">(je eine Datenzeile pro Eckpunkt)</td></tr>
<tr><td>3.</td><td>NP(I)</td><td>: Knotennummern eines zweidimensionalen Elementes</td></tr>
<tr><td></td><td colspan="2">(je eine Datenzeile pro Element mit 3 oder 4 Knotennummern)</td></tr>
<tr><td>4.</td><td>NP(I)</td><td>: 2 Knotennummern eines Randelementes</td></tr>
<tr><td></td><td>ALF</td><td>: Wert von α in (3.7)</td></tr>
<tr><td></td><td colspan="2">(je eine Datenzeile pro Randelement)</td></tr>
</table>

```fortran
      SUBROUTINE  EEWKKOZ(N,A,B,IA,IZ,XE,YE,NPP,ALF,NDA,NDEC,NDEL)
C -----------------------------------------------------------------
C     LIEFERT DIE STEIFIGKEITSMATRIX  A  UND MASSENMATRIX  B
C     ELLIPTISCHES EIGENWERTPROBLEM
C     KUBISCHE DREIECK- UND PARALLELOGRAMMELEMENTE
C     N : ORDNUNG DER MATRIX  A, ANZAHL DER KNOTENVARIABBLEN
C     A : MATRIXELEMENTE VON  A, ZEILENWEISE KOMPAKT GESPEICHERT
C     B : MATRIXELEMENTE VON  B, ZEILENWEISE KOMPAKT GESPEICHERT
C     IA : ZUGEHOERIGE KOLONNENINDIZES
C     IZ : N  ZEIGER AUF DIAGONALELEMENTE
C     XE,YE : KOORDINATENPAARE DER ECKPUNKTE
C     NPP : NUMMERN DER KNOTENPUNKTE DER ELEMENTE
C     ALF : WERTE VON  ALPHA  DER RANDINTEGRALE
C     NDA : AKTUELLE DIMENSIONIERUNG VON A, B UND IA, MAXIMAL 32767
C     NDEC : AKTUELLE DIMENSIONIERUNGEN VON  XE  UND  YE
C     NDEL : AKTUELLE ERSTE DIMENSIONIERUNG VON  NPP  UND VON  ALF
C -----------------------------------------------------------------
      REAL*8   A(NDA),B(NDA),XE(NDEC),YE(NDEC),ALF(NDEL),X,Y
      REAL*8   AE(12,12),BE(12,12),BB(12),XK(4),YK(4)
      INTEGER*2  IA(NDA),IZ(1),NPP(NDEL,4),NP(12),NZP,NNP
      LOGICAL  KONT
      DATA  NK/12/,NK1/11/
      KONT = .FALSE.
      READ(1,*)  NKNOT,NDREI,NPAR,NRAND
      N = 3 * NKNOT
      WRITE(3,1)  N,NKNOT,NDREI,NPAR,NRAND
    1 FORMAT(/,'   ELLIPTISCHE EIGENWERTAUFGABE, KUBISCHE ANSAETZE'
     *     /3X,I4,'  KNOTENVARIABLE',I6,'  KNOTENPUNKTE'/
     *      3X,I4,'  DREIECKELEMENTE',I5,'  PARALLELOGRAMMELEMENTE'/
     *      3X,I4,'  RANDINTEGRALE'//
     *      '   KOORDINATEN DER ECKPUNKTE'/)
      NDRPA = NDREI + NPAR
      NEL = NDRPA + NRAND
      IF(NKNOT.GT.NDEC)  STOP  'KNOTENZAHL ZU GROSS !!'
      IF(NEL.GT.NDEL)  STOP  'ZAHL DER ELEMENTE ZU GROSS !!'
      DO 10 I = 1,NKNOT
        READ(1,*)  NRE,X,Y
        WRITE(3,2)  NRE,X,Y
    2   FORMAT(1X,I6,2F12.5)
        IF(NRE.GT.NKNOT)  THEN
          WRITE(3,3)  NRE
    3     FORMAT('   *** KNOTENNUMMER ZU GROSS',I6)
          KONT = .TRUE.
        ELSE
          XE(NRE) = X
          YE(NRE) = Y
        ENDIF
   10 CONTINUE
C -----------------------------------------------------------------
C     BESTIMMUNG DER POTENTIELLEN BESETZUNG DER MATRIX A
C -----------------------------------------------------------------
      IUP = NK * NKNOT
      IF(IUP.GT.NDA)  STOP  'IUP ZU GROSS !!'
      DO 20 I = 1,IUP
        IA(I) = 0
        IF(I/NK*NK+1.EQ.I)  IA(I) = I / NK + 1
   20 CONTINUE
      WRITE(3,4)
    4 FORMAT(//6X,'ELEMENTDATEN'/)
```

```fortran
      DO 80 IEL = 1,NEL
        NKEL = 3
        IF(IEL.GT.NDREI)  NKEL = 4
        IF(IEL.GT.NDRPA)  NKEL = 2
        IF(NKEL.NE.2)  THEN
          READ(1,*)  (NPP(IEL,I), I=1,NKEL)
          WRITE(3,5)  (NPP(IEL,I), I=1,NKEL)
    5     FORMAT(3X,4I6)
        ELSE
          READ(1,*)  (NPP(IEL,I), I=1,NKEL),ALF(IEL)
          WRITE(3,6)  (NPP(IEL,I), I=1,NKEL),ALF(IEL)
    6     FORMAT(3X,2I6,F12.6)
        ENDIF
        DO 30 I = 1,NKEL
          IF(NPP(IEL,I).LE.NKNOT)  GOTO  30
          WRITE(3,3)  NPP(IEL,I)
          KONT = .TRUE.
   30   CONTINUE
        IF(KONT)  GOTO  80
        DO 70 J = 1,NKEL
          NZP = NPP(IEL,J)
          I1 = NK * NZP - NK1
          I2 = NK * NZP
          DO 60 K = 1,NKEL
            NNP = NPP(IEL,K)
            IF(NNP.GE.NZP)  GOTO  60
            DO 50 I = I1,I2
              IF(NNP.EQ.IA(I))  GOTO  60
              IF(NNP.GT.IA(I))  GOTO  50
              NH = IA(I)
              IA(I) = NNP
              DO 40 L = I+1,I2
                IF(NH.EQ.0)  GOTO  60
                NH1 = IA(L)
                IA(L) = NH
                NH = NH1
   40         CONTINUE
              STOP  'PROGRAMMFEHLER 1 ?!'
   50       CONTINUE
            STOP  'PROGRAMMFEHLER 2 ?!'
   60     CONTINUE
   70   CONTINUE
   80 CONTINUE
      IF(KONT)  STOP  'DATENFEHLER ENTDECKT !!'
C ----------------------------------------------------------------
C     KOMPRIMIERTE SPEICHERUNG DER BESETZUNG, BASIS KNOTENNUMMERN
C ----------------------------------------------------------------
      IZIEL = 0
      DO 100 J = 1,NKNOT
        IAN = NK * J - NK1
        IEN = NK * J
        DO 90 I = IAN,IEN
          IF(IA(I).EQ.0)  GOTO  100
          IZIEL = IZIEL + 1
          IA(IZIEL) = IA(I)
          IZ(J) = IZIEL
   90   CONTINUE
  100 CONTINUE
```

```fortran
      NTOTAL = 9 * IZIEL - N
      WRITE(3,7)   NTOTAL
    7 FORMAT(//'    ANZAHL MATRIXELEMENTE UNGLEICH NULL :',I8/)
      IF(NTOTAL.GT.NDA)   THEN
        WRITE(3,8)   NDA
    8   FORMAT('    *** ANZAHL MATRIXELEMENTE GROESSER ALS',I8)
        STOP   'ZAHL DER MATRIXELEMENTE !!'
      ENDIF
C ------------------------------------------------------------------
C     GENERIERUNG DER TATSAECHLICHEN BESETZUNGSSTRUKTUR
C ------------------------------------------------------------------
      DO 130 JH = 1,NKNOT
        J = NKNOT - JH + 1
        I = IZ(J)
        K = 9 * I - 3 * J
        KDIF = 3
        IF(J.GT.1)   KDIF = 3 * (IZ(J) - IZ(J-1))
        INEU = 3 * IA(I)
        IA(K) = INEU
        IA(K-1) = INEU - 1
        IA(K-2) = INEU - 2
        IA(K-KDIF) = INEU - 1
        IA(K-KDIF-1) = INEU - 2
        IA(K-2*KDIF+1) = INEU - 2
        IZ(3*J) = K
        IZ(3*J-1) = K - KDIF
        IZ(3*J-2) = K - 2 * KDIF + 1
        IF(J.EQ.1)   GOTO   130
        K = K - 3
  110   I = I - 1
        IF(I.LE.IZ(J-1))   GOTO   130
        INEU = 3 * IA(I)
        DO 120 L = 1,3
          IA(K) = INEU
          IA(K-KDIF+1) = INEU
          IA(K-2*KDIF+3) = INEU
          K = K - 1
          INEU = INEU - 1
  120   CONTINUE
        GOTO   110
  130 CONTINUE
C ------------------------------------------------------------------
C     AUFBAU DER BEIDEN MATRIZEN  A   UND  B
C ------------------------------------------------------------------
      DO 140 I = 1,NTOTAL
        A(I) = 0D0
        B(I) = 0D0
  140 CONTINUE
      DO 200 IEL = 1,NEL
        NKEL = 3
        IF(IEL.GT.NDREI)   NKEL = 4
        IF(IEL.GT.NDRPA)   NKEL = 2
        NNEL = 3 * NKEL
        DO 160 I = 1,NKEL
          NRE = NPP(IEL,I)
          XK(I) = XE(NRE)
          YK(I) = YE(NRE)
```

```fortran
         DO 150 K = 1,3
            NP(3*I+K-3) = 3 * NRE + K - 3
150      CONTINUE
160   CONTINUE
      IF(NKEL.EQ.3)  CALL   DRKELL(XK,YK,AE,BE,BB,12,KONT)
      IF(NKEL.EQ.4)  THEN
        XK(3) = XK(4)
        YK(3) = YK(4)
        CALL  PAKELL(XK,YK,AE,BE,BB,12,KONT)
      ENDIF
      IF(NKEL.EQ.2)  CALL   RAKELL(XK,YK,BE,BB,12)
      IF(KONT)  GOTO  200
      DO 190 J = 1,NNEL
        NZP = NP(J)
        IAN = 1
        IF(NZP.GT.1)  IAN = IZ(NZP-1) + 1
        IEN = IZ(NZP)
        DO 180 K = 1,NNEL
          NNP = NP(K)
          IF(NNP.GT.NZP)  GOTO  180
          DO 170 I = IAN,IEN
            IF(IA(I).NE.NNP)  GOTO  170
            IF(NKEL.NE.2)  THEN
              A(I) = A(I) + AE(J,K)
              B(I) = B(I) + BE(J,K)
            ELSE
              A(I) = A(I) + ALF(IEL) * BE(J,K)
            ENDIF
            GOTO  180
170       CONTINUE
          STOP  'PROGRAMMFEHLER BEIM AUFBAU !!'
180     CONTINUE
190   CONTINUE
200 CONTINUE
    IF(KONT)  STOP  'DATENFEHLER ENTDECKT !!'
    RETURN
    END
```

3.5 Scheibenprobleme

3.5.1 Belastete Scheibe, quadratische Ansätze, Hüllenstruktur

Die Materialkonstanten E und ν wie auch die Dicke h werden für alle Elemente als konstant vorausgesetzt. Das Unterprogramm SCHQEN1 liefert die Gesamtsteifigkeits-matrix **A** in Hüllenform für Diskretisierungen in geradlinige Dreiecke und Parallelo-gramme mit je quadratischen Verschiebungsansätzen. Die Matrixelemente von **A**, die der Hülle angehören, werden zeilenweise bis und mit dem Diagonalelement gemäss Fig. B4.7 gespeichert, und die Zeigerwerte in IZ geben die Position der Diagonalele-mente im Feld **A** an. Als äussere Belastungen sind Einzelkräfte in Knotenpunkten zugelassen. Man beachte, dass der Faktor $Eh/(1 - \nu^2)$ in der Gesamtsteifigkeitsmatrix **A** nicht berücksichtigt ist und dass zur Kompensation die gegebenen äusseren Kräfte mit seinem Kehrwert multipliziert werden. Da vorgesehen ist, aus dem resultierenden Verschiebungszustand die Spannungswerte in den Elementschwerpunkten zu bestimmen, sind die dazu erforderlichen Daten als Resultatparameter aufgenommen.

Eingabedaten in SCHQEN1:

1. NKNOT   : Anzahl der Knotenpunkte
   NECKEN : Anzahl der Koordinatenpaare von Eckpunkten
   NDREI   : Anzahl der Dreieckelemente
   NPAR   : Anzahl der Parallelogrammelemente
   E, NU   : Elastizitätsmodul E und Poissonzahl ν
   H   : Dicke h der Scheibe
2. NRE   : Nummer des Eckpunktes
   X, Y   : Koordinatenpaar des Eckpunktes
   (je eine Datenzeile pro Eckpunkt)
3. NP(IEL,I) : Knotenummern des Elementes IEL
   (je eine Datenzeile pro Element mit 6 oder Knotennummern)
4. NKRAFT : Anzahl der Knotenpunkte mit Einzelkräften
5. NRK   : Nummer des Knotens mit Einzelkraft
   FX, FY   : Kraftkomponenten in x- und y-Richtung
   (je eine Datenzeile pro belasteten Knotenpunkt)

```fortran
      SUBROUTINE  SCHQEN1(N,A,IZ,B,XE,YE,E,NU,NDREI,NPAR,NPP,
     *                    NDA,NDEL,NDEC)
C ----------------------------------------------------------------------
C     LIEFERT DIE GESAMTSTEIFIGKEITSMATRIX A IN HUELLENFORM UND DEN
C     KONSTANTENVEKTOR  B  FUER EIN SCHEIBENPROBLEM, QUADRATISCHE
C     ANSAETZE IN GERADLINIGEN DREIECK- UND PARALLELOGRAMMELEMENTEN
C     E, NU  UND  H  SIND FUER ALLE ELEMENTE KONSTANT VORAUSGESETZT
C     DISKRETE AEUSSERE KRAEFTE IN KNOTENPUNKTEN
C     N : ORDNUNG DER MATRIX  A, ANZAHL KNOTENVARIABLE
C     A : MATRIXELEMENTE VON  A  IN DER HUELLE
C         ZEILENWEISE EINSCHLIESSLICH DER DIAGONALELEMENTE
C     IZ : N  ZEIGER AUF DIE DIAGONALELEMENTE
C     B : KONSTANTENVEKTOR IM SYSTEM  A * X + B = 0
C     XE,YE : KOORDINATENPAARE DER ECKPUNKTE
C     E : ELASTIZITAETSMODUL,  NU : POISSONZAHL
C     NDREI : ANZAHL DREIECKELEMENTE
C     NPAR : ANZAHL PARALLELOGRAMMELEMENTE
C     NPP : KNOTENNUMMERN DER ELEMENTE
C     NDA : AKTUELLE DIMENSIONIERUNG VON  A, MAXIMAL 32767
C     NDEL : AKTUELLE ERSTE DIMENSIONIERUNG VON  NPP
C     NDEC : AKTUELLE DIMENSIONIERUNG VON  XE  UND  YE
C ----------------------------------------------------------------------
      REAL*8   A(NDA),B(1),XE(NDEC),YE(NDEC),X,Y,FX,FY,FACTOR
      REAL*8   AE(16,16),BE(16,16),XK(4),YK(4),E,NU,H
      INTEGER*2  IZ(1),NPP(NDEL,8),NP(16),NZP,NNP
      LOGICAL  KONT
      READ(1,*)  NKNOT,NECKEN,NDREI,NPAR,E,NU,H
      N = 2 * NKNOT
      WRITE(3,1)  N,NKNOT,NECKEN,NDREI,NPAR,E,NU,H
    1 FORMAT('    STATISCHE AUFGABE FUER SCHEIBENPROBLEM, ',
     *      'QUADRATISCHE ANSAETZE'/
     *      3X,I4,'  KNOTENVARIABLE',I6,'   KNOTENPUNKTE'/
     *      3X,I4,'  ECKPUNKTE'/
     *      3X,I4,'  DREIECKELEMENTE',I6,'   PARALLELOGRAMME'/
```

```
     *        '     E = ',D14.5,'    NU = ',F10.6,'    H = ',F10.3//
     *        '       KOORDINATEN DER ECKPUNKTE'/)
      NEL = NDREI + NPAR
      IF(NKNOT.GT.NDEC)  STOP  'KNOTENZAHL ZU GROSS !!'
      IF(NEL.GT.NDEL)  STOP  'ELEMENTZAHL ZU GROSS !!'
      KONT = .FALSE.
      DO 10 I = 1,NKNOT
        XE(I) = 9.8765D20
        YE(I) = 9.8765D20
   10 CONTINUE
      DO 20 I = 1,NECKEN
        READ(1,*)   NRE,X,Y
        WRITE(3,2)   NRE,X,Y
    2   FORMAT(1X,I6,2F12.5)
        IF(NRE.GT.NKNOT)   THEN
          WRITE(3,3)   NRE
    3     FORMAT('   *** KNOTENNUMMER ZU GROSS',I8)
          KONT = .TRUE.
        ELSE
          XE(NRE) = X
          YE(NRE) = Y
        ENDIF
   20 CONTINUE
C -----------------------------------------------------------------
C     BESTIMMUNG DER POTENTIELLEN HUELLE VON  A
C -----------------------------------------------------------------
      DO 30 I = 1,N
        IZ(I) = I
        B(I) = 0D0
   30 CONTINUE
      WRITE(3,4)
    4 FORMAT(//'    KNOTENNUMMERN DER ELEMENTE'/)
      DO 60 IEL = 1,NEL
        NKEL = 6
        IF(IEL.GT.NDREI) NKEL = 8
        NNEL = 2 * NKEL
        READ(1,*)   (NPP(IEL,I), I=1,NKEL)
        WRITE(3,5)   (NPP(IEL,I), I=1,NKEL)
    5   FORMAT(1X,8I6)
        KMIN = N
        DO 40 I = 1,NKEL
          NP(2*I-1) = 2 * NPP(IEL,I) - 1
          NP(2*I) = NP(2*I-1) + 1
          KMIN = MIN0(KMIN,NP(2*I-1))
          IF(NPP(IEL,I).LE.NKNOT)  GOTO  40
          WRITE(3,3)  NPP(IEL,I)
          KONT = .TRUE.
   40   CONTINUE
        IF(KONT)  GOTO  60
        DO 50 J = 1,NNEL
          IZ(NP(J)) = MIN0(IZ(NP(J)),KMIN)
   50   CONTINUE
   60 CONTINUE
      IZ(1) = 1
      DO 70 I = 2,N
        IZ(I) = IZ(I-1) + I - IZ(I) + 1
   70 CONTINUE
      NPROF = IZ(N)
```

```fortran
      WRITE(3,6)   NPROF
    6 FORMAT(//'    PROFIL DER MATRIX =',I8)
      IF(NPROF.GT.NDA)   THEN
        WRITE(3,7)   NDA
    7   FORMAT('    *** PROFIL GROESSER ALS',I8)
        KONT = .TRUE.
      ELSE
        DO 80 I = 1,NPROF
          A(I) = 0D0
   80   CONTINUE
      ENDIF
C -----------------------------------------------------------------------
C     AUFBAU DER GESAMTSTEIFIGKEITSMATRIX
C -----------------------------------------------------------------------
      DO 130 IEL = 1,NEL
        NKEL = 6
        IF(IEL.GT.NDREI)   NKEL = 8
        NNEL = 2 * NKEL
        DO 90 I = 1,NKEL
          NP(2*I-1) = 2 * NPP(IEL,I) - 1
          NP(2*I) = NP(2*I-1) + 1
   90   CONTINUE
        DO 100 I = 1,3
          NRE = NPP(IEL,I)
          IF(I.EQ.3.AND.IEL.GT.NDREI)   NRE = NPP(IEL,4)
          XK(I) = XE(NRE)
          YK(I) = YE(NRE)
          IF(XK(I).NE.9.8765D20.AND.YK(I).NE.9.8765D20)   GOTO   100
          WRITE(3,8)   NRE
    8     FORMAT('    *** ECKPUNKT',I6,' NICHT DEFINIERT')
          KONT = .TRUE.
  100   CONTINUE
        IF(IEL.LE.NDREI)   CALL   DRQSCH(XK,YK,NU,AE,BE,16,KONT)
        IF(IEL.GT.NDREI)   CALL   PAQSCH(XK,YK,NU,AE,BE,16,KONT)
        IF(KONT)   GOTO   130
        DO 120 J = 1,NNEL
          NZP = NP(J)
          ID = IZ(NZP)
          DO 110 K = 1,NNEL
            NNP = NP(K)
            IF(NNP.GT.NZP)   GOTO   110
            I = ID + NNP - NZP
            A(I) = A(I) + AE(J,K)
  110     CONTINUE
  120   CONTINUE
  130 CONTINUE
C -----------------------------------------------------------------------
C     VORGABE DER AEUSSEREN KRAEFTE, ERGEBEN DEN KONSTANTENVEKTOR B
C -----------------------------------------------------------------------
      READ(1,*)   NKRAFT
      WRITE(3,11)   NKRAFT
   11 FORMAT(//3X,I4,'   AEUSSERE KRAEFTE'//)
      FACTOR = (1D0 - NU * NU)/(E * H)
      DO 140 I = 1,NKRAFT
        READ(1,*)   NRK,FX,FY
        J = 2 * NRK - 1
        WRITE(3,12)   NRK,FX,FY
   12   FORMAT(3X,I4,2F15.3)
```

```
      IF(NRK.GT.NKNOT)  THEN
        WRITE(3,13)  NRK
 13     FORMAT('   *** NUMMER ZU GROSS',I6)
        KONT = .TRUE.
      ELSE
        B(J)   = - FX * FACTOR
        B(J+1) = - FY * FACTOR
      ENDIF
140 CONTINUE
    IF(KONT)  STOP  'DATENFEHLER !!'
    RETURN
    END
```

3.5.2 Schwingende Scheibe, kubische Ansätze, kompakte zeilenweise Speicherung

Um Eigenschwingungen von Scheiben mit konstanter Dicke h und Materialkonstanten E, ν und ρ berechnen zu können, sollen zur Diskretisation geradlinige Dreiecke und Parallelogramme verwendet werden. In den Dreiecken soll der vollständige kubische Verschiebungsansatz mit Kondensation der beiden Variablen im Schwerpunkt und in den Parallelogrammen der kubische Verschiebungsansatz der Serendipity-Klasse gelten. Die zugehörigen Gesamtmatrizen **A** und **B** sollen in der kompakten zeilenweisen Form gemäss Fig. B4.20 vorbereitet werden, so dass die Eigenwertaufgabe **Ax** = λ**Bx** sowohl mit der Bisektionsmethode, dem Lanczos-Verfahren als auch mit der vorkonditionierten Rayleigh-Quotient-Minimierung behandelt werden kann.

Die Besetzungsstruktur der unteren Hälften der Matrizen **A** und **B** wird in Analogie zu der im Abschn. 3.4.2 beschriebenen Vorgehensweise bestimmt mit dem einzigen Unterschied, dass jetzt zu jedem Knotenpunkt sechs aufeinanderfolgend numerierte Knotenvariable gehören.

Die als konstant vorausgesetzte Dicke h der Scheibenelemente tritt als Faktor sowohl bei der Gesamtsteifigkeitsmatrix als auch bei der Gesamtmassenmatrix auf. Deshalb wird ihr Wert gar nicht verlangt und tritt im Unterprogramm SEWKKOZ nicht auf.

Anmerkung Mit wenigen Modifikationen und problembedingten Anpassungen kann aus dem Unterprogramm SEWKKOZ dasjenige zur Kompilation der Gesamtmatrizen für schwingende Rahmenkonstruktionen erhalten werden, da ebenfalls zu jedem Knotenpunkt sechs Knotenvariable gehören.

Eingabedaten in SEWKKOZ:

1.	NKNOT	: Anzahl der Knotenpunkte
	NDREI	: Anzahl der Dreieckelemente
	NPAR	: Anzahl der Parallelogrammelemente
	E, NU	: Elastizitätsmodul E und Poissonzahl ν
	RHO	: Spezifische Dichte ρ des Materials
2.	NRE	: Knotennummer des Eckpunktes
	X, Y	: Koordinatenpaar des Eckpunktes
	(je eine Datenzeile pro Eckpunkt)	

3. NPP(IEL,I): Knotennummern des Elementes IEL
   (je eine Datenzeile pro Element mit 3 oder 4 Knotennummern)

```
      SUBROUTINE  SEWKKOZ(N,A,B,IA,IZ,XE,YE,NPP,
     *                    ND,NDA,NDEC,NDEL)
C -------------------------------------------------------------------
C     LIEFERT DIE STEIFIGKEITSMATRIX  A   UND DIE MASSENMATRIX  B
C     FUER EIN SCHEIBENEIGENWERTPROBLEM, KUBISCHE ANSAETZE
C     KOMPAKTE ZEILENWEISE SPEICHERUNG DER UNTEREN HAELFTEN
C     E, NU, H, RHO  SIND KONSTANT VORAUSGESETZT FUER ALLE ELEMENTE
C     N : ORDNUNG DER MATRIX, ANZAHL DER KNOTENVARIABLEN
C     A : MATRIXELEMENTE VON  A   UNGLEICH NULL DER UNTEREN HAELFTE
C     B : MATRIXELEMENTE VON  B   UNGLEICH NULL DER UNTEREN HAELFTE
C     IA : ZUGEHOERIGE KOLONNENINDIZES DER MATRIZEN  A   UND  B
C     IZ : N   ZEIGER AUF DIE DIAGONALELEMENTE
C     XE, YE : KOORDINATENPAARE DER ECKPUNKTE
C     NPP : KNOTENNUMMERN DER ELEMENTE
C     ND   : AKTUELLE DIMENSIONIERUNG VON  IZ
C     NDA  : AKTUELLE DIMENSIONIERUNGEN VON  A, B  UND  IA
C            *** MAXIMAL 32767 ***
C     NDEC : AKTUELLE DIMENSIONIERUNGEN VON  XE   UND  YE
C     NDEL : AKTUELLE ERSTE DIMENSIONIERUNG VON  NPP
C -------------------------------------------------------------------
      REAL*8   A(NDA),B(NDA),XE(NDEC),YE(NDEC),E,NU,RHO,X,Y,FAKTOR
      REAL*8   AE(24,24),BE(24,24),XK(4),YK(4)
      INTEGER*2  IA(NDA),IZ(ND),NPP(NDEL,4),NP(24),NZP,NNP
      LOGICAL  KONT
      DATA NZ/12/,NZ1/11/
      READ(1,*)  NKNOT,NDREI,NPAR,E,NU,RHO
      N = 6 * NKNOT
      WRITE(3,1)  N,NKNOT,NDREI,NPAR,E,NU,RHO
    1 FORMAT(/'    SCHWINGUNGSAUFGABE FUER SCHEIBENPROBLEM'/
     *    3X,'KUBISCHE ANSAETZE IN DREIECKEN UND PARALLELOGRAMMEN'/
     *    3X,I4,'  KNOTENVARIABLE',I6,'  KNOTENPUNKTE'/
     *    3X,I4,'  DREIECKELEMENTE',3X,I4,'  PARALLELOGRAMMELEMENTE'/
     *    3X,'E = ',D14.5,3X,'NU = ',F10.6,3X,'RHO = ',F12.3//
     *    3X,'KOORDINATEN DER ECKPUNKTE'/)
      IF(N.GT.ND)  STOP  'ZAHL KNOTENVARIABLE ZU GROSS !!'
      NEL = NDREI + NPAR
      IF(NKNOT.GT.NDEC)  STOP  'KNOTENZAHL ZU GROSS !!'
      IF(NEL.GT.NDEL)  STOP  'ELEMENTZAHL ZU GROSS !!'
      KONT = .FALSE.
      DO 10 I = 1,NKNOT
        READ(1,*)  NRE,X,Y
        WRITE(3,2)  NRE,X,Y
    2   FORMAT(3X,I4,2F12.5)
        IF(NRE.GT.NKNOT)  THEN
          WRITE(3,3)  NRE
    3     FORMAT('    *** KNOTENNUMMER ZU GROSS',I8)
          KONT = .TRUE.
        ELSE
          XE(NRE) = X
          YE(NRE) = Y
        ENDIF
   10 CONTINUE
```

```fortran
C -------------------------------------------------------------------
C      BESTIMMUNG DER POTENTIELLEN BESETZUNG DER MATRIX  A
C -------------------------------------------------------------------
      IUP = NZ * NKNOT
      DO 20 I = 1,IUP
        IA(I) = 0
        IF(I/NZ*NZ+1.EQ.I)  IA(I) = I / NZ + 1
   20 CONTINUE
      WRITE(3,4)
    4 FORMAT(/'    KNOTENNUMMERN DER ELEMENTE'/)
      NKEL = 3
      DO 80 IEL = 1,NEL
        IF(IEL.GT.NDREI)  NKEL = 4
        READ(1,*)   (NPP(IEL,I), I=1,NKEL)
        WRITE(3,5)  (NPP(IEL,I), I=1,NKEL)
    5   FORMAT(3X,4I6)
        DO 30 I = 1,NKEL
          NP(I) = NPP(IEL,I)
          IF(NP(I).LE.NKNOT)  GOTO  30
          WRITE(3,3)  NP(I)
          KONT = .TRUE.
   30   CONTINUE
        IF(KONT)  GOTO  80
        DO 70 J = 1,NKEL
          NZP = NP(J)
          I1 = NZ * NZP - NZ1
          I2 = NZ * NZP
          DO 60 K = 1,NKEL
            NNP = NP(K)
            IF(NNP.GE.NZP)  GOTO  60
            DO 50 I = I1,I2
              IF(NNP.EQ.IA(I))  GOTO  60
              IF(NNP.GT.IA(I))  GOTO  50
              NH = IA(I)
              IA(I) = NNP
              DO 40 L = I+1,I2
                IF(NH.EQ.0)  GOTO  60
                NH1 = IA(L)
                IA(L) = NH
                NH = NH1
   40         CONTINUE
              STOP  'PROGRAMMFEHLER 1 !'
   50       CONTINUE
            STOP  'PROGRAMMFEHLER 2 !'
   60     CONTINUE
   70   CONTINUE
   80 CONTINUE
      IF(KONT)  STOP  'FEHLER IN KNOTENNUMMERN !!'
C -------------------------------------------------------------------
C      KOMPRIMIERTE SPEICHERUNG DER PROVISORISCHEN BESETZUNG
C -------------------------------------------------------------------
      IZIEL = 0
      DO 100 J = 1,NKNOT
        IWO = NZ * J - NZ1
        IUP = NZ * J
```

```
        DO 90 I = IWO,IUP
          IF(IA(I).EQ.0)  GOTO  100
          IZIEL = IZIEL + 1
          IA(IZIEL) = IA(I)
          IZ(J) = IZIEL
  90    CONTINUE
 100 CONTINUE
     NTOTAL = 36 * IZIEL - 15 * NKNOT
     WRITE(3,6)  NTOTAL
   6 FORMAT(/3X,'ANZAHL MATRIXELEMENTE UNGLEICH NULL :',I8/)
     IF(NTOTAL.GT.NDA)  THEN
       WRITE(3,7)  NDA
   7   FORMAT('   *** ANZAHL MATRIXELEMENTE GROESSER ALS',I8)
       STOP  'DIMENSIONIERUNG VON A UND B ZU KLEIN !!'
     ENDIF
C ------------------------------------------------------------------
C    GENERIERUNG DER TATSAECHLICHEN BESETZUNGSSTRUKTUR
C ------------------------------------------------------------------
     DO 130 JH = 1,NKNOT
       J = NKNOT - JH + 1
       I = IZ(J)
       K = 36 * I - 15 * J
       KDIF = 6
       IF(J.GT.1)  KDIF = 6 * (IZ(J) - IZ(J-1))
       INEU = 6 * IA(I)
       IA(K) = INEU
       IA(K-1) = INEU - 1
       IA(K-2) = INEU - 2
       IA(K-3) = INEU - 3
       IA(K-4) = INEU - 4
       IA(K-5) = INEU - 5
       IA(K-KDIF) = INEU - 1
       IA(K-KDIF-1) = INEU - 2
       IA(K-KDIF-2) = INEU - 3
       IA(K-KDIF-3) = INEU - 4
       IA(K-KDIF-4) = INEU - 5
       IA(K-2*KDIF+1) = INEU - 2
       IA(K-2*KDIF)   = INEU - 3
       IA(K-2*KDIF-1) = INEU - 4
       IA(K-2*KDIF-2) = INEU - 5
       IA(K-3*KDIF+3) = INEU - 3
       IA(K-3*KDIF+2) = INEU - 4
       IA(K-3*KDIF+1) = INEU - 5
       IA(K-4*KDIF+6) = INEU - 4
       IA(K-4*KDIF+5) = INEU - 5
       IA(K-5*KDIF+10) = INEU - 5
       IZ(6*J)   = K
       IZ(6*J-1) = K - KDIF
       IZ(6*J-2) = K - 2*KDIF + 1
       IZ(6*J-3) = K - 3*KDIF + 3
       IZ(6*J-4) = K - 4*KDIF + 6
       IZ(6*J-5) = K - 5*KDIF + 10
       IF(J.EQ.1)  GOTO  130
       K = K - 6
 110   I = I - 1
       IF(I.LE.IZ(J-1))  GOTO  130
       INEU = 6 * IA(I)
```

```fortran
      DO 120 L = 1,6
        IA(K) = INEU
        IA(K-KDIF+1) = INEU
        IA(K-2*KDIF+3) = INEU
        IA(K-3*KDIF+6) = INEU
        IA(K-4*KDIF+10) = INEU
        IA(K-5*KDIF+15) = INEU
        K = K - 1
        INEU = INEU - 1
  120   CONTINUE
        GOTO 110
  130 CONTINUE
C -----------------------------------------------------------------
C     AUFBAU DER MATRIZEN  A   UND  B
C -----------------------------------------------------------------
      DO 140 I = 1,NTOTAL
        A(I) = 0D0
        B(I) = 0D0
  140 CONTINUE
      FAKTOR = E / (1D0 - NU * NU)
      DO 200 IEL = 1,NEL
        NKEL = 3
        IF(IEL.GT.NDREI)  NKEL = 4
        DO 160 I = 1,NKEL
          NRE = NPP(IEL,I)
          DO 150 K = 1,6
            NP(6*I+K-6) = 6 * NRE + K - 6
  150     CONTINUE
          XK(I) = XE(NRE)
          YK(I) = YE(NRE)
          IF(I.EQ.4)  THEN
            XK(3) = XK(4)
            YK(3) = YK(4)
          ENDIF
  160   CONTINUE
        IF(NKEL.EQ.3)  CALL   DRKSCH(XK,YK,NU,AE,BE,24,KONT)
        IF(NKEL.EQ.4)  CALL   PAKSCH(XK,YK,NU,AE,BE,24,KONT)
        IF(KONT)  GOTO  200
        DO 190 J = 1,6*NKEL
          NZP = NP(J)
          ILOW = 1
          IF(NZP.GT.1)  ILOW = IZ(NZP-1) + 1
          IUP = IZ(NZP)
          DO 180 K = 1,6*NKEL
            NNP = NP(K)
            IF(NNP.GT.NZP)  GOTO  180
            DO 170 I = ILOW,IUP
              IF(NNP.NE.IA(I))  GOTO  170
              A(I) = A(I) + FAKTOR * AE(J,K)
              B(I) = B(I) + RHO * BE(J,K)
              GOTO  180
  170       CONTINUE
            STOP  'PROGRAMMFEHLER 3 !'
  180     CONTINUE
  190   CONTINUE
  200 CONTINUE
      IF(KONT)  STOP  'DATENFEHLER !!'
      RETURN
      END
```

3.6 Statische Plattenprobleme

3.6.1 Belastete Platte, konforme Elemente, Hüllenstruktur

Wir betrachten Platten, deren Ränder parallel zu den Achsen eines rechtwinkligen Koordinatensystems sind, und die sich in rechteckige Elemente unterteilen lassen. Jedes Element habe die konstante Dicke h, die aber von Element zu Element variieren kann. Als Belastung werden nur kontinuierlich verteilte Kräfte p berücksichtigt, die pro Element konstant sind, aber elementabhängig sein dürfen. Der Elastizitätsmodul E und die Poissonzahl ν sollen für die ganze Platte konstant sein. Zur Berechnung der Durchbiegung werden die konformen bikubischen Rechteckelemente verwendet, und die Gesamtsteifigkeitsmatrix **A** wird in Hüllenform gespeichert gemäss Fig. B4.8, wobei zuerst die Nichtdiagonalelemente zeilenweise angeordnet sind und anschliessend die Diagonalelemente.

Eingabedaten in PLAKEN2:

```
1.  NKNOT     :  Anzahl der Knotenpunkte
    NRECHT    :  Anzahl der Rechteckelemente
    E, NU     :  Elastizitätsmodul E und Poissonzahl ν des Materials
2.  NRE       :  Knotennummer des Eckpunktes
    X, Y      :  Koordinatenpaar des Eckpunktes
    (je eine Datenzeile pro Eckpunkt)
3.  H         :  Dicke h des Plattenelementes
    P         :  Belastung p pro Flächeneinheit des Plattenelementes
    NPP(IEL,I):  4 Knotennummern des Plattenelementes
    (je eine Datenzeile pro Plattenelement)
```

```fortran
      SUBROUTINE  PLAKEN2(N,A,IZ,B,XE,YE,H,P,NPP,
     *                    NDA,NDEL,NDEC)
C -------------------------------------------------------------------
C     LIEFERT DIE GESAMTSTEIFIGKEITSMATRIX A IN HUELLENFORM UND DEN
C     KONSTANTENVEKTOR B FUER EIN STATISCHES PLATTENPROBLEM
C     BIKUBISCHE KONFORME RECHTECKELEMENTE IN SPEZIELLER LAGE
C     ELASTIZITAETSMODUL  E  UND POISSONZAHL  NU  KONSTANT
C     N : ORDNUNG DER MATRIX  A, ANZAHL DER KNOTENVARIABLEN
C     A : MATRIXELEMENTE VON  A, NICHTDIAGONALELEMENTE ZEILENWEISE
C         GESPEICHERT, ANSCHLIESSEND DIE DIAGONALELEMENTE
C     IZ : N  ZEIGER AUF DIE LETZTEN NICHTDIAGONALELEMENTE
C     B : KONSTANTENVEKTOR IM SYSTEM  A * X + B = 0
C     XE,YE : KOORDINATENPAARE DER ECKPUNKTE
C     H : WERTE DER DICKE H DER EINZELNEN ELEMENTE
C     P : WERTE DER BELASTUNG P DER EINZELNEN ELEMENTE
C     NPP : NUMMERN DER ECKPUNKTE DER ELEMENTE
C     NDA : AKTUELLE DIMENSIONIERUNG VON A, PROFIL MAXIMAL 32767 !!
C     NDEL : AKTUELLE ERSTE DIMENSIONIERUNG VON  NPP
C            AKTUELLE DIMENSIONIERUNG VON  HH  UND  P
C     NDEC : AKTUELLE DIMENSIONIERUNG VON  XE  UND  YE
C -------------------------------------------------------------------
```

```fortran
      REAL*8   A(NDA),B(1),XE(NDEC),YE(NDEC),H(NDEL),P(NDEL)
      REAL*8   AE(16,16),BE(16,16),BB(16),XK(4),YK(4),X,Y,E,NU
      INTEGER*2   IZ(1),NPP(NDEL,4),NP(16),NZP,NNP
      LOGICAL   KONT
      KONT = .FALSE.
      READ(1,*)   NKNOT,NRECHT,E,NU
      N = 4 * NKNOT
      WRITE(3,1)   N,NKNOT,NRECHT,E,NU
    1 FORMAT(/' STATISCHES PLATTENPROBLEM, BIKUBISCHE ANSAETZE'/
     *      2X,I4,'  KNOTENVARIABLE',I6,'  KNOTENPUNKTE'/
     *      2X,I4,'  RECHTECKELEMENTE'/
     *      2X,'E = ',D14.5,'    NU = ',F10.6//
     *      '  KOORDINATEN DER ECKPUNKTE'/)
      IF(NKNOT.GT.NDEC)  STOP 'KNOTENZAHL ZU GROSS !!'
      IF(NRECHT.GT.NDEL)  STOP 'ELEMENTZAHL ZU GROSS !!'
      DO 10 I = 1,NKNOT
        READ(1,*)   NRE,X,Y
        WRITE(3,2)   NRE,X,Y
    2   FORMAT(1X,I6,2F12.5)
        IF(NRE.GT.NKNOT)  THEN
          WRITE(3,3)   NRE
    3     FORMAT('  *** KNOTENNUMMER ZU GROSS',I6)
          KONT = .TRUE.
        ELSE
          XE(NRE) = X
          YE(NRE) = Y
        ENDIF
   10 CONTINUE
C --------------------------------------------------------------------
C     BESTIMMUNG DER POTENTIELLEN HUELLE VON A
C --------------------------------------------------------------------
      NKEL = 4
      DO 20 I = 1,NKNOT
        IZ(I) = I
   20 CONTINUE
      WRITE(3,4)
    4 FORMAT(//7X,'DICKE H      BEL. P',8X,'ELEMENTKNOTENNUMMERN'/)
      DO 50 IEL = 1,NRECHT
        READ(1,*)   H(IEL),P(IEL),(NPP(IEL,I), I=1,NKEL)
        WRITE(3,5)   H(IEL),P(IEL),(NPP(IEL,I), I=1,NKEL)
    5   FORMAT(2X,2F12.5,3X,4I6)
        KMIN = NKNOT
        DO 30 I = 1,NKEL
          NP(I) = NPP(IEL,I)
          IF(NP(I).LT.KMIN)  KMIN = NP(I)
          IF(NP(I).LE.NKNOT)  GOTO 30
          WRITE(3,3)  NP(I)
          KONT = .TRUE.
   30   CONTINUE
        IF(KONT)  GOTO 50
        DO 40 I = 1,NKEL
          IZ(NP(I)) = MIN0(IZ(NP(I)),KMIN)
   40   CONTINUE
   50 CONTINUE
      IF(KONT)  STOP 'FEHLER IN KNOTENNUMMER !!'
```

```fortran
      DO 60 I = NKNOT,1,-1
        KMIN = 4 * IZ(I) - 3
        IZ(4*I-3) = KMIN
        IZ(4*I-2) = KMIN
        IZ(4*I-1) = KMIN
        IZ(4*I) = KMIN
 60   CONTINUE
      IZ(1) = 0
      DO 70 I = 2,N
        IZ(I) = IZ(I-1) + I - IZ(I)
 70   CONTINUE
      NPROF = IZ(N) + N
      WRITE(3,6)  NPROF
 6    FORMAT(/'   PROFIL DER MATRIX :',I8)
      IF(NPROF.GT.NDA)  THEN
        WRITE(3,7)  NDA
 7      FORMAT('    *** PROFIL GROESSER ALS',I8)
        STOP 'PROFIL ZU GROSS !!'
      ENDIF
C ------------------------------------------------------------------
C     AUFBAU DER MATRIX  A   UND DES VEKTORS  B
C ------------------------------------------------------------------
      DO 80 I = 1,NPROF
        A(I) = 0D0
 80   CONTINUE
      DO 90 I = 1,N
        B(I) = 0D0
 90   CONTINUE
      NNEL = 16
      ID0 = IZ(N)
      DO 140 IEL = 1,NRECHT
        DO 110 I = 1,NKEL
          NRE = NPP(IEL,I)
          XK(I) = XE(NRE)
          YK(I) = YE(NRE)
          DO 100 K = 1,4
            NP(4*I+K-4) = 4 * NRE + K - 4
 100      CONTINUE
 110    CONTINUE
        XK(3) = XK(4)
        YK(3) = YK(4)
        CALL  RBIPLA(XK,YK,E,NU,H(IEL),P(IEL),AE,BE,BB,16,KONT)
        IF(KONT)  GOTO  140
        DO 130 J = 1,NNEL
          NZP = NP(J)
          ID1 = IZ(NZP) + 1
          IDJ = ID0 + NZP
          A(IDJ) = A(IDJ) + AE(J,J)
          DO 120 K = 1,NNEL
            NNP = NP(K)
            IF(NNP.GE.NZP)  GOTO 120
            I = ID1 + NNP - NZP
            A(I) = A(I) + AE(J,K)
 120      CONTINUE
          B(NZP) = B(NZP) + BB(J)
 130    CONTINUE
 140  CONTINUE
      RETURN
      END
```

3.6.2 Belastete Platte, nichtkonforme Elemente, kompakte zeilenweise Speicherung

Hier werden Platten betrachtet, die sich so in Dreiecke und Parallelogramme unterteilen lassen, dass die Seiten der Dreieckelemente parallel zu höchstens drei Richtungen sind (vgl. Abschn. B2.6.2). Jedes Element habe die individuelle, konstante Dicke h. Die Belastung bestehe aus kontinuierlich verteilten Kräften der elementweise konstanten Grösse p pro Flächeneinheit. Der Elastizitätsmodul E und die Poissonzahl ν sind konstant für die ganze Platte vorausgesetzt.

Die Durchbiegung der Platte soll mit Hilfe der nichtkonformen kubischen Dreieck- und Parallelogrammelementen berechnet werden. Weiter ist vorgesehen, das lineare Gleichungssystem iterativ mit der vorkonditionierten Methode der konjugierten Gradienten zu lösen. Deshalb ist die Gesamtsteifigkeitsmatrix $\mathbf{A}$ in kompakter zeilenweiser Form gemäss Fig. B4.21 abzuspeichern. Da die Vorkonditionierungsmatrix $\mathbf{M} = \mathbf{CC}^T$ durch eine partielle Cholesky-Zerlegung von $\mathbf{A}$ definiert werden soll, ist die Anordnung der von Null verschiedenen Matrixelemente einer jeden Zeile mit wachsendem Kolonnenindex wichtig. Die Bestimmung der Besetzungsstruktur erfolgt im Unterprogramm PLANKOZ nach dem gleichen Prinzip, das im Abschn. 3.4.2 beschrieben ist.

Eingabedaten in PLANKOZ:

<table>
<tr><td>1.</td><td>NKNOT</td><td>:</td><td>Anzahl der Knotenpunkte</td></tr>
<tr><td></td><td>NDREI</td><td>:</td><td>Anzahl der Dreieckelemente</td></tr>
<tr><td></td><td>NPAR</td><td>:</td><td>Anzahl der Parallelogrammelemente</td></tr>
<tr><td></td><td>E, NU</td><td>:</td><td>Elastizitätsmodul E und Poissonzahl ν</td></tr>
<tr><td>2.</td><td>NRE</td><td>:</td><td>Knotennummer des Eckpunktes</td></tr>
<tr><td></td><td>X, Y</td><td>:</td><td>Koordinatenpaar des Eckpunktes</td></tr>
<tr><td></td><td colspan="3">(je eine Datenzeile pro Eckpunkt)</td></tr>
<tr><td>3.</td><td>H(IEL)</td><td>:</td><td>Dicke h des Plattenelementes</td></tr>
<tr><td></td><td>P(IEL)</td><td>:</td><td>Belastung p pro Flächeneinheit des Plattenelementes</td></tr>
<tr><td></td><td>NPP(IEL,I):</td><td></td><td>Knotennummern des Plattenelementes IEL</td></tr>
<tr><td></td><td colspan="3">(je eine Datenzeile pro Element mit 3 oder 4 Knotennummern)</td></tr>
</table>

Anmerkung Mit sehr geringfügigen Modifikationen kann aus dem Unterprogramm PLANKOZ dasjenige zur Kompilation der beiden Gesamtmatrizen $\mathbf{A}$ und $\mathbf{B}$ zur Behandlung von Schwingungsaufgaben von Platten abgeleitet werden, fall ebenfalls nichtkonforme kubische Elemente verwendet werden und die Matrizen kompakt zeilenweise gespeichert sein sollen.

```
      SUBROUTINE  PLANKOZ(N,A,IA,IZ,B,XE,YE,H,P,NPP,NDA,NDEC,NDEL)
C     ------------------------------------------------------------------
C     LIEFERT DIE STEIFIGKEITSMATRIX  A  UND DEN KONSTANTENVEKTOR B
C     FUER EIN PLATTENPROBLEM. KOMPAKTE ZEILENWEISE SPEICHERUNG
C     NICHTKONFORME KUBISCHE DREIECK- UND PARALLELOGRAMMELEMENTE
C     DIE WERTE  E  UND  NU  SIND KONSTANT FUER ALLE ELEMENTE
C     DIE DICKE  H  UND DIE BELASTUNG  P  SIND ELEMENTABHAENGIG
```

```fortran
C      N : ORDNUNG DER MATRIX  A, ANZAHL DER KNOTENVARIABBLEN
C      A : MATRIXELEMENTE VON  A, ZEILENWEISE KOMPAKT GESPEICHERT
C      IA : ZUGEHOERIGE KOLONNENINDIZES
C      IZ : N  ZEIGER AUF DIAGONALELEMENTE
C      B : KONSTANTENVEKTOR
C      XE,YE : KOORDINATENPAARE DER ECKPUNKTE
C      H : DICKE DER EINZELNEN PLATTENELEMENTE
C      P : BELASTUNG DER EINZELNEN PLATTENELEMENTE
C      NPP : NUMMERN DER KNOTENPUNKTE DER ELEMENTE, ZEILENWEISE
C      NDA : AKTUELLE DIMENSIONIERUNG VON  A  UND  IA, MAXIMAL 32767
C      NDEC : AKTUELLE DIMENSIONIERUNGEN VON  XE  UND  YE
C      NDEL : AKTUELLE ERSTE DIMENSIONIERUNG VON  NPP  UND
C             AKTUELLE DIMENSIONIERUNGEN VON  D  UND  P
C -------------------------------------------------------------------
       REAL*8   A(NDA),B(1),XE(NDEC),YE(NDEC),H(NDEL),P(NDEL),X,Y
       REAL*8   AE(12,12),BE(12,12),BB(12),XK(4),YK(4),E,NU
       INTEGER*2  IA(NDA),IZ(1),NPP(NDEL,4),NP(12),NZP,NNP
       DATA  NZ/12/,NZ1/11/
       LOGICAL  KONT
       KONT = .FALSE.
       READ(1,*)  NKNOT,NDREI,NPAR,E,NU
       N = 3 * NKNOT
       WRITE(3,1)  N,NKNOT,NDREI,NPAR,E,NU
     1 FORMAT('   PLATTENPROBLEM, NICHTKONFORME KUBISCHE ANSAETZE'/
      *    3X,I4,'  KNOTENVARIABLE',I6,'  KNOTENPUNKTE'/
      *    3X,I4,'  DREIECKELEMENTE',I5,'  PARALLELOGRAMMELEMENTE'/
      *    '   E = ',D14.5,'   NU = ',F10.6//
      *    '   KOORDINATEN DER ECKPUNKTE'/)
       NEL = NDREI + NPAR
       IF(NKNOT.GT.NDEC)  STOP  'KNOTENZAHL ZU GROSS !!'
       IF(NEL.GT.NDEL)  STOP  'ELEMENTZAHL ZU GROSS !!'
       DO 10 I = 1,NKNOT
         READ(1,*)  NRE,X,Y
         WRITE(3,2)  NRE,X,Y
     2   FORMAT(1X,I6,2F12.5)
         IF(NRE.GT.NKNOT)  THEN
           WRITE(3,3)  NRE
     3     FORMAT('   *** KNOTENNUMMER ZU GROSS',I6)
           KONT = .TRUE.
         ELSE
           XE(NRE) = X
           YE(NRE) = Y
         ENDIF
    10 CONTINUE
C -------------------------------------------------------------------
C      BESTIMMUNG DER POTENTIELLEN BESETZUNG DER MATRIX A
C -------------------------------------------------------------------
       IUP = NZ * NKNOT
       DO 20 I = 1,IUP
         IA(I) = 0
         IF(I/NZ*NZ+1.EQ.I)  IA(I) = I / NZ + 1
    20 CONTINUE
       WRITE(3,4)
     4 FORMAT(//6X,'DICKE H     BEL. P      ELEMENTKNOTENNUMMERN'/)
       DO 80 IEL = 1,NEL
         NKEL = 3
         IF(IEL.GT.NDREI) NKEL = 4
```

```fortran
      READ(1,*)   H(IEL),P(IEL), (NPP(IEL,I), I=1,NKEL)
      WRITE(3,5)  H(IEL),P(IEL), (NPP(IEL,I), I=1,NKEL)
    5 FORMAT(3X,2F10.5,4I6)
      DO 30 I = 1,NKEL
        NP(I) = NPP(IEL,I)
        IF(NP(I).LE.NKNOT)  GOTO  30
        WRITE(3,3)  NP(I)
        KONT = .TRUE.
   30 CONTINUE
      IF(KONT)  GOTO  80
      DO 70 J = 1,NKEL
        NZP = NP(J)
        I1 = NZ * NZP - NZ1
        I2 = NZ * NZP
        DO 60 K = 1,NKEL
          NNP = NP(K)
          IF(NNP.GE.NZP)  GOTO  60
          DO 50 I = I1,I2
            IF(NNP.EQ.IA(I))   GOTO  60
            IF(NNP.GT.IA(I))   GOTO  50
            NH = IA(I)
            IA(I) = NNP
            DO 40 L = I+1,I2
               IF(NH.EQ.0)  GOTO  60
               NH1 = IA(L)
               IA(L) = NH
               NH = NH1
   40       CONTINUE
            STOP  'PROGRAMMFEHLER 1 !'
   50     CONTINUE
          STOP  'PROGRAMMFEHLER 2 !'
   60   CONTINUE
   70 CONTINUE
   80 CONTINUE
      IF(KONT)  STOP  'FEHLER IN KNOTENNUMMERN !!'
C ----------------------------------------------------------------
C     KOMPRIMIERTE SPEICHERUNG DER BESETZUNG, BASIS KNOTENNUMMERN
C ----------------------------------------------------------------
      IZIEL = 0
      DO 100 J = 1,NKNOT
        IWO = NZ * J - NZ1
        IUP = NZ * J
        DO 90 I = IWO,IUP
          IF(IA(I).EQ.0)  GOTO  100
          IZIEL = IZIEL + 1
          IA(IZIEL) = IA(I)
          IZ(J) = IZIEL
   90   CONTINUE
  100 CONTINUE
      NTOTAL = 9 * IZIEL - N
      WRITE(3,6)  NTOTAL
    6 FORMAT(//'    ANZAHL MATRIXELEMENTE UNGLEICH NULL :',I8/)
      IF(NTOTAL.GT.NDA)  THEN
        WRITE(3,7)  NDA
    7   FORMAT('    *** ANZAHL MATRIXELEMENTE GROESSER ALS',I8)
        STOP  'DIMENSIONIERUNG VON A ZU KLEIN !!'
      ENDIF
```

```fortran
C -----------------------------------------------------------------
C      GENERIERUNG DER TATSAECHLICHEN BESETZUNGSSTRUKTUR
C -----------------------------------------------------------------
       DO 130 JH = 1,NKNOT
         J = NKNOT - JH + 1
         I = IZ(J)
         K = 9 * I - 3 * J
         KDIF = 3
         IF(J.GT.1)  KDIF = 3 * (IZ(J) - IZ(J-1))
         INEU = 3 * IA(I)
         IA(K) = INEU
         IA(K-1) = INEU - 1
         IA(K-2) = INEU - 2
         IA(K-KDIF) = INEU - 1
         IA(K-KDIF-1) = INEU - 2
         IA(K-2*KDIF+1) = INEU - 2
         IZ(3*J) = K
         IZ(3*J-1) = K - KDIF
         IZ(3*J-2) = K - 2 * KDIF + 1
         IF(J.EQ.1)  GOTO  130
         K = K - 3
  110    I = I - 1
         IF(I.LE.IZ(J-1))  GOTO  130
         INEU = 3 * IA(I)
         DO 120 L = 1,3
            IA(K) = INEU
            IA(K-KDIF+1) = INEU
            IA(K-2*KDIF+3) = INEU
            K = K - 1
            INEU = INEU - 1
  120    CONTINUE
         GOTO 110
  130 CONTINUE
C -----------------------------------------------------------------
C      AUFBAU DER MATRIX A UND DES KONSTANTENVEKTORS B
C -----------------------------------------------------------------
       DO 140 I = 1,NTOTAL
         A(I) = 0D0
  140 CONTINUE
       DO 150 I = 1,N
         B(I) = 0D0
  150 CONTINUE
       DO 210 IEL = 1,NEL
         NKEL = 3
         IF(IEL.GT.NDREI)  NKEL = 4
         NNEL = 3 * NKEL
         DO 170 I = 1,NKEL
            NRE = NPP(IEL,I)
            XK(I) = XE(NRE)
            YK(I) = YE(NRE)
            DO 160 K = 1,3
               NP(3*I+K-3) = 3 * NRE + K - 3
  160       CONTINUE
  170    CONTINUE
         IF(IEL.LE.NDREI)  THEN
            CALL  DRKPLA(XK,YK,E,NU,H(IEL),P(IEL),AE,BE,BB,12,KONT)
         ELSE
            XK(3) = XK(4)
            YK(3) = YK(4)
```

```
            CALL    PAKPLA(XK,YK,E,NU,H(IEL),P(IEL),AE,BE,BB,12,KONT)
         ENDIF
         IF(KONT)   GOTO   210
         DO 200 J = 1,NNEL
           NZP = NP(J)
           ILOW = 1
           IF(NZP.GT.1)   ILOW = IZ(NZP-1) + 1
           IUP  = IZ(NZP)
           DO 190 K = 1,NNEL
             NNP = NP(K)
             IF(NNP.GT.NZP)   GOTO   190
             DO 180 I = ILOW,IUP
               IF(IA(I).NE.NNP)   GOTO   180
               A(I) = A(I) + AE(J,K)
               GOTO   190
  180          CONTINUE
             STOP  'PROGRAMMFEHLER 3 !'
  190        CONTINUE
             B(NZP) = B(NZP) + BB(J)
  200    CONTINUE
  210 CONTINUE
         IF(KONT)   STOP   'DATENFEHLER !!'
         RETURN
         END
```

3.7 Berücksichtigung der Randbedingungen

3.7.1 Statische Probleme

Die Berücksichtigung der Randbedingungen bei statischen Aufgaben erfolgt nach der im
Abschn. B3.1.3 beschriebenen Methode. Die Zeilen und Kolonnen von **A**, welche
denjenigen Knotenvariablen entsprechen, für die Randwerte vorgegeben sind, werden
nach eventueller Modifikation des Konstantenvektors gleich Null gesetzt. Anschliessend
erhalten die betreffenden Diagonalelemente den Wert Eins und die Komponenten im
Konstantenvektor die negativen Randwerte. Die Ordnung des Gleichungssystems wird
nicht reduziert. Die Ausführung der Operationen an der Matrix **A** richtet sich nach
ihrer Speicherungsart. Deshalb folgen vier Unterprogramme für die zeilenweise band-
orientierte, die beiden hüllenorientierten und schliesslich für die kompakte zeilenweise
Speicherung von **A**.

```
         SUBROUTINE   RBSTBNDN(N,M,A,B,NRB,NKN,RW)
C -----------------------------------------------------------------------
C    BERUECKSICHTIGUNG DER RANDBEDINGUNGEN IM SYSTEM A * X + B = 0
C    DIE ORDNUNG  N  WIRD NICHT REDUZIERT
C    N : ORDNUNG DER MATRIX  A
C    M : BANDBREITE DER MATRIX  A
C    A : MATRIXELEMENTE VON  A   ZEILENWEISE GESPEICHERT
C    B : KONSTANTENVEKTOR
C    NRB : ANZAHL DER VORGEGEBENEN RANDBEDINGUNGEN
C    NKN : NUMMERN DER BETREFFENDEN KNOTENVARIABLEN
C    RW : ZUGEHOERIGE ENTSPRECHENDE RANDWERTE
C -----------------------------------------------------------------------
```

```fortran
      REAL*8  A(1),B(1),RW(1),RWERT
      INTEGER*2  NKN(1)
      IF(NRB.EQ.0)  RETURN
      M1 = M + 1
      DO 50 IR = 1,NRB
        K = NKN(IR)
        IF(K.GT.0.AND.K.LE.N)  GOTO 10
        WRITE(3,1) K
    1   FORMAT('   *** UNZULAESSIGER INDEX',I8)
        STOP  'INDEXFEHLER IN RANDBEDINGUNGEN !!'
   10   RWERT = RW(IR)
        B(K) = - RWERT
        IDK = K * M1
        A(IDK) = 1D0
        IF(K.EQ.1)  GOTO 30
        IA = MAX0(1,M+2-K)
        DO 20 I = IA,M
          J = K + I - M1
          KI = IDK + I - M1
          B(J) = B(J) + RWERT * A(KI)
          A(KI) = 0D0
   20   CONTINUE
   30   IF(K.EQ.N)  GOTO 50
        IA = MAX0(1,K-N+M1)
        DO 40 I = IA,M
          J = K - I + M1
          JI = (J-1) * M1 + I
          B(J) = B(J) + RWERT * A(JI)
          A(JI) = 0D0
   40   CONTINUE
   50 CONTINUE
      RETURN
      END


      SUBROUTINE  RBSTEN1(N,A,IZ,B,NRB,NKN,RW)
C --------------------------------------------------------------------
C
C     BERUECKSICHTIGUNG DER RANDBEDINGUNGEN IM SYSTEM A * X + B = 0
C     DIE ORDNUNG UND DIE HUELLE WERDEN NICHT REDUZIERT
C     *** PROFIL MAXIMAL 32767 ***
C     N : ORDNUNG DER MATRIX A
C     A : MATRIXELEMENTE VON A IN DER HUELLE
C         ZEILENWEISE EINSCHLIESSLICH DER DIAGONALELEMENTE
C     IZ : N ZEIGER AUF DIE DIAGONALELEMENTE
C     B : KONSTANTENVEKTOR
C     NRB : ANZAHL DER ZU BERUECKSICHTIGENDEN RANDBEDINGUNGEN
C     NKN : NUMMERN DER BETREFFENDEN KNOTENVARIABLEN
C     RW : ZUGEHOERIGE ENTSPRECHENDE RANDWERTE
C --------------------------------------------------------------------
      REAL*8  A(1),B(1),RW(1),RWERT
      INTEGER*2  IZ(1),NKN(1),K
      IF(NRB.EQ.0)  RETURN
      DO 50 IR = 1,NRB
        K = NKN(IR)
        RWERT = RW(IR)
        IF(K.GT.0.AND.K.LE.N)  GOTO 10
        WRITE(3,1)  K
    1   FORMAT('   *** UNZULAESSIGER INDEX',I8)
        STOP  'INDEXFEHLER IN RANDBEDINGUNGEN !!'
```

```fortran
10    B(K) = - RWERT
      A(IZ(K)) = 1D0
      IF(K.EQ.1)   GOTO 30
      IA = IZ(K-1) + 1
      IE = IZ(K) - 1
      DO 20 I = IA,IE
         J = K + I - IE - 1
         B(J) = B(J) + RWERT * A(I)
         A(I) = 0D0
20    CONTINUE
30    IF(K.EQ.N)   GOTO 50
      DO 40 J = K+1,N
         IF(IZ(J-1)-IZ(J)+J+1.GT.K)   GOTO 40
         I = IZ(J) - J + K
         B(J) = B(J) + RWERT * A(I)
         A(I) = 0D0
40    CONTINUE
50 CONTINUE
      RETURN
      END



      SUBROUTINE   RBSTEN2(N,A,IZ,B,NRB,NKN,RW)
C -------------------------------------------------------------------
C     BERUECKSICHTIGUNG DER RANDBEDINGUNGEN IM SYSTEM A * X + B = 0
C     DIE ORDNUNG UND DIE HUELLE WERDEN NICHT REDUZIERT
C     *** PROFIL MAXIMAL 32767 ***
C     N : ORDNUNG DER MATRIX A
C     A : MATRIXELEMENTE VON A IN DER HUELLE
C         NICHTDIAGONALELEMENTE ZEILENWEISE, DANN DIAGONALELEMENTE
C     IZ : N ZEIGER AUF DIE LETZTEN NICHTDIAGONALELEMENTE
C     B : KONSTANTENVEKTOR
C     NRB : ANZAHL DER ZU BERUECKSICHTIGENDEN RANDBEDINGUNGEN
C     NKN : NUMMERN DER BETREFFENDEN KNOTENVARIABLEN
C     RW : ZUGEHOERIGE ENTSPRECHENDE RANDWERTE
C -------------------------------------------------------------------
      REAL*8   A(1),B(1),RW(1),RWERT
      INTEGER*2   IZ(1),NKN(1),K
      IF(NRB.EQ.0)   RETURN
      ID0 = IZ(N)
      DO 50 IR = 1,NRB
         K = NKN(IR)
         RWERT = RW(IR)
         IF(K.GT.0.AND.K.LE.N)   GOTO 10
         WRITE(3,1)   K
1     FORMAT('   *** UNZULAESSIGER INDEX',I8)
         STOP  'INDEXFEHLER IN RANDBEDINGUNGEN !!'
10    B(K) = - RWERT
      A(ID0+K) = 1D0
      IF(K.EQ.1)   GOTO 30
      IA = IZ(K-1) + 1
      IE = IZ(K)
```

```fortran
      DO 20 I = IA,IE
        J = K + I - IE - 1
        B(J) = B(J) + RWERT * A(I)
        A(I) = 0D0
20    CONTINUE
30    IF(K.EQ.N)  GOTO 50
      DO 40 J = K+1,N
        I = IZ(J) - J + K + 1
        IF(IZ(J-1).GE.I)  GOTO 40
        B(J) = B(J) + RWERT * A(I)
        A(I) = 0D0
40    CONTINUE
50 CONTINUE
   RETURN
   END




      SUBROUTINE  RBSTKO(N,A,IA,IZ,B,NRB,NKN,RW)
C -----------------------------------------------------------------
C BERUECKSICHTIGUNG DER RANDBEDINGUNGEN IM SYSTEM A * X + B = 0
C ZEILENWEISE KOMPAKTE SPEICHERUNG DER MATRIX A, UNTERE HAELFTE
C DIE ORDNUNG DES SYSTEMS WIRD NICHT REDUZIERT
C *** MAXIMAL 32767 MATRIXELEMENTE UNGLEICH NULL ***
C N : ORDNUNG DER MATRIX  A
C A : MATRIXELEMENTE VON  A, ZEILENWEISE KOMPAKT GESPEICHERT
C IA : ZUGEHOERIGE KOLONNENINDIZES
C IZ : N  ZEIGER AUF DIAGONALELEMENTE
C B : KONSTANTENVEKTOR
C NRB : ANZAHL DER RANDBEDINGUNGEN
C NKN : NUMMERN DER BETREFFENDEN KNOTENVARIABLEN
C RW : ENTSPRECHENDE RANDWERTE DER KNOTENVARIABLEN
C -----------------------------------------------------------------
      REAL*8  A(1),B(1),RW(1),RWERT
      INTEGER*2  IA(1),IZ(1),NKN(1),K
      IF(NRB.EQ.0)  RETURN
      DO 60 IR = 1,NRB
        K = NKN(IR)
        RWERT = RW(IR)
        IF(K.GT.0.AND.K.LE.N)  GOTO 10
        WRITE(3,1)  K
1     FORMAT('   *** UNZULAESSIGER INDEX',I6)
        STOP  'DATENFEHLER !!'
10    B(K) = - RWERT
      A(IZ(K)) = 1D0
      IF(K.EQ.1)  GOTO 30
      ILOW = IZ(K-1) + 1
      IUP  = IZ(K) - 1
      DO 20 I = ILOW,IUP
        B(IA(I)) = B(IA(I)) + RWERT * A(I)
        A(I) = 0D0
20    CONTINUE
30    IF(K.EQ.N)  GOTO 60
      DO 50 J = K+1,N
        ILOW = IZ(J-1) + 1
        IUP = IZ(J)
```

```
            DO 40 I = ILOW,IUP
               IF(IA(I).GT.K)  GOTO 50
               IF(IA(I).LT.K)  GOTO 40
               B(J) = B(J) + RWERT * A(I)
               A(I) = 0D0
               GOTO 50
   40       CONTINUE
   50     CONTINUE
   60 CONTINUE
      RETURN
      END
```

3.7.2 Schwingungsprobleme

Die homogenen Randbedingungen bei Schwingungsaufgaben werden so berücksichtigt,
dass die Zeilen und Kolonnen, die den betreffenden Knotenvariablen entsprechen, in
den beiden Matrizen **A** und **B** gestrichen werden. Deshalb reduziert sich deren
Ordnung um die Anzahl der gegebenen Randbedingungen. Da es am einfachsten ist,
die Knotenvariablen in absteigender Indexreihenfolge zu eliminieren, werden die Indizes
der Knotenvariablen in den folgenden Unterprogrammen zuerst entsprechend geordnet.
Weil die Methoden zur Behandlung der Eigenwertaufgaben die beiden Matrizen
entweder in Hüllenform oder in kompakter zeilenweiser Speicherung verlangen, werden
nur die entsprechenden Unterprogramme angegeben. Die Streichung einer Zeile und
einer Kolonne erfordert die Umspeicherung der nachfolgenden Matrixelemente und die
Nachführung der Indexinformation über die Hülle oder der Kolonnenindizes. Dieser
Prozess kann in bestimmten Fällen recht zeitaufwendig sein!

```
      SUBROUTINE  RBEWEN(N,A,B,IZAB,NRB,NKN)
C ------------------------------------------------------------------------
C     BERUECKSICHTIGUNG DER HOMOGENEN RANDBEDINGUNGEN BEI EIGEN-
C     WERTAUFGABEN DURCH ELIMINATION DER ZEILEN UND KOLONNEN IN DEN
C     MATRIZEN  A  UND  B  MIT REDUKTION DER ORDNUNG  N  UM  NRB
C     SPEICHERUNG DER BEIDEN MATRIZEN  A  UND  B  IN HUELLENFORM
C     *** PROFIL MAXIMAL 32767 ***
C     N : ORDNUNG DER GEGEBENEN, BZW. DER MODIFIZIERTEN MATRIZEN
C     A : MATRIXELEMENTE VON  A  IN DER HUELLE
C     B : MATRIXELEMENTE VON  B  IN DER HUELLE
C     IZAB : GEMEINSAME  N  ZEIGER AUF DIE DIAGONALELEMENTE
C     NRB : ANZAHL KNOTENVARIABLE MIT HOMOGENEN RANDBEDINGUNGEN
C     NKN : NUMMERN DER BETREFFENDEN KNOTENVARIABLEN,
C           WERDEN IN ABSTEIGENDER REIHENFOLGE GEORDNET
C ------------------------------------------------------------------------
      REAL*8  A(1),B(1)
      INTEGER*2  IZAB(1),NKN(1),NH
      LOGICAL  TAUSCH
      IF(NRB.EQ.0)  RETURN
      IF(NRB.GT.1)  THEN
   10    TAUSCH = .FALSE.
         DO 20 I = 2,NRB
            IF(NKN(I-1).GT.NKN(I))  GOTO  20
            NH = NKN(I)
            NKN(I) = NKN(I-1)
            NKN(I-1) = NH
```

```fortran
         TAUSCH = .TRUE.
 20      CONTINUE
         IF(TAUSCH)  GOTO  10
      ENDIF
      DO 90 K = 1,NRB
        NRK = NKN(K)
        IF(NRK.EQ.N)  GOTO  80
        DO 50 I = NRK+1,N
           IF(IZAB(I-1)-IZAB(I)+I+1.GT.NRK)  GOTO  50
           JA = IZAB(I) - I + NRK + 1
           JE = IZAB(N)
           DO 30 J = JA,JE
              A(J-1) = A(J)
              B(J-1) = B(J)
 30        CONTINUE
           DO 40 J = I,N
              IZAB(J) = IZAB(J) - 1
 40        CONTINUE
 50     CONTINUE
        IA = IZAB(NRK) + 1
        IE = IZAB(N)
        IZIEL = 1
        IF(NRK.GT.1)  IZIEL = IZAB(NRK-1) + 1
        IDIF = IA - IZIEL
        DO 60 I = IA,IE
           A(IZIEL) = A(I)
           B(IZIEL) = B(I)
           IZIEL = IZIEL + 1
 60     CONTINUE
        DO 70 I = NRK,N-1
           IZAB(I) = IZAB(I+1) - IDIF
 70     CONTINUE
 80     N = N - 1
 90   CONTINUE
      RETURN
      END


      SUBROUTINE  RBEWKOZ(N,A,B,IAB,IZ,NRB,NKN)
C -------------------------------------------------------------------------
C     BERUECKSICHTIGUNG DER HOMOGENEN RANDBEDINGUNGEN BEI EIGEN-
C     WERTAUFGABEN DURCH ELIMINATION DER ZEILEN UND KOLONNEN IN DEN
C     MATRIZEN  A  UND  B  MIT REDUKTION DER ORDNUNG  N  UM  NRB
C     KOMPAKTE ZEILENWEISE SPEICHERUNG DER MATRIZEN  A  UND  B
C     *** MAXIMALE ANZAHL MATRIXELEMENTE UNGLEICH NULL JE 32767 ***
C     N : ORDNUNG DER GEGEBENEN, BZW. DER MODIFIZIERTEN MATRIZEN
C     A : MATRIXELEMENTE VON  A  IN KOMPAKTER SPEICHERUNG
C     B : MATRIXELEMENTE VON  B  IN KOMPAKTER SPEICHERUNG
C     IAB : ZUGEHOERIGE KOLONNENINDIZES FUER BEIDE MATRIZEN
C     IZ : N  GEMEINSAME ZEIGER AUF DIE DIAGONALELEMENTE
C     NRB : ANZAHL DER KNOTENVARIABLEN MIT HOMOGENEN BEDINGUNGEN
C     NKN : NUMMERN DER BETREFFENDEN KNOTENVARIABLEN,
C           WERDEN IN ABSTEIGENDER REIHENFOLGE GEORDNET
C -------------------------------------------------------------------------
      REAL*8  A(1),B(1)
      INTEGER*2  IAB(1),IZ(1),NKN(1),NH
      LOGICAL  TAUSCH
      IF(NRB.EQ.0)  RETURN
```

```fortran
      IF(NRB.GT.1)   THEN
10    TAUSCH = .FALSE.
      DO 20 I = 2,NRB
        IF(NKN(I).LT.NKN(I-1))   GOTO  20
        NH = NKN(I)
        NKN(I) = NKN(I-1)
        NKN(I-1) = NH
        TAUSCH = .TRUE.
20    CONTINUE
      IF(TAUSCH)   GOTO  10
      ENDIF
      DO 140 K = 1,NRB
        NRK = NKN(K)
        IA = IZ(NRK) + 1
        IE = IZ(N)
        IDIF = 1
        IF(NRK.GT.1)   IDIF = IZ(NRK) - IZ(NRK-1)
        IF(NRK.EQ.N)   GOTO  50
        DO 30 I = IA,IE
          IH = I - IDIF
          A(IH) = A(I)
          B(IH) = B(I)
          IAB(IH) = IAB(I)
30      CONTINUE
        DO 40 I = NRK,N-1
          IZ(I) = IZ(I+1) - IDIF
40      CONTINUE
50      N = N - 1
        DO 130 I = NRK,N
          J = 1
          IF(I.GT.1)  J = IZ(I-1) + 1
60        IF(IAB(J)-NRK)   120,70,110
70        IIUP = IZ(N) - 1
          DO 80 II = J,IIUP
            A(II) = A(II+1)
            B(II) = B(II+1)
            IAB(II) = IAB(II+1)
80        CONTINUE
90        DO 100 II = I,N
            IZ(II) = IZ(II) - 1
100       CONTINUE
          IF(J-IZ(I))   60,60,130
110       IAB(J) = IAB(J) - 1
120       J = J + 1
          IF(J.LE.IZ(I))   GOTO  60
130     CONTINUE
140   CONTINUE
      RETURN
      END
```

3.7.3 Eigenvektoren der ursprünglichen Eigenwertaufgabe

Da ja die Eigenvektoren von Eigenwertaufgaben mit reduzierter Ordnung berechnet worden sind, ist es für eine allfällige Weiterverarbeitung der Resultate erwünscht, die Eigenvektoren der ursprünglichen Aufgabe zu erhalten. Aus diesem Grund sind die eliminierten Knotenvariablen wieder einzusetzen. Das Unterprogramm MODEV erweitert die berechneten NEIG Eigenvektoren um die Komponenten der entsprechenden Knotenvariablen mit Nullwerten. Es wird vorausgesetzt, dass die Indizes dieser Knotenvariablen im Vektor NKN in absteigender Reihenfolge angeordnet sind, wie dies von den Unterprogrammen des Abschn. 3.7.2 vorbereitet worden ist.

```
      SUBROUTINE  MODEV(N,NEIG,X,NRB,NKN,ND,MD)
C ------------------------------------------------------------------
C     WIEDEREINSETZEN DER IM URSPRUENGLICHEN PROBLEM DURCH HOMOGENE
C     RANDBEDINGUNGEN GEGEBENEN UND ELIMINIERTEN KNOTENVARIABLEN
C     IN DEN EIGENVEKTOREN DES REDUZIERTEN EIGENWERTPROBLEMS
C     N : ORDNUNG DES REDUZIERTEN, BZW. URSPRUENGLICHEN PROBLEMS
C     NEIG : ANZAHL DER EIGENVEKTOREN
C     X : NEIG  EIGENVEKTOREN, KOLONNENWEISE
C         VOR, BZW. NACH WIEDEREINSETZEN DER BETREFFENDEN VARIABLEN
C     NRB : ANZAHL DER EINZUSETZENDEN KNOTENVARIABLEN
C     NKN : NUMMERN DER KNOTENVARIABLEN IN DER URSPRUENGLICHEN
C           NUMERIERUNG, ABSTEIGEND ANGEORDNET
C     ND : AKTUELLE ERSTE DIMENSIONIERUNG VON  X
C     MD : AKTUELLE ZWEITE DIMENSIONIERUNG VON  X
C ------------------------------------------------------------------
      REAL*8   X(ND,MD)
      INTEGER*2  NKN(1)
      IF(NRB.EQ.0)  RETURN
      DO 40 K = NRB,1,-1
        NRK = NKN(K)
        DO 20 I = N,NRK,-1
          DO 10 J = 1,NEIG
            X(I+1,J) = X(I,J)
 10       CONTINUE
 20     CONTINUE
        N = N + 1
        DO 30 J = 1,NEIG
          X(NRK,J) = 0D0
 30     CONTINUE
 40   CONTINUE
      RETURN
      END
```

4 Lösung der linearen Gleichungssysteme

Zur Lösung von symmetrischen linearen Gleichungssystemen $\mathbf{A}\mathbf{x} + \mathbf{b} = \mathbf{0}$ mit positiv definiter Systemmatrix $\mathbf{A}$ werden Unterprogramme bereitgestellt. Der direkten Methode liegt das Cholesky-Verfahren zugrunde, welches sowohl für Bandmatrizen als auch für in Hüllenform gespeicherte Matrizen angewandt wird. Als Variante wird auch ein Unterprogramm für die $\mathbf{LDL}^{T}$-Zerlegung wiedergegeben, welche sich etwas besser vektorisieren lässt. Als Varianten der vorkonditionierten Methode der konjugierten Gradienten wird die SSOR-CG Methode sowie die Vorkonditionierung auf Grund einer partiellen Cholesky-Zerlegung nach Abschn. B4.6.3 mit den notwendigen Unterprogrammen berücksichtigt.

4.1 Skalierung der Gleichungssysteme

Die zu lösenden Gleichungssysteme werden stets so skaliert, dass die Diagonalelemente der Matrix **A** unter Wahrung der Symmetrie den Wert Eins erhalten. Dies erfolgt mit einer Diagonalmatrix $\mathbf{D_S}$, deren Diagonalelemente d_i gegeben sind durch

$$d_i = 1/\sqrt{a_{ii}} = fak_i, \quad (i = 1,2, \ldots, n), \tag{4.1}$$

und das gegebene Gleichungssystem wird übergeführt gemäss

$$\mathbf{Ax} + \mathbf{b} = 0 \quad \rightarrow \quad \mathbf{D_S A D_S D_S^{-1} x} + \mathbf{D_S b} = 0, \quad \mathbf{\hat{A}\hat{x}} + \mathbf{\hat{b}} = 0 \tag{4.2}$$

mit der skalierten Matrix $\mathbf{\hat{A}}$ und dem skalierten Konstantenvektor $\mathbf{\hat{b}}$

$$\mathbf{\hat{A}} = \mathbf{D_S A D_S}, \quad \mathbf{\hat{x}} = \mathbf{D_S^{-1} x}, \quad \mathbf{\hat{b}} = \mathbf{D_S b}. \tag{4.3}$$

In den folgenden Unterprogrammen werden die Matrizen $\mathbf{\hat{A}}$ und die Konstantenvektoren $\mathbf{\hat{b}}$ nach (4.3) gebildet und die Werte FAK(i) gemäss (4.1) geliefert, die später die Berechnung des Lösungsvektors **x** nach (4.3) erlauben.

```fortran
      SUBROUTINE   SCALBNDN(N,M,A,B,FAK)
C -----------------------------------------------------------------
C     SKALIERT DAS GLEICHUNGSSYSTEM  A * X + B = 0
C     LIEFERT DIE SKALIERFAKTOREN IM VEKTOR  FAK
C     ZEILENWEISE SPEICHERUNG DER BANDMATRIX  A
C     N : ORDNUNG DER MATRIX  A
C     M : BANDBREITE DER MATRIX  A
C     A : MATRIXELEMENTE VON  A   ZEILENWEISE, UNTERE HAELFTE
C     B : KONSTANTENVEKTOR
C     FAK : SKALIERFAKTOREN
C -----------------------------------------------------------------
      REAL*8  A(1),B(1),FAK(1)
      DO 30 I = 1,N
        IDI = I * (M + 1)
        IF(A(IDI).GT.0D0)  GOTO  10
        WRITE(3,1)  I,A(IDI)
    1   FORMAT('   *** DIAGONALELEMENT NEGATIV',I5,D14.5)
        STOP  'NEGATIVES DIAGONALELEMENT BEI SKALIERUNG !!'
   10   FAK(I) = 1D0 / DSQRT(A(IDI))
        B(I) = B(I) * FAK(I)
        A(IDI) = 1D0
        IF(I.EQ.1)  GOTO  30
        I0 = I * M
        JA = MAX0(1,I-M)
        DO 20 J = JA,I-1
          A(I0+J) = A(I0+J) * FAK(I) * FAK(J)
   20   CONTINUE
   30 CONTINUE
      RETURN
      END
```

```fortran
      SUBROUTINE  SCALEN1(N,A,IZ,B,FAK)
C -----------------------------------------------------------------
C     SKALIERT DAS GLEICHUNGSSYSTEM  A * X + B = 0
C     LIEFERT DIE SKALIERFAKTOREN IM VEKTOR  FAK
C     N : ORDNUNG VON  A
C     A : MATRIXELEMENTE VON  A  IN DER HUELLE
C         ZEILENWEISE EINSCHLIESSLICH DER DIAGONALELEMENTE
C     IZ : N  ZEIGER AUF DIE DIAGONALELEMENTE
C     B : KONSTANTENVEKTOR
C     FAK : SKALIERFAKTOREN
C -----------------------------------------------------------------
      REAL*8  A(1),B(1),FAK(1)
      INTEGER*2  IZ(1)
      DO 30 I = 1,N
        ID = IZ(I)
        IF(A(ID).GT.0D0)  GOTO 10
        WRITE(3,1)  I,ID,A(ID)
    1   FORMAT('   *** DIAGONALELEMENT NEGATIV',I5,I8,D14.5)
        STOP  'NEGATIVES DIAGONALELEMENT BEI SKALIERUNG !!'
   10   FAK(I) = 1D0 / DSQRT(A(ID))
        A(ID) = 1D0
        B(I) = B(I) * FAK(I)
        IF(I.EQ.1)  GOTO  30
        JA = IZ(I-1) + 1
        JE = IZ(I) - 1
        K  = JA - JE + I - 1
        DO 20 J = JA,JE
          A(J) = A(J) * FAK(I) * FAK(K)
          K = K + 1
   20   CONTINUE
   30 CONTINUE
      RETURN
      END


      SUBROUTINE  SCALEN2(N,A,IZ,B,FAK)
C -----------------------------------------------------------------
C     SKALIERT DAS GLEICHUNGSSYSTEM  A * X + B = 0
C     LIEFERT DIE SKALIERFAKTOREN IM VEKTOR  FAK
C     N : ORDNUNG VON  A
C     A : MATRIXELEMENTE VON  A  IN DER HUELLE
C         NICHTDIAGONALELEMENTE ZEILENWEISE, DANN DIAGONALELEMENTE
C     IZ : N ZEIGER AUF DIE LETZTEN NICHTDIAGONALELEMENTE
C     B : KONSTANTENVEKTOR
C     FAK : SKALIERFAKTOREN
C -----------------------------------------------------------------
      REAL*8  A(1),B(1),FAK(1)
      INTEGER*2  IZ(1)
      ID0 = IZ(N)
      DO 30 I = 1,N
        ID = ID0 + I
        IF(A(ID).GT.0D0)  GOTO 10
        WRITE(6,1)  I,ID,A(ID)
    1   FORMAT('   *** DIAGONALELEMENT NEGATIV',I5,I8,D14.5)
        STOP  'NEGATIVES DIAGONALELEMENT BEI SKALIERUNG !!'
   10   FAK(I) = 1D0 / DSQRT(A(ID))
        B(I) = B(I) * FAK(I)
        A(ID) = 1D0
```

```fortran
      IF(I.EQ.1)  GOTO  30
      JA = IZ(I-1) + 1
      JE = IZ(I)
      K = JA - JE + I - 1
      DO 20 J = JA,JE
        A(J) = A(J) * FAK(I) * FAK(K)
        K = K + 1
20    CONTINUE
30 CONTINUE
      RETURN
      END




      SUBROUTINE  SCALKO(N,A,IA,IZ,B,FAK)
C ------------------------------------------------------------------
C     SKALIERT DAS GLEICHUNGSSYSTEM  A * X + B = 0
C     LIEFERT DIE SKALIERFAKTOREN IM VEKTOR  FAK
C     N : ORDNUNG VON  A
C     A : MATRIXELEMENTE VON  A, UNTERE HAELFTE KOMPAKT GESPEICHERT
C     IA : ZUGEHOERIGE KOLONNENINDIZES
C     IZ : N  ZEIGER AUF DIAGONALELEMENTE
C     B : KONSTANTENVEKTOR
C     FAK : SKALIERFAKTOREN
C ------------------------------------------------------------------
      REAL*8   A(1),B(1),FAK(1)
      INTEGER*2  IA(1),IZ(1)
      DO 30 I = 1,N
        ID = IZ(I)
        IF(A(ID).GT.0D0)  GOTO 10
        WRITE(3,1)  I,ID,A(ID)
1       FORMAT(' *** DIAGONALELEMENT NEGATIV',I5,I8,D14.5)
        STOP 'NEGATIVES DIAGONALELEMENT BEI SKALIERUNG !!'
10      FAK(I) = 1D0 / DSQRT(A(ID))
        A(ID) = 1D0
        B(I) = B(I) * FAK(I)
        IF(I.EQ.1)  GOTO  30
        JA = IZ(I-1) + 1
        JE = IZ(I) - 1
        DO 20 J = JA,JE
          A(J) = A(J) * FAK(I) * FAK(IA(J))
20    CONTINUE
30 CONTINUE
      RETURN
      END
```


4.2 Cholesky-Verfahren für Bandmatrix

Es wird vorausgesetzt, dass die Bandmatrix **A** mit der Bandbreite m zeilenweise in einem eindimensionalen Feld gemäss Fig. B4.3 gespeichert sei. Die beiden voneinander unabhängigen Prozesse der Cholesky-Zerlegung sowie das Vorwärts- und Rückwärtseinsetzen sind in getrennten Unterprogrammen zusammengefasst. Die Cholesky-Zerlegung von $\mathbf{A} = \mathbf{LL}^T$ erfolgt auf dem Platz von **A**, so dass nach erfolgreicher Zerlegung die

Matrixelemente von L im Feld A enthalten sind. Die Zerlegung wird nach dem Algorithmus (B4.44) durchgeführt. Wenn festgestellt wird, dass die gegebene Matrix A nicht positiv definit ist, erfolgt eine Fehlermeldung unter Angabe des Indexwertes, für welchen ein nicht positiver Radikand auftritt. In diesem Fall wird die Zerlegung zwangsläufig abgebrochen, die logische Variable OK erhält den Wert FALSE und das Unterprogramm wird normal verlassen. Selbstverständlich ist in diesem Fall die gegebene Matrix A im allgemeinen verändert worden.

```fortran
      SUBROUTINE  CHOBNDN(N,M,A,OK)
C ------------------------------------------------------------------
C     CHOLESKY-ZERLEGUNG DER POSITIV DEFINITEN MATRIX  A = L * LT
C     ZEILENWEISE SPEICHERUNG DER BANDMATRIX  A, UNTERE HAELFTE
C     N : ORDNUNG DER MATRIX  A
C     M : BANDBREITE DER MATRIX  A
C     A : MATRIXELEMENTE VON  A   INNERHALB DES BANDES
C         MATRIXELEMENTE VON  L   NACH ERFOLGREICHER ZERLEGUNG
C     OK : .TRUE. NACH ERFOLGREICHER CHOLESKY-ZERLEGUNG
C          .FALSE. ANDERNFALLS, MATRIX  A   IST DANN ZERSTOERT !!!
C ------------------------------------------------------------------
      REAL*8  A(1),S
      INTEGER  FI
      LOGICAL  OK
      OK = .TRUE.
      M1 = M + 1
      DO 30 I = 1,N
        IDI = I * M1
        FI = MAX0(1,I-M)
        I0 = IDI - I
        DO 20 J = FI,I
          IJ = I0 + J
          J0 = J * M
          S = A(IJ)
          DO 10 K = FI,J-1
            S = S - A(I0+K) * A(J0+K)
   10     CONTINUE
          IF(J.LT.I)  THEN
            A(IJ) = S / A(J*M1)
          ELSE
            IF(S.LE.0D0)  GOTO 40
            A(IDI) = DSQRT(S)
          ENDIF
   20   CONTINUE
   30 CONTINUE
      RETURN
   40 WRITE(3,1)  I
    1 FORMAT(3X,'*** MATRIX INDEFINIT, I =',I6)
      OK = .FALSE.
      RETURN
      END
```

```fortran
      SUBROUTINE  VRBNDN(N,M,L,B,X)
C ----------------------------------------------------------------
C     FUEHRT DAS VORWAERTS- UND RUECKWAERTSEINSETZEN MIT DER
C     CHOLESKY-LINKSDREIECKSMATRIX  L  AUS.  L * LT * X + B = 0
C     ZEILENWEISE SPEICHERUNG DER BANDDREIECKSMATRIX  L
C     N : ORDNUNG DER MATRIX  L
C     M : BANDBREITE DER MATRIX L, ZAHL DER UNTEREN NEBENDIAGONALEN
C     L : MATRIXELEMENTE VON  L  ZEILENWEISE GESPEICHERT
C     B : GEGEBENER KONSTANTENVEKTOR (BLEIBT UNVERAENDERT)
C     X : LOESUNGSVEKTOR
C ----------------------------------------------------------------
      REAL*8  L(1),B(1),X(1),S
      M1 = M + 1
      DO 20 I = 1,N
        IDI = I * M1
        S = B(I)
        I0 = IDI - I
        JLOW = MAX0(1,I-M)
        DO 10 J = JLOW,I-1
          S = S - L(I0+J) * X(J)
   10   CONTINUE
        X(I) = S / L(IDI)
   20 CONTINUE
      DO 40 I = N,1,-1
        X(I) = - X(I) / L(IDI)
        JLOW = MAX0(1,I-M)
        I0 = IDI - I
        DO 30 J = JLOW,I-1
          X(J) = X(J) + L(I0+J) * X(I)
   30   CONTINUE
        IDI = IDI - M1
   40 CONTINUE
      RETURN
      END
```

4.3 Cholesky-Verfahren für hüllenorientierte Speicherung

Um die variable Bandbreite der Matrix **A** auszunützen, wird vorausgesetzt, dass die Matrixelemente der Hülle zeilenweise in einem eindimensionalen Feld **A** gemäss Fig. B4.7 gespeichert sind, und dass der Zeigervektor IZ die n Zeiger auf die Diagonalelemente enthält. Die Prozesse der Cholesky-Zerlegung einerseits und des Vorwärts- und Rückwärtseinsetzens anderseits sind in getrennten Unterprogrammen zusammengefasst. Im Zusammenhang mit der simultanen Vektoriteration wird die Cholesky-Zerlegung als selbständige, einmal auszuführende Operation benötigt werden.

Der Aufbau der Linksdreiecksmatrix **L** der Cholesky-Zerlegung erfolgt zeilenweise gemäss Algorithmus (B4.50). Wird ein nicht positiver Radikand festgestellt, so wird die Zerlegung zwangsläufig abgebrochen, es erfolgt eine Fehlermeldung unter Angabe des Indexwertes des betreffenden Diagonalelementes, die logische Variable OK erhält den Wert FALSE und das Unterprogramm wird normal verlassen. Die gegebene Matrix **A** ist im allgemeinen verändert worden.

Das Vorwärts- und Rückwärtseinsetzen wird gemäss den Algorithmen (B4.52) und (B4.53) durchgeführt.

```fortran
      SUBROUTINE   CHOENVN(N,A,IZ,OK)
C -------------------------------------------------------------------
C     CHOLESKY-ZERLEGUNG DER POSITIV DEFINITEN MATRIX   A = L * LT
C     SPEICHERUNG DER MATRIXELEMENTE DER ENVELOPPE
C     ZEILENWEISE EINSCHLIESSLICH DER DIAGONALELEMENTE
C     *** PROFIL MAXIMAL 32767 ***
C     N : ORDNUNG DER MATRIX A
C     A : MATRIXELEMENTE VON  A  IN DER HUELLE
C         MATRIXELEMENTE VON  L   NACH ERFOLGREICHER ZERLEGUNG
C     IZ : N ZEIGER AUF DIE DIAGONALELEMENTE
C     OK : .TRUE. NACH ERFOLGREICHER CHOLESKY-ZERLEGUNG
C          .FALSE. IM FALL EINER NICHT POSITIV DEFINITEN MATRIX   A
C -------------------------------------------------------------------
      REAL*8   A(1),S
      INTEGER*2   IZ(1),FI,FJ
      LOGICAL   OK
      OK = .TRUE.
      I = 1
      IF(A(1).LE.0D0)  GOTO 40
      A(1) = DSQRT(A(1))
      DO 30 I = 2,N
        I0 = IZ(I) - I
        FI = IZ(I-1) + 1 - I0
        DO 20 J = FI,I
          J0 = IZ(J) - J
          S = A(I0+J)
          FJ = 1
          IF(J.GT.1)  FJ = IZ(J-1) - J0 + 1
          M = MAX0(FI,FJ)
          DO 10 K = M,J-1
            S = S - A(I0+K) * A(J0+K)
   10     CONTINUE
          IF(J.LT.I)   THEN
             A(I0+J) = S / A(IZ(J))
          ELSE
            IF(S.LE.0D0)  GOTO 40
            A(IZ(I)) = DSQRT(S)
          ENDIF
   20   CONTINUE
   30 CONTINUE
      RETURN
   40 WRITE(3,1)  I
    1 FORMAT(3X,'*** MATRIX INDEFINIT, I =',I6)
      OK = .FALSE.
      RETURN
      END




      SUBROUTINE   VRENV(N,L,IZ,B,X)
C -------------------------------------------------------------------
C     FUEHRT DAS VORWAERTS- UND RUECKWAERTSEINSETZEN MIT DER
C     LINKSDREIECKSMATRIX  L  AUS.  L * LT * X + B = 0
C     SPEICHERUNG DER MATRIXELEMENTE DER ENVELOPPE
C     ZEILENWEISE EINSCHLIESSLICH DER DIAGONALELEMENTE
C     *** PROFIL MAXIMAL 32767 ***
C     N : ORDNUNG DER MATRIX L
C     L : MATRIXELEMENTE VON  L  IN DER HUELLE
C     IZ : N ZEIGER AUF DIE DIAGONALELEMENTE
```

```
C     B : GEGEBENER KONSTANTENVEKTOR  (BLEIBT UNVERAENDERT)
C     X : LOESUNGSVEKTOR
C ----------------------------------------------------------------
      REAL*8   L(1),B(1),X(1),S
      INTEGER*2  IZ(1),FI
      X(1) = B(1) / L(1)
      DO 20 I = 2,N
        S = B(I)
        I0 = IZ(I) - I
        FI = IZ(I-1) + 1 - I0
        DO 10 J = FI,I-1
          S = S - L(I0+J) * X(J)
   10   CONTINUE
        X(I) = S / L(IZ(I))
   20 CONTINUE
      DO 40 I = N,2,-1
        X(I) = - X(I) / L(IZ(I))
        I0 = IZ(I) - I
        FI = IZ(I-1) + 1 - I0
        DO 30 J = FI,I-1
          X(J) = X(J) + L(I0+J) * X(I)
   30   CONTINUE
   40 CONTINUE
      X(1) = - X(1) / L(1)
      RETURN
      END
```

4.4 LDL^T-Zerlegung für Matrizen mit variabler Bandbreite

Als Variante der Cholesky-Zerlegung wird die leicht besser vektorisierbare LDL^T-Zerlegung für Matrizen **A** mit variabler Bandbreite als Unterprogramm LDLTENV zusammen mit dem zugehörigen Unterprogramm VRLDTEN der Prozesse des Vorwärts- und Rückwärtseinsetzens angeführt. Für diese Unterprogramme ist vorausgesetzt, dass die Matrix **A** in einem eindimensionalen Feld A gemäss Fig. B4.8 gespeichert sei, derart dass zuerst die Nichtdiagonalelemente der unteren Hälfte von **A** zeilenweise angeordnet sind, und anschliessend die Diagonalelemente folgen. Die Zerlegung wird nach dem Algorithmus (B4.58) durchgeführt, wobei die dort angegebenen letzten drei Schleifen zu einer einzigen zusammengefasst sind, da das Programm für einen Skalarrechner vorgesehen ist. Das Unterprogramm VRLDLTEN entspricht den Algorithmen (B4.59) bis (B4.61).

```
      SUBROUTINE  LDLTENV(N,A,IZ,OK)
C ----------------------------------------------------------------
C     ZERLEGUNG DER POSITIV DEFINITEN MATRIX  A   IN DAS PRODUKT
C     L * D * LT. A   GESPEICHERT IN HUELLENFORM
C     ZEILENWEISE SPEICHERUNG DER NICHTDIAGONALELEMENTE
C     ANSCHLIESSEND DIE DIAGONALELEMENTE AUFEINANDERFOLGEND
C     *** PROFIL MAXIMAL 32767 ***
C     N : ORDNUNG DER MATRIX A
C     A : MATRIXELEMENTE VON  A   IN DER HUELLE
C         MATRIXELEMENTE VON  L   NACH ERFOLGREICHER ZERLEGUNG
```

```fortran
C     IZ : N ZEIGER AUF DIE LETZTEN NICHTDIAGONALELEMENTE
C     OK : .TRUE. NACH ERFOLGREICHER LDLT-ZERLEGUNG
C          .FALSE. IM FALL EINER NICHT POSITIV DEFINITEN MATRIX  A
C -------------------------------------------------------------------------
      REAL*8  A(1),AII,L
      INTEGER*2  IZ(1),FI,FI1
      LOGICAL  OK
      OK = .TRUE.
      I = 1
      ID0 = IZ(N)
      IF(A(ID0+I).LE.0D0)  GOTO 50
      A(ID0+I) = 1D0 / A(ID0+I)
      DO 40 I = 2,N
        IM1 = I - 1
        I1 = IZ(IM1) + 1
        I0 = IZ(I) - IM1
        FI = I1 - I0
        FI1 = FI + 1
        DO 20 J = FI1,IM1
          IJ = I0 + J
          JM1 = J - 1
          J0 = IZ(J) - JM1
          M = MAX0(FI,IZ(JM1)-J0+1)
          DO 10 K = M,JM1
            A(IJ) = A(IJ) - A(I0+K) * A(J0+K)
   10     CONTINUE
   20   CONTINUE
        AII = A(ID0+I)
        DO 30 J = FI,IM1
          L = A(I0+J) * A(ID0+J)
          AII = AII - A(I0+J) * L
          A(I0+J) = L
   30   CONTINUE
        IF(AII.LE.0D0)  GOTO 50
        A(ID0+I) = 1D0 / AII
   40 CONTINUE
      RETURN
   50 WRITE(3,1)  I
    1 FORMAT(3X,'*** MATRIX INDEFINIT, I =',I6)
      OK = .FALSE.
      RETURN
      END


      SUBROUTINE  VRLDLTEN(N,L,IZ,B,X)
C -------------------------------------------------------------------------
C     FUEHRT DAS VORWAERTS- UND RUECKWAERTSEINSETZEN AUF GRUND DER
C     ZERLEGUNG VON  A = L * D * LT  AUS. L * D * LT * X + B = 0.
C     ZEILENWEISE SPEICHERUNG VON  L : ZUERST NICHTDIAGONALELEMENTE
C     VON  L  DER HUELLE, ANSCHLIESSEND DIE DIAGONALELEMENTE VON  D
C     *** PROFIL MAXIMAL 32767 ***
C     N : ORDNUNG DER MATRIX  L
C     L : MATRIXELEMENTE VON  L  IN DER HUELLE UNTERHALB DIAGONALE
C         ANSCHLIESSEND DIAGONALELEMENTE VON  D
C     IZ : N ZEIGER AUF DIE LETZTEN NICHTDIAGONALELEMENTE
C     B : GEGEBENER KONSTANTENVEKTOR (BLEIBT UNVERAENDERT)
C     X : LOESUNGSVEKTOR
C -------------------------------------------------------------------------
```

```
      REAL*8  L(1),B(1),X(1)
      INTEGER*2  IZ(1),FI
      X(1) = - B(1)
      DO 20 I = 2,N
        X(I) = - B(I)
        IM1 = I - 1
        I1 = IZ(IM1) + 1
        I0 = IZ(I) - IM1
        FI = I1 - I0
        DO 10 J = FI,IM1
          X(I) = X(I) - L(I0+J) * X(J)
 10     CONTINUE
 20   CONTINUE
      ID0 = IZ(N)
      DO 30 I = 1,N
        X(I) = X(I) * L(ID0+I)
 30   CONTINUE
      DO 50 I = N,2,-1
        IM1 = I - 1
        I1 = IZ(IM1) + 1
        I0 = IZ(I) - IM1
        FI = I1 - I0
        DO 40 J = FI,IM1
          X(J) = X(J) - X(I) * L(I0+J)
 40     CONTINUE
 50   CONTINUE
      RETURN
      END
```

4.5 Vorkonditionierte Methode der konjugierten Gradienten

In beiden Varianten der vorkonditionierten Methode der konjugierten Gradienten wird die Multiplikation der Matrix A mit einem Vektor p benötigt. Unter der Voraussetzung, dass die untere Hälfte der Matrix A in kompakter zeilenweiser Form gespeichert ist, liefert das folgende Unterprogramm APZ den Vektor $z = Ap$.

4.5.1 Die vorkonditionierte SSOR-CG Methode

Der prinzipielle Algorithmus ist durch (B4.133) definiert. Mit der als skaliert vorausgesetzten Matrix $A = E + I + F$ ist die Vorkonditionierungsmatrix $M = CC^T$ durch

$$C = I + \omega E , \quad C^T = I + \omega F \tag{4.4}$$

definiert, wo ω einen geeignet zu wählenden Parameter darstellt. Der vorkonditionierte Algorithmus (B4.133) verlangt die Auflösung des Gleichungssystems $M\rho = r$. In den beiden Lösungsschritten

$$(I + \omega E)y = r \quad \text{und} \quad (I + \omega F)\rho = y \tag{4.5}$$

wird natürlich die Tatsache ausgenützt, dass die Diagonalelemente der Dreiecksmatrizen gleich Eins sind. Ferner wird das Rückwärtseinsetzen in Analogie zu (B4.53) realisiert, wobei der Faktor ω in effizienter Weise berücksichtigt wird. Im betreffenden Unterprogramm ist schliesslich der Vektor y mit ρ identifiziert.

Das Unterprogramm SSORCGN verlangt die Vorgabe einiger Angaben zum Prozess und zur Steuerung des Druckens von eventuell gewünschten Zwischenergebnissen. Die Iteration wird abgebrochen, sobald

$$r^{(k)T}\rho^{(k)} \leq \varepsilon r^{(o)T}\rho^{(o)} \tag{4.6}$$

gilt mit der vorzugebenden Toleranz ε. Gestartet wird mit $x^{(o)} = 0$.

Eingabedaten in SSORCGN:

1. NITMAX : Maximale Zahl Iterationsschritte
   NDRUCK : Zwischeninformationen drucken nach je NDRUCK Schritten
   OM   : Wert $\omega \in (0,2)$
   EPS   : Toleranz ε für den Test (4.6)

```
      SUBROUTINE  SSORCGN(N,A,IA,IZ,B,X,G,R,RHO,Z)
C ------------------------------------------------------------------
C     METHODE DER KONJUGIERTEN GRADIENTEN, SSOR-VORKONDITIONIERUNG
C     VERMITTELS MATRIX  M = (I + OM * E) * (I + OM * F)
C     DER SKALIERTEN MATRIX  A = E + I + F
C     N : ORDNUNG DER MATRIX  A
C     A : MATRIXELEMENTE VON  A, UNTERE HAELFTE KOMPAKT GESPEICHERT
C     IA : ZUGEHOERIGE KOLONNENINDIZES
C     IZ : N   ZEIGER AUF DIAGONALELEMENTE
C     B : KONSTANTENVEKTOR
C     X : RESULTIERENDER LOESUNGSVEKTOR, SUKZESSIVE NAEHERUNGEN
C     G,R,RHO,Z : HILFSVEKTOREN DER LAENGE  N
C ------------------------------------------------------------------
      REAL*8   A(1),B(1),X(1),G(1),R(1),RHO(1),Z(1)
      REAL*8   OM,EPS,EKM1,RRHO0,RRHO,RRHO1,GZ,QK,S
      INTEGER*2  IA(1),IZ(1)
      READ(1,*)  NITMAX,NDRUCK,OM,EPS
      WRITE(3,1)  NITMAX,NDRUCK,OM,EPS
    1 FORMAT(//,'   KONJUGIERTE GRADIENTEN MIT VORKONDITIONIERUNG'/
     *      '   MAXIMALE ITERATIONSZAHL = ',I6/
     *      '   INFORMATION DRUCKEN NACH JE',I4,' ITERATIONEN'/
     *      '   PARAMETER OMEGA = ',F10.5/
     *      '   TOLERANZ FUER ABBRUCH = ',D12.3/)
      DO 10 I = 1,N
        X(I) = 0D0
        R(I) = B(I)
        G(I) = 0D0
   10 CONTINUE
      DO 100 K = 1,NITMAX
        NCG = K - 1
C ------------------------------------------------------------------
C     VORKONDITIONIERUNGSSCHRITT  M * RHO = R
C ------------------------------------------------------------------
        RHO(1) = R(1)
        DO 30 I = 2,N
          S = 0D0
          JA = IZ(I-1) + 1
          JE = IZ(I) - 1
```

```
            DO 20 J = JA,JE
               S = S + A(J) * RHO(IA(J))
   20       CONTINUE
            RHO(I) = R(I) - OM * S
   30    CONTINUE
         DO 50 I = N,2,-1
            JA = IZ(I-1) + 1
            JE  = IZ(I) - 1
            S = OM * RHO(I)
            DO 40 J = JA,JE
               RHO(IA(J)) = RHO(IA(J)) - S * A(J)
   40       CONTINUE
   50    CONTINUE
C -------------------------------------------------------------------
C     BEGINN DES EIGENTLICHEN CG-SCHRITTES
C -------------------------------------------------------------------
         RRHO = 0D0
         DO 60 I = 1,N
            RRHO = RRHO + R(I) * RHO(I)
   60    CONTINUE
         IF(K.EQ.1)  THEN
            RRHO0 = RRHO * EPS
            EKM1 = 0D0
         ELSE
            EKM1 = RRHO / RRHO1
         ENDIF
         IF(RRHO.LE.RRHO0)  GOTO  110
         DO 70 I = 1,N
            G(I) = EKM1 * G(I) - RHO(I)
   70    CONTINUE
         CALL  APZ(N,A,IA,IZ,G,Z)
         GZ = 0D0
         DO 80 I = 1,N
            GZ = GZ + G(I) * Z(I)
   80    CONTINUE
         QK = RRHO / GZ
         DO 90 I=1,N
            X(I) = X(I) + QK * G(I)
            R(I) = R(I) + QK * Z(I)
   90    CONTINUE
         RRHO1 = RRHO
         IF(NCG/NDRUCK*NDRUCK.EQ.NCG)
     *      WRITE(3,2)  NCG,EKM1,QK,RRHO
    2    FORMAT(I6,3D18.8)
  100 CONTINUE
      NCG = NITMAX
      WRITE(3,3)  NCG
    3 FORMAT(/'    *** ITERATION ABGEBROCHEN NACH',I4,' SCHRITTEN')
  110 WRITE(3,4)  NCG,RRHO
    4 FORMAT(//'   NAEHERUNGSLOESUNG NACH',I6,' CG-SCHRITTEN MIT'/
     *    '   (R,RHO) =',D18.8/)
      RETURN
      END
```

4.5.2 Vorkonditionierung mit partieller Cholesky-Zerlegung

Die Vorkonditionierungsmatrix $M = CC^T$ wird hier so bestimmt, dass C im wesentlichen eine partielle Cholesky-Zerlegung der skalierten Matrix $A = E + I + F$ darstellt. C ist dabei eine Linksdreiecksmatrix mit derselben Besetzungsstruktur wie die untere Hälfte der gegebenen Matrix A. Dadurch wird erreicht, dass der Indexvektor IA und der Zeigervektor IZ für A und C identisch sind, so dass nur der zusätzliche Speicherbedarf für die Matrixelemente von C benötigt wird. Die Matrix C wird so gewonnen, dass der Fill-in im Verlauf des Zerlegungsprozesses ignoriert wird, wie dies im Abschn. B4.6.3 dargestellt ist. Da eine solche partielle Cholesky-Zerlegung für eine positiv definite Matrix A im allgemeinen nicht zu existieren braucht, werden die Nichtdiagonalelemente von A vor Beginn der Zerlegung durch den Faktor $(1 + \alpha)$, $\alpha \geq 0$, dividiert. Der Parameterwert α ist möglichst klein vorzugeben, da der Vorkonditionierungseffekt mit zunehmendem α abnimmt. Im Rechenprogramm PACHCGN wird versucht, die partielle Cholesky-Zerlegung mit einem vorgegebenen Wert α durchzuführen unter der zusätzlichen Bedingung, dass die Diagonalelemente von C zur Vermeidung einer zu schlechten Kondition von C mindestens gleich 10^{-3} sind. Bei Misslingen der Zerlegung wird der Wert von α verdoppelt, bzw. gleich 0.01 gesetzt, falls $\alpha \leq 0$ ist.

Die partielle Cholesky-Zerlegung erfolgt im Unterprogramm PARTCH im Prinzip auf Grund des Algorithmus (B4.50), wobei zusätzlich mit Hilfe eines Suchprozesses entschieden werden muss, ob das Element c_{ik} gemäss der gegebenen Besetzungsstruktur von A auch wirklich existiert. Der Vorkonditionierungsschritt, d.h. die Auflösung des Gleichungssystems $M\rho = r$, erfolgt jetzt im Unterprogramm VORKON, wobei das Vorwärtseinsetzen wie üblich und das Rückwärtseinsetzen in Analogie zu (B4.53) ausgeführt werden.

Eingabedaten von PACHCGN:

```
1.  NITMAX  : Maximale Zahl Iterationsschritte
    NDRUCK : Zwischeninformationen drucken nach je NDRUCK Schritten
    ALF      : Wert α ≥ 0
    EPS      : Toleranz ε für Test (4.6)
```

```
      SUBROUTINE  PACHCGN(N,A,IA,IZ,B,X,C,G,R,RHO,Z)
C -----------------------------------------------------------------------
C     METHODE DER KONJUGIERTEN GRADIENTEN MIT VORKONDITIONIERUNG
C     DURCH  M = C * CT, WO  C  DIE PARTIELLE CHOLESKY-ZERLEGUNG
C     DER MATRIX  I + (1/(1 + ALF)) * (E + F)  DER SKALIERTEN
C     MATRIX  A = E + I + F  DARSTELLT
C     N : ORDNUNG VON  A
C     A : MATRIXELEMENTE VON  A, ZEILENWEISE KOMPAKT GESPEICHERT
C     IA : ZUGEHOERIGE KOLONNENINDIZES
C     IZ : N  ZEIGER AUF DIAGONALELEMENTE
C     B : KONSTANTENVEKTOR IN  A * X + B = 0
C     X : RESULTIERENDER LOESUNGSVEKTOR, SUKZESSIVE NAEHERUNGEN
C     C : MATRIXELEMENTE VON  C, IDENTISCHE SPEICHERUNG WIE  A
C     G,R,RHO,Z : HILFSVEKTOREN DER LAENGE  N
C -----------------------------------------------------------------------
```

```fortran
      REAL*8   A(1),B(1),C(1),X(1),G(1),R(1),RHO(1),Z(1)
      REAL*8   ALF,EPS,EKM1,RRHO,RRHO0,RRHO1,GZ,QK
      INTEGER*2  IA(1),IZ(1)
      LOGICAL  ERFOLG
      READ(1,*)  NITMAX,NDRUCK,ALF,EPS
      WRITE(3,1)  NITMAX,NDRUCK,ALF,EPS
   1 FORMAT(//'    KONJUGIERTE GRADIENTEN MIT VORKONDITIONIERUNG'/
     *      '    MIT MATRIX C*CT, C IST PARTIELLE CHOLESKY-ZERLEGUNG'
     *      /'    DER SKALIERTEN MATRIX A'/
     *      '    MAXIMALE ITERATIONSZAHL = ',I6/
     *      '    INFORMATION DRUCKEN NACH JE',I4,' ITERATIONEN'/
     *      '    GEGEBENER PARAMETER ALF = ',F10.4/
     *      '    TOLERANZ FUER ABBRUCH = ',D12.3)
  10 CALL  PARTCH(N,A,IA,IZ,C,ALF,ERFOLG)
      IF(.NOT.ERFOLG)  THEN
        IF(ALF.LE.0D0)  ALF = 5D-3
       ALF = ALF + ALF
       GOTO 10
      ENDIF
      WRITE(3,2)  ALF
   2 FORMAT(/'    PARTIELLE CHOLESKY-ZERLEGUNG MIT ALF =',F10.4/)
      DO 20 I = 1,N
        X(I) = 0D0
        R(I) = B(I)
        G(I) = 0D0
  20 CONTINUE
      DO 70 K = 1,NITMAX
        NCG = K - 1
        CALL  VORKON(N,C,IA,IZ,R,RHO)
        RRHO = 0D0
        DO 30 I = 1,N
          RRHO = RRHO + R(I) * RHO(I)
  30    CONTINUE
        IF(K.EQ.1)  THEN
          RRHO0 = RRHO * EPS
          EKM1 = 0D0
        ELSE
          EKM1 = RRHO / RRHO1
        ENDIF
        IF(RRHO.LE.RRHO0)  GOTO  80
        DO 40 I = 1,N
          G(I) = EKM1 * G(I) - RHO(I)
  40    CONTINUE
        CALL  APZ(N,A,IA,IZ,G,Z)
        GZ = 0D0
        DO 50 I = 1,N
          GZ = GZ + G(I) * Z(I)
  50    CONTINUE
        QK = RRHO / GZ
        DO 60 I=1,N
          X(I) = X(I) + QK * G(I)
          R(I) = R(I) + QK * Z(I)
  60    CONTINUE
        RRHO1 = RRHO
        IF(NCG/NDRUCK*NDRUCK.EQ.NCG)
     *      WRITE(3,3)  NCG,EKM1,QK,RRHO
   3    FORMAT(I6,3D18.8)
  70 CONTINUE
```

```fortran
      NCG = NITMAX
      WRITE(3,4)  NCG
    4 FORMAT(/'    *** ABBRUCH DER ITERATION NACH',I4,' SCHRITTEN')
   80 WRITE(3,5)  NCG,RRHO
    5 FORMAT(//'   NAEHERUNGSLOESUNG NACH',I6,' CG-SCHRITTEN MIT'/
     *      '     (R,RHO) =',D18.8/)
      RETURN
      END




      SUBROUTINE  PARTCH(N,A,IA,IZ,C,ALF,ERFOLG)
C ----------------------------------------------------------------------
C     PARTIELLE CHOLESKY-ZERLEGUNG DER SKALIERTEN MATRIX  A = E+I+F
C     MULTIPLIKATION DER AUSSENDIAGONALELEMENTE VON A MIT 1/(1+ALF)
C     LIEFERT DIE MATRIX  C, FALLS DIE ZERLEGUNG MOEGLICH IST
C     N : ORDNUNG VON  A  UND  C
C     A : MATRIXELEMENTE VON  A, ZEILENWEISE KOMPAKT GESPEICHERT
C     IA : ZUGEHOERIGE KOLONNENINDIZES
C     IZ : N  ZEIGER AUF DIAGONALELEMENTE VON  A  UND  C
C     C : MATRIXELEMENTE VON  C, IDENTISCHE SPEICHERUNG WIE  A
C     ALF : NICHTNEGATIVER PARAMETER FUER REDUKTIONSFAKTOR
C     ERFOLG : .TRUE. NACH ZERLEGUNG MIT C(I,I) .GE. 1D-3
C              .FALSE. NACH ERFOLGLOSEM ZERLEGUNGSVERSUCH
C ----------------------------------------------------------------------
      REAL*8  A(1),C(1),ALF,RFAK
      INTEGER*2  IA(1),IZ(1)
      LOGICAL  ERFOLG
      RFAK = 1D0 / (1D0 + ALF)
      C(1) = A(1)
      DO 20 I = 2,N
        JA = IZ(I-1) + 1
        JE = IZ(I) - 1
        C(IZ(I)) = A(IZ(I))
        DO 10 J = JA,JE
          C(J) = A(J) * RFAK
   10   CONTINUE
   20 CONTINUE
      ERFOLG = .FALSE.
      DO 70 I = 2,N
        JA = IZ(I-1) + 1
        JE = IZ(I) - 1
        DO 50 J = JA,JE
          C(J) = C(J) / C(IZ(IA(J)))
          KA = J + 1
          KE = IZ(I)
          DO 40 K = KA,KE
            LK = IA(K)
            LA = IZ(LK-1) + 1
            LE = IZ(LK)
            DO 30 L = LA,LE
              IF(IA(L).GT.IA(J))  GOTO 40
              IF(IA(L).LT.IA(J))  GOTO 30
              C(K) = C(K) - C(J) * C(L)
              GOTO 40
   30       CONTINUE
   40       CONTINUE
   50   CONTINUE
```

```
   60    ID = IZ(I)
         IF(C(ID).LT.1D-6)  RETURN
         C(ID) = DSQRT(C(ID))
   70 CONTINUE
         ERFOLG = .TRUE.
         RETURN
         END


         SUBROUTINE   VORKON(N,C,IA,IZ,G,H)
C -----------------------------------------------------------------
C        LOEST DAS GLEICHUNGSSYSTEM   M * H = G, WO  M = C * CT   UND
C        C  EINE PARTIELLE CHOLESKY-ZERLEGUNG VON  A   DARSTELLT
C        N : ORDNUNG DER MATRIX   C
C        C : MATRIXELEMENTE VON   C, ZEILENWEISE KOMPAKT GESPEICHERT
C        IA : ZUGEHOERIGE KOLONNENINDIZES
C        IZ : N   ZEIGER AUF DIAGONALELEMENTE VON  C
C        G : GEGEBENER VEKTOR  G
C        H : RESULTATVEKTOR  H
C -----------------------------------------------------------------
         REAL*8   C(1),G(1),H(1),S
         INTEGER*2   IA(1),IZ(1)
         H(1) = G(1)
         DO 20 K = 2,N
           S = 0D0
           JA = IZ(K-1) + 1
           JE = IZ(K) - 1
           DO 10 J = JA,JE
             S = S + C(J) * H(IA(J))
   10      CONTINUE
           H(K) = (G(K) - S) / C(IZ(K))
   20 CONTINUE
         DO 40 K = N,2,-1
           H(K) = H(K) / C(IZ(K))
           JA = IZ(K-1) + 1
           JE = IZ(K) - 1
           DO 30 J = JA,JE
             H(IA(J)) = H(IA(J)) - C(J) * H(K)
   30      CONTINUE
   40 CONTINUE
         RETURN
         END
```

5 Behandlung der Eigenwertaufgaben

Zur Bestimmung von Eigenwerten und zugehörigen Eigenvektoren der allgemeinen Eigenwertaufgabe $Ax = \lambda Bx$ mit symmetrischen, schwach besetzten Matrizen A und B höherer Ordnung n werden Unterprogramme für die simultane Vektoriteration, die Bisektionsmethode, den Lanczos-Algorithmus und die Rayleigh-Quotient-Minimierung mit der vorkonditionierten Methode der konjugierten Gradienten angeben. In allen Fällen muss die Matrix B positiv definit sein, im Fall der simultanen Vektoriteration muss dies auch für die Matrix A vorausgesetzt werden. Die schwache Besetzung der beiden gegebenen Matrizen wird so berücksichtigt, dass entweder die variable Bandbreite dadurch ausgenützt wird, dass die Matrixelemente der Hülle zeilenweise in einem eindimensionalen Feld gemäss Fig. B4.7 gespeichert sind, oder dass die von Null verschiedenen Matrixelemente der unteren Hälfte kompakt zeilenweise angeordnet sind.

5.1 Zyklisches Jacobi-Verfahren mit Eigenvektorberechnung

Da im Verlauf der simultanen Vektoriteration ein spezielles Eigenwertproblem für eine vollbesetzte, symmetrische Matrix von relativ kleiner Ordnung zu lösen ist, wird hier das entsprechende Unterprogramm angegeben. Die Eigenwerte und die Eigenvektoren einer symmetrischen Matrix A der Ordnung n werden mit dem zyklischen Jacobi-Verfahren berechnet. Im Unterprogramm JACOBI wird der Algorithmus von Abschn. B5.1.2 implementiert. Dabei ist angenommen, dass die Matrixelemente von A in einem quadratischen Feld A gespeichert seien, wobei jedoch nur die Elemente in und unterhalb der Diagonale wertmässig definiert sein müssen.

Mit der Initialisierung der Matrix V als Einheitsmatrix, in welcher die Eigenvektoren aufgebaut werden, erfolgt die Berechnung der Maximumnorm $\|A\| = n \cdot \max|a_{ik}|$. Mit ihr wird die von A und der relativen Genauigkeit des Computers abhängige Abbruchtoleranz $\varepsilon = \|A\| \cdot 10^{-16}$ bereitgestellt. Der Abbruchtest $S(A_k) \leq \varepsilon^2$ garantiert gemäss (B5.25), dass die Diagonalelemente von A_k die Eigenwerte von A mit der absoluten Genauigkeit ε darstellen. Die Eigenwerte - werden im Unterprogramm JACOBI in absteigender Reihenfolge angeordnet, entsprechend der Anforderung des Ritz-Schrittes der simultanen Vektoriteration.

```
      SUBROUTINE   JACOBI(N,A,V,ND)
C ------------------------------------------------------------------
C     BERECHNET DIE EIGENWERTE DER SYMMETRISCHEN MATRIX  A   UND DIE
C     ZUGEHOERIGEN EIGENVEKTOREN ALS KOLONNEN VON  V
C     DIE EIGENWERTE SIND IN DER DIAGONALE VON  A
C     IN MONOTON ABNEHMENDER REIHENFOLGE GEORDNET
C     N : ORDNUNG DER MATRIX  A
C     A : ELEMENTE DER MATRIX  A, UNTERE HAELFTE
C     V : MATRIX DER EIGENVEKTOREN, ORTHONORMIERTE KOLONNEN
C     ND : AKTUELLE DIMENSIONIERUNGEN VON  A  UND  V
C ------------------------------------------------------------------
      REAL*8  A(ND,ND),V(ND,ND),S,THETA,T,CS,SN,H,NORMA,EPS
      INTEGER  P,Q
      LOGICAL  TAUSCH
      NORMA = 0D0
      DO 20 I = 1,N
        DO 10 J = 1,I
          V(I,J) = 0D0
          V(J,I) = 0D0
          NORMA = DMAX1(NORMA,DABS(A(I,J)))
 10     CONTINUE
        V(I,I) = 1D0
 20   CONTINUE
      EPS = N * NORMA * 1D-16
```

```
   30 S = 0D0
      DO 50 I = 2,N
        DO 40 J = 1,I-1
          IF(DABS(A(I,J)).LE.EPS)   A(I,J) = 0D0
          S = S + A(I,J) ** 2
   40   CONTINUE
   50 CONTINUE
      IF(2D0*S.LE.EPS**2)   GOTO   120
      DO 110 P = 1,N-1
        DO 100 Q = P+1,N
          IF(DABS(A(Q,P)).LE.EPS)   GOTO   100
          THETA = 5D-1 * (A(Q,Q) - A(P,P)) / A(Q,P)
          T = 1D0
          IF(DABS(THETA).GT.1D-16)   THEN
            T = 1D0 / (DABS(THETA) + DSQRT(1D0 + THETA * THETA))
            IF(THETA.LT.0D0)   T = - T
          ENDIF
          CS = 1D0 / DSQRT(1D0 + T * T)
          SN = CS * T
          H = A(Q,P) * T
          A(P,P) = A(P,P) - H
          A(Q,Q) = A(Q,Q) + H
          A(Q,P) = 0D0
          DO 60 J = 1,P-1
            H = CS * A(P,J) - SN * A(Q,J)
            A(Q,J) = SN * A(P,J) + CS * A(Q,J)
            A(P,J) = H
   60     CONTINUE
          DO 70 J = P+1,Q-1
            H = CS * A(J,P) - SN * A(Q,J)
            A(Q,J) = SN * A(J,P) + CS * A(Q,J)
            A(J,P) = H
   70     CONTINUE
          DO 80 J = Q+1,N
            H = CS * A(J,P) - SN * A(J,Q)
            A(J,Q) = SN * A(J,P) + CS * A(J,Q)
            A(J,P) = H
   80     CONTINUE
          DO 90 J = 1,N
            H = CS * V(J,P) - SN * V(J,Q)
            V(J,Q) = SN * V(J,P) + CS * V(J,Q)
            V(J,P) = H
   90     CONTINUE
  100   CONTINUE
  110 CONTINUE
      GOTO 30
  120 TAUSCH = .FALSE.
      DO 140 I = 2,N
        IM1 = I - 1
        IF(A(IM1,IM1).GE.A(I,I))   GOTO   140
        H = A(IM1,IM1)
        A(IM1,IM1) = A(I,I)
        A(I,I) = H
        DO 130 J = 1,N
          H = V(J,IM1)
          V(J,IM1) = V(J,I)
          V(J,I) = H
  130   CONTINUE
```

```
     TAUSCH = .TRUE.
140 CONTINUE
     IF(TAUSCH)  GOTO  120
     RETURN
     END
```

5.2 Skalierung der Matrizen, Rückskalierung der Eigenvektoren

Auch im Fall der Eigenwertaufgaben ist es von Vorteil, die Matrizen $\mathbf{A}$ und $\mathbf{B}$ so zu skalieren, dass die Diagonalelemente der skalierten Matrix $\hat{\mathbf{A}}$ gleich Eins sind und dass das grösste Diagonalelement der skalierten Matrix $\hat{\mathbf{B}}$ gleich Eins ist. Da die Matrix $\mathbf{A}$ in der Regel auch positiv definit ist, bewirkt die Skalierung, dass alle Matrixelemente von $\hat{\mathbf{A}}$ und $\hat{\mathbf{B}}$ betragsmässig durch Eins beschränkt sind. Dadurch vereinfachen sich einige Tests, weil beispielsweise Matrixnormen leicht angegeben werden können.

Der erstgenannte Skalierungsschritt erfolgt mit einer Diagonalmatrix $\mathbf{D}_S$, deren Diagonalelemente d_i durch die Diagonalelemente von $\mathbf{A}$ gegeben sind und als Skalierfaktoren $\mathbf{FAK}_i$ geliefert werden. $\mathbf{A}$ und $\mathbf{B}$ werden derselben Skalierung unterworfen und dabei gleichzeitig das grösste Diagonalelement der resultierenden Matrix $\tilde{\mathbf{B}}$ bestimmt. In einem zweiten Schritt wird die Matrix $\tilde{\mathbf{B}}$ allein behandelt und der Skalierfaktor $\mathbf{FAKLAM}$ für die Eigenwerte geliefert. Die beschriebenen Schritte sind:

$$d_i = 1 \, / \, \sqrt{a_{ii}} = \mathrm{fak}_i \, , \quad (i = 1,2, \ldots , n) \qquad . \tag{5.1}$$

$$\mathbf{Ax} = \lambda \mathbf{Bx} \quad \rightarrow \quad \mathbf{D}_S \mathbf{A} \mathbf{D}_S \mathbf{D}_S^{-1} \mathbf{x} = \lambda \mathbf{D}_S \mathbf{B} \mathbf{D}_S \mathbf{D}_S^{-1} \mathbf{x} \tag{5.2}$$

$$\hat{\mathbf{A}} = \mathbf{D}_S \mathbf{A} \mathbf{D}_S \, , \quad \tilde{\mathbf{B}} = \mathbf{D}_S \mathbf{B} \mathbf{D}_S \, , \quad f_\lambda = 1 \, / \, \max_i \tilde{b}_{ii} \tag{5.3}$$

$$\hat{\mathbf{B}} = f_\lambda \, \tilde{\mathbf{B}} \, , \quad \mathbf{D}_S^{-1} \mathbf{x} = \mathbf{y} \, , \quad \lambda = f_\lambda \, \hat{\lambda} \; : \quad \hat{\mathbf{A}} \mathbf{y} = \hat{\lambda} \hat{\mathbf{B}} \mathbf{y} \tag{5.4}$$

In den Rechenverfahren zur Behandlung der Eigenwertaufgabe wird vorausgesetzt, dass die Matrizen $\mathbf{A}$ und $\mathbf{B}$ entweder in Hüllenform oder aber in kompakter zeilenweiser Form gespeichert seien. Aus diesem Grund folgen die zwei Unterprogramme SCABEN1 und SCABKO für die Skalierung der Matrizen. Das dritte Unterprogramm RSEWEV besorgt die Rückskalierung der Eigenwerte und der Eigenvektoren.

```
      SUBROUTINE  SCABEN1(N,A,B,IZAB,FAK,FAKLAM)
C ------------------------------------------------------------------
C     SKALIERT DAS MATRIZENPAAR  A, B  VON  A * X = LAM * B * X,
C     SO DASS DIE DIAGONALELEMENTE VON  A   GLEICH EINS UND DAS
C     MAXIMALE DIAGONALELEMENT VON  B   GLEICH EINS WERDEN
C     SPEICHERUNG DER MATRIZEN  A  UND  B  IN HUELLENFORM
C     N : ORDNUNG DER BEIDEN MATRIZEN  A  UND  B
C     A : MATRIXELEMENTE VON  A  IN DER HUELLE
C     B : MATRIXELEMENTE VON  B  IN DER HUELLE
C     IZAB : GEMEINSAME  N  ZEIGER AUF DIE DIAGONALELEMENTE
C     FAK : N  FAKTOREN ZUR MULTIPLIKATION DER ENTSPRECHENDEN
C           KOMPONENTEN DER EIGENVEKTOREN
```

124

```fortran
C     FAKLAM : MULTIPLIKATIVER FAKTOR FUER DIE EIGENWERTE
C     *** PROFIL MAXIMAL 32767 ***
C -----------------------------------------------------------------
      REAL*8  A(1),B(1),FAK(1),FAKLAM
      INTEGER*2  IZAB(1)
      DO 10 I = 1,N
        FAK(I) = 1D0 / DSQRT(A(IZAB(I)))
   10 CONTINUE
      A(1) = A(1) * FAK(1) ** 2
      B(1) = B(1) * FAK(1) ** 2
      FAKLAM = B(1)
      DO 30 I = 2,N
        JLOW = IZAB(I-1) + 1
        JUP  = IZAB(I)
        K = JLOW - JUP + I
        DO 20 J = JLOW,JUP
          A(J) = A(J) * FAK(I) * FAK(K)
          B(J) = B(J) * FAK(I) * FAK(K)
          K = K + 1
   20   CONTINUE
        FAKLAM = DMAX1(FAKLAM,B(JUP))
   30 CONTINUE
      JUP = IZAB(N)
      FAKLAM = 1D0 / FAKLAM
      DO 40 J = 1,JUP
        B(J) = B(J) * FAKLAM
   40 CONTINUE
      RETURN
      END


      SUBROUTINE  SCABKOZ(N,A,B,IAB,IZ,FAK,FAKLAM)
C -----------------------------------------------------------------
C     SKALIERT DIE MATRIZEN  A   UND  B. ALLGEMEINE EIGENWERTAUFGABE
C     DIAGONALELEMENTE VON  A   WERDEN GLEICH 1, DAS MAXIMALE DIAGO-
C     NALELEMENT DER POSITIV DEFINITEN MATRIX  B   WIRD GLEICH 1
C     KOMPAKTE ZEILENWEISE SPEICHERUNG VON  A   UND  B
C     N : ORDNUNG DER MATRIZEN  A   UND  B
C     A : MATRIXELEMENTE VON  A, MAXIMAL 32767 MATRIXELEMENTE
C     B : MATRIXELEMENTE VON  B, MAXIMAL 32767 MATRIXELEMENTE
C     IAB : ZUGEHOERIGE KOLONNENINDIZES FUER BEIDE MATRIZEN
C     IZ : N  GEMEINSAME ZEIGER AUF DIAGONALELEMENTE
C     FAK : N  FAKTOREN, MIT DENEN DIE ENTSPRECHENDEN KOMPONENTEN
C           DER EIGENVEKTOREN ZU MULTIPLIZIEREN SIND
C     FAKLAM : MULTIPLIKATIVER FAKTOR FUER DIE EIGENWERTE
C -----------------------------------------------------------------
      REAL*8  A(1),B(1),FAK(1),FAKLAM
      INTEGER*2  IAB(1),IZ(1)
      DO 10 I = 1,N
        FAK(I) = 1D0 / DSQRT(A(IZ(I)))
   10 CONTINUE
      A(1) = 1D0
      B(1) = B(1) * FAK(1) * FAK(1)
      FAKLAM = B(1)
      DO 30 I = 2,N
        JA = IZ(I-1) + 1
        JE = IZ(I)
```

```
         DO 20 J = JA,JE
            K = IAB(J)
            A(J) = A(J) * FAK(I) * FAK(K)
            B(J) = B(J) * FAK(I) * FAK(K)
 20      CONTINUE
         FAKLAM = DMAX1(FAKLAM,B(JE))
 30 CONTINUE
    FAKLAM = 1D0 / FAKLAM
    DO 40 J = 1,JE
       B(J) = B(J) * FAKLAM
 40 CONTINUE
    RETURN
    END



    SUBROUTINE  RSEWEV(N,NEIG,LAM,X,FAKLAM,FAK,ND,MD)
C ----------------------------------------------------------------
C RUECKSKALIERUNG MIT GLEICHZEITIGER NORMIERUNG DER  NEIG
C EIGENVEKTOREN AUF MAXIMALKOMPONENTE 1
C N : DIMENSION DER VEKTOREN
C NEIG : ANZAHL DER VEKTOREN
C LAM : NEIG  EIGENWERTE
C X : NEIG  EIGENVEKTOREN, KOLONNENWEISE
C FAKLAM : MULTIPLIKATOR FUER DIE EIGENWERTE
C FAK : N  SKALIERFAKTOREN FUER DIE EIGENVEKTOREN
C ND : AKTUELLE ERSTE DIMENSIONIERUNG VON  X
C MD : AKTUELLE ZWEITE DIMENSIONIERUNG VON  X
C ----------------------------------------------------------------
    REAL*8  LAM(MD),X(ND,MD),FAKLAM,FAK(ND),XMAX
    DO 30 K = 1,NEIG
      LAM(K) = LAM(K) * FAKLAM
      XMAX = 0D0
      DO 10 I = 1,N
        X(I,K) = X(I,K) * FAK(I)
        IF(DABS(X(I,K)).GT.DABS(XMAX))  XMAX = X(I,K)
 10   CONTINUE
      DO 20 I = 1,N
        X(I,K) = X(I,K) / XMAX
 20   CONTINUE
 30 CONTINUE
    RETURN
    END
```

5.3 Simultane Vektoriteration

Die p kleinsten Eigenwerte $\lambda_1 \leq \lambda_2 \leq \cdots \leq \lambda_p$ und die zugehörigen Eigenvektoren $x_1, x_2, \ldots, x_p$ der Eigenwertaufgabe $Ax = \lambda Bx$ sollen mit Hilfe der simultanen inversen Vektoriteration gemäss Abschn. B5.2.3 und insbesondere nach dem Algorithmus (B5.90) erfolgen. Da in dieser Variante die Cholesky-Zerlegungen von A und B benötigt werden, muss auch die Matrix A positiv definit sein, was allenfalls durch eine geeignete Spektralverschiebung nach Abschn. B5.2.4 stets erreicht werden kann. Die Matrizen A und B sollen in Hüllenform gespeichert sein, die sich für die Cholesky-Zerlegung gut eignet.

Zum Aufbau und zu den getroffenen Annahmen im Unterprogramm SVITENN geben wir die folgenden Erläuterungen. Die simultan iterierten Vektoren $x_j^{(k)}$ sind in der Matrix X zusammengefasst. Linear unanhängige Startvektoren $x_j^{(0)}$ müssen vorgegeben sein. Der Rechenprozess benötigt einige, problemabhängig dimensionierte Felder für Vektoren und Matrizen. Um den Einsatz des Unterprogramms möglichst flexibel zu gestalten, sind diese Felder als Parameter aufgenommen, und ihre aktuelle Dimensionierung erfolgt im Hauptprogramm. Die Parameterliste enthält auch die Grössen P und PT, welche die Zahl der gewünschten und die Zahl der gleichzeitig iterierten Vektoren angeben, die Maximalzahl NITMAX der Iterationen und die Toleranz EPS für den Konvergenztest bezüglich der iterierten Vektoren. Im Programm ist durch eine DATA-Anweisung festgelegt worden, dass der etwas aufwendigere Ritz-Schritt nur nach je NRITZ=4 Iterationen ausgeführt wird, und dass auch der Konvergenztest nur nach ausgeführtem Ritz-Schritt erfolgt. Damit wird erreicht, dass die simultane Vektoriteration mit den geeignetsten Näherungen beendet wird, weil der Ritz-Schritt die bestmöglichen Approximationen der p Eigenwerte und Eigenvektoren liefert [Par80]. Allerdings können bis zu drei Iterationen zu viel ausgeführt werden als zur Erreichung des Konvergenztests nötig wären. Da die Iterationsvektoren $y_j^{(k)}$ für die grössten Indexwerte am langsamsten konvergieren, besteht der Konvergenztest darin, nur höchstens die zwei letzten Vektoren $y_{p-1}^{(k+1)}$ und $y_p^{(k+1)}$ gegenüber den vorhergehenden Vektoren $y_j^{(k)}$ zu orthogonalisieren, von denen noch keine Konvergenz festgestellt worden ist. Diese Steuerung geschieht mit Hilfe der Variablen JT. Der Konvergenztest gilt dann als erfüllt, wenn die maximale euklidische Norm der bei der Orthogonalisierung resultierenden Restvektoren kleiner als die vorgegebene Toleranz EPS ausfällt. Mit $EPS=10^{-t}$ stellen die Näherungsvektoren die gesuchten Eigenvektoren mit einer absoluten Genauigkeit von etwa t Dezimalstellen nach dem Komma dar, falls sie in der Maximumnorm normiert werden.

Zu Beginn des Unterprogramms SVITENN werden die Cholesky-Zerlegungen der Matrizen A und B bereitgestellt, und nach erfolgreichen Zerlegungen aus den gegebenen Startvektoren $x_j^{(0)}$ gemäss (B5.82) die Vektoren $y_j^{(0)}$ gebildet. Die eigentliche Vektoriteration beginnt mit der Orthonormierung der Vektoren $y_j^{(k)}$ vermittels der QR-Zerlegung der Matrix $Y^{(k)}$ mit gleichzeitiger Berechnung der Rechtsdreiecksmatrix R. Der Ritz-Schritt wird nur nach je NRITZ Iterationen ausgeführt, wozu die Matrix G gebildet werden muss, für die das spezielle Eigenwertproblem zu lösen ist, um dann die Ritz-Vektoren berechnen zu können. Der Konvergenztest ist mit dem Ritz-Schritt gekoppelt. Die Iteration der PT Vektoren $y_j^{(k)}$ in die Vektoren $y_j^{(k+1)}$ erfolgt mit den Schritten gemäss (B5.84). Da die iterierten Vektoren in der Matrix X abgespeichert werden, muss eine Vertauschung stattfinden. Nach erfolgter Konvergenz sind die Eigenvektoren $y_j^{(k)}$ in die Eigenvektoren der allgemeinen Eigenwertaufgabe zurückzutransformieren. Dabei werden zur Kontrolle die zugehörigen Rayleighschen Quotienten als Näherungswerte der Eigenwerte berechnet und als Resultate geliefert.

```fortran
      SUBROUTINE  SVITENN(N,A,B,IZAB,P,PT,NITM,EPS,X,Y,LAM,KONV,
     *                    H1,H2,G,V,NDX,MDX)
C ------------------------------------------------------------------
C     SIMULTANE VEKTORITERATION FUER ALLGEMEINES EIGENWERTPROBLEM
C     A * X = LAM * B * X, WO  A  UND  B  SYMMETRISCHE POSITIV
C     DEFINITE MATRIZEN SIND, JE GESPEICHERT IN HUELLENFORM
C     PROFILE VON  A  UND  B  JE MAXIMAL 32767
C     RITZ-SCHRITT  ENTSPRECHEND RITZIT VON RUTISHAUSER
C     N : ORDNUNG DER MATRIZEN  A  UND  B
C     A : MATRIXELEMENTE VON  A  IN DER HUELLE
C     B : MATRIXELEMENTE VON  B  IN DER HUELLE
C     IZAB : GEMEINSAME  N  ZEIGER AUF DIE DIAGONALELEMENTE
C     P : ANZAHL DER GEWUENSCHTEN KLEINSTEN EIGENWERTE
C     PT : ANZAHL DER TOTAL ITERIERTEN VEKTOREN, PT > P, PT <= MDX
C     NITM : VORGEBENE MAXIMALE ITERATIONSZAHL
C     EPS : TOLERANZ FUER DEN TEST AUF BEENDIGUNG DER ITERATION
C     X : VORGEGEBENE STARTVEKTOREN DER  PT  VEKTOREN,
C         EIGENVEKTOREN ZU DEN  PT  KLEINSTEN EIGENWERTEN
C     Y : ARBEITSSPEICHER FUER  PT  VEKTOREN MIT  N  KOMPONENTEN
C     LAM : PT  NAEHERUNGSWERTE DER KLEINSTEN EIGENWERTE
C     KONV : .TRUE. FALLS KONVERGENZ NACH MAXIMAL NITM ITERATIONEN
C              .FALSE. SONST
C     H1, H2 : HILFSVEKTOREN MIT  N  KOMPONENTEN
C     G : MATRIX IM RITZ-SCHRITT
C     V : MATRIX DER EIGENVEKTOREN VON  G, AUCH ALS MATRIX  R
C     NDX : AKTUELLE ERSTE DIMENSIONIERUNGEN VON  X  UND  Y
C           AKTUELLE DIMENSIONIERUNGEN VON  H1  UND  H2
C     MDX : AKTUELLE ZWEITE DIMENSIONIERUNGEN VON  X  UND  Y
C           AKTUELLE DIMENSIONIERUNG VON  LAM
C           AKTUELLE DIMENSIONIERUNGEN DER MATRIZEN  G  UND  V
C ------------------------------------------------------------------
      REAL*8   A(1),B(1),EPS,X(NDX,MDX),Y(NDX,MDX),LAM(MDX),S,H
      REAL*8   H1(NDX),H2(NDX),G(MDX,MDX),V(MDX,MDX),SA,SB,EPSM,LY
      INTEGER  P,PT
      INTEGER*2  IZAB(1)
      LOGICAL  OKA,OKB,KONV
      DATA  NRITZ/4/
      JT = 1
      KONV = .TRUE.
      WRITE(3,1)
      WRITE(*,1)
    1 FORMAT(//3X,'ZWISCHENERGEBNISSE ZUM KONVERGENZVERHALTEN'/,
     *        3X,'DER SIMULTANEN VEKTORITERATION'/)
      CALL  CHOENVN(N,A,IZAB,OKA)
      CALL  CHOENVN(N,B,IZAB,OKB)
      IF(.NOT.OKA.OR..NOT.OKB)  STOP  'INDEFINITE MATRIX !!'
      IT = 0
      DO 30 K = 1,PT
         Y(1,K) = B(1) * X(1,K)
         DO 20 I = 2,N
            Y(I,K) = 0D0
            JLOW = IZAB(I-1) + 1
            JUP  = IZAB(I)
            DO 10 J = JLOW,JUP
               IH = J - JUP + I
               Y(IH,K) = Y(IH,K) + B(J) * X(I,K)
   10       CONTINUE
   20    CONTINUE
   30 CONTINUE
```

```fortran
C     --------------------------------------------------------------------
C     ORTHONORMIERUNG DER SPALTEN VON  Y, GRAM-SCHMIDT MODIFIZIERT
C     BERECHNUNG DER MATRIX  R, SPEICHERUNG IN  V
C     --------------------------------------------------------------------
   40 DO 100 K = 1,PT
         S = 0D0
         DO 50 I = 1,N
           S = S + Y(I,K) ** 2
   50    CONTINUE
         S = DSQRT(S)
         V(K,K) = S
         DO 60 I = 1,N
           Y(I,K) = Y(I,K) / S
   60    CONTINUE
         DO 90 J = K+1,PT
           S = 0D0
           DO 70 I = 1,N
             S = S + Y(I,K) * Y(I,J)
   70      CONTINUE
           V(K,J) = S
           DO 80 I = 1,N
             Y(I,J) = Y(I,J) - S * Y(I,K)
   80      CONTINUE
   90    CONTINUE
  100 CONTINUE
C     --------------------------------------------------------------------
C     RAYLEIGH-RITZ-SCHRITT, AUSGEFUEHRT NACH JE  NRITZ   SCHRITTEN
C     --------------------------------------------------------------------
      IF(IT/NRITZ*NRITZ.EQ.IT)   THEN
         DO 130 J = 1,PT
           DO 120 K = 1,J
             S = 0D0
             DO 110 I = J,PT
               S = S + V(J,I) * V(K,I)
  110        CONTINUE
             G(J,K) = S
  120      CONTINUE
  130    CONTINUE
         CALL  JACOBI(PT,G,V,MDX)
         DO 140 K = 1,PT
           H1(K) = 1D0 / DSQRT(G(K,K))
  140    CONTINUE
         WRITE(3,2)   IT,(H1(I), I=1,PT)
         WRITE(*,2)   IT,(H1(I), I=1,PT)
    2    FORMAT(3X,'IT =',I4,3X,'NAEHERUNGEN DER EIGENWERTE',
     *          /(3X,4D16.8))
         DO 180 I = 1,N
           DO 160 K = 1,PT
             S = 0D0
             DO 150 J = 1,PT
               S = S + Y(I,J) * V(J,K)
  150        CONTINUE
             H1(K) = S
  160      CONTINUE
           DO 170 K = 1,PT
             Y(I,K) = H1(K)
  170      CONTINUE
  180    CONTINUE
         IF(IT.EQ.0)   GOTO 220
```

```
C -------------------------------------------------------------------
C      TEST AUF KONVERGENZ, AUSGEFUEHRT NACH EINEM RITZ-SCHRITT
C      UND NUR BEZUEGLICH MAXIMAL DER ZWEI LETZTEN DER  P   VEKTOREN
C -------------------------------------------------------------------
           EPSM = 0D0
           KT = MAX0(1,P-1)
           DO 210 K = KT,P
             LY = 1D0
             DO 200 J = JT,P
               S = 0D0
               DO 190 I = 1,N
                 S = S + Y(I,K) * X(I,J)
 190           CONTINUE
               IF(DABS(S).LT.EPS*1D-2.AND.K.EQ.P)   JT = MIN0(J+1,KT)
               LY = DSQRT(DABS((LY + S)*(LY - S)))
 200         CONTINUE
             IF(LY.GT.EPSM)   EPSM = LY
 210       CONTINUE
           WRITE(3,3)   EPSM,JT
           WRITE(*,3)   EPSM,JT
  3        FORMAT(6X,'EPSM = ',D15.5,3X,'JT = ',I4)
           IF(EPSM.LE.EPS.OR.IT.GE.NITM)   GOTO 300
         ENDIF
C -------------------------------------------------------------------
C      ITERATIONSSCHRITT DER  PT  VEKTOREN IN  Y  ZU VEKTOREN IN  X
C -------------------------------------------------------------------
 220 DO 270 K = 1,PT
         H1(1) = - B(1) * Y(1,K)
         DO 240 I = 2,N
           S = 0D0
           JLOW = IZAB(I-1) + 1
           JUP  = IZAB(I)
           DO 230 J = JLOW,JUP
             JH = J - JUP + I
             S = S + B(J) * Y(JH,K)
 230       CONTINUE
           H1(I) = - S
 240     CONTINUE
         CALL  VRENV(N,A,IZAB,H1,H2)
         X(1,K) = B(1) * H2(1)
         DO 260 I = 2,N
           X(I,K) = 0D0
           JLOW = IZAB(I-1) + 1
           JUP  = IZAB(I)
           DO 250 J = JLOW,JUP
             JH = J - JUP + I
             X(JH,K) = X(JH,K) + B(J) * H2(I)
 250       CONTINUE
 260     CONTINUE
 270 CONTINUE
         IT = IT + 1
C -------------------------------------------------------------------
C      VERTAUSCHUNG : Y ITERIERTE VEKTOREN, X VORHERGEHENDE VEKTOREN
C -------------------------------------------------------------------
         DO 290 K = 1,PT
           DO 280 I = 1,N
             H = X(I,K)
             X(I,K) = Y(I,K)
             Y(I,K) = H
```

```
  280    CONTINUE
  290 CONTINUE
       GOTO 40
C ------------------------------------------------------------------
C     BERECHNUNG DER   PT   EIGENVEKTOREN DER GEGEBENEN EIGENWERTAUF-
C     GABE UND DER EIGENWERTE ALS RAYLEIGHSCHE QUOTIENTEN
C ------------------------------------------------------------------
  300 DO 370 K = 1,PT
          DO 310 I = 1,N
             X(I,K) = Y(I,K)
  310     CONTINUE
          DO 330 I = N,2,-1
             X(I,K) = X(I,K) / B(IZAB(I))
             JLOW = IZAB(I-1) - IZAB(I) + I + 1
             JUP  = I - 1
             IF(JLOW.GT.JUP)   GOTO 330
             IJ = IZAB(I-1)
             DO 320 J = JLOW,JUP
                IJ = IJ + 1
                X(J,K) = X(J,K) - B(IJ) * X(I,K)
  320        CONTINUE
  330     CONTINUE
          X(1,K) = X(1,K) / B(1)
          H1(·1) = A(1) * X(1,K)
          DO 350 I = 2,N
             H1(I) = 0D0
             JLOW = IZAB(I-1) + 1
             JUP  = IZAB(I)
             DO 340 J = JLOW,JUP
                JH = J - JUP + I
                H1(JH) = H1(JH) + A(J) * X(I,K)
  340        CONTINUE
  350     CONTINUE
          SA = 0D0
          SB = 0D0
          DO 360 I = 1,N
             SA = SA + H1(I) ** 2
             SB = SB + Y(I,K) ** 2
  360     CONTINUE
          LAM(K) = SA / SB
  370 CONTINUE
       IF(EPSM.GT.EPS)   KONV = .FALSE.
       RETURN
       END
```

5.4 Bisektionsmethode

Im folgenden Unterprogramm BISECTN sollen die aufeinanderfolgenden Eigenwerte $\lambda_k \leq \lambda_{k+1} \leq \cdots \leq \lambda_{k+p}$ und die zugehörigen Eigenvektoren $x_k, x_{k+1}, \ldots, x_{k+p}$ mit Hilfe der Bisektionsmethode bestimmt werden, wobei der erste Index $k = k_1 \geq 1$ und der letzte Index $k+p = k_2 \geq k_1$ vorgegeben sind. Der angewandte Algorithmus basiert auf der in Abschn. B5.3.4 dargestellten Reduktionsmethode für Matrizen mit variabler Bandbreite mit der eingeschränkten Pivotwahl aus einer (3×3)-Untermatrix. Für die Matrizen **A** und **B** ist vorausgesetzt, dass sie in kompakter zeilenweiser Form gespeichert sind. Das erweiterte Profil der Matrix $F = A - \mu B$, wie es für die Zerlegung erforderlich ist, wird am Anfang des Unterprogramms BISECTN ermittelt. Die Zerlegung der Matrix F, welche an verschiedenen Stellen gebraucht wird, erfolgt im Unterprogramm ZERLEGN, welches nach den Detailüberlegungen in [Wal82] aufgebaut ist. Der auftretende Zahlwert $\alpha = 0.6404$ ist der Arbeit von Bunch/Kaufman [BuK77] entnommen. Zum besseren Verständnis des Reduktionsprozesses im Unterprogramm ZERLEGN sind in Fig. 5.1 die Entscheidungen in einem Flussdiagramm zusammengefasst. Durch die Beschränkung der Pivotwahl auf eine dreireihige Untermatrix ist es im Prinzip möglich, dass die Pivotstrategie versagt. Dies ist mit grosser Wahrscheinlichkeit dann der Fall, wenn einer der gewünschten Eigenwerte die Vielfachheit vier aufweist. Abgesehen von diesem Ausnahmefall war die angewandte Pivotstrategie stets erfolgreich. Trotzdem ist an der betreffenden Stelle ein Fehlerstop vorgesehen mit einer entsprechenden Fehlermeldung.

Das Bisektionsverfahren benötigt die Vorgabe von unteren und oberen Schranken für die zu berechnenden Eigenwerte. Diese vorgegebenen Schranken LOW und UPP sind der vorgenommenen Skalierung der Matrizen A und B gemäss (5.4) anzupassen, bevor sie dem Unterprogramm BISECTN übergeben werden. Die Schranken werden getestet, ob das betreffende Intervall die gewünschten Eigenwerte enthält, und die Anzahl der Eigenwerte, welche grösser, beziehungsweise kleiner als die Schranken sind, wird als Information mitgeteilt. Die bei jedem Bisektionsschritt anfallende Information über die Lage der Eigenwerte wird dazu verwendet, bessere Schranken für die noch nicht lokalisierten Eigenwerte zu gewinnen. Die so ermittelten Schranken werden auch dazu verwendet, den Wert λ^* für die inverse Vektoriteration mit möglichst wenigen zusätzlichen Zerlegungen so zu bestimmen, dass ein Konvergenzquotient $q \leq 0.5$ für die Folge der iterierten Vektoren garantiert ist (vgl. Abschn. B5.3.5).

Die berechneten Näherungen der Eigenwerte sind im Vektor LAM abgespeichert, wobei λ_k mit dem kleinsten Indexwert k_1 als erste Komponente gespeichert ist. Die Näherungen der zugehörigen Eigenvektoren sind entsprechend als Kolonnen im Feld X zu finden. Im Fall von mehrfachen Eigenwerten sind im Unterprogramm BISECTN keine Massnahmen getroffen worden, um linear unabhängige oder gar B-orthogonale Eigenvektoren zu berechnen. Mehrfache Eigenwerte mit einer maximalen Vielfachheit drei werden noch richtig lokalisiert und berechnet, von den Eigenvektoren ist jedoch in der Regel nur einer brauchbar.

Das Unterprogramm BISECTN gibt eine Reihe von Zwischenergebnissen über den Ablauf des Verfahrens auf das Resultatfile und zeigt einige auf dem Bildschirm an, damit der Benützer über den Fortschritt der Rechnung informiert ist. Dazu gehören die Angabe der Testwerte μ der Bisektionsschritte zur Lokalisierung der einzelnen Eigenwerte, der ermittelten Intervalle der Eigenwerte, der Gesamtzahl der ausgeführten Zerlegungen und der Zahl der inversen Vektoriterationen, wobei der Halbschritt allerdings nicht mitgezählt ist.

```fortran
      SUBROUTINE  BISECTN(N,A,B,IAB,IZ,K1,K2,LOW,UPP,TOL,LAM,X,
     *                    F,FF,LF,IZF,SHK,VERT,AX,BX,USCH,OSCH,
     *                    NU,NO,NDX,MDX,NDF)
C ----------------------------------------------------------------------
C     BISEKTIONSMETHODE FUER DAS ALLGEMEINE EIGENWERTPROBLEM
C     A * X = LAM * B * X, WO  A  UND  B  SYMMETRISCHE MATRIZEN,
C     B  POSITIV DEFINIT, JE UNTERE HAELFTEN KOMPAKT GESPEICHERT.
C     BESTIMMT DIE EIGENWERTE  LAM(K)  FUER DIE INDIZES  K1  BIS K2
C     UND DIE ZUGEHOERIGEN EIGENVEKTOREN. LAM(K1)  GESPEICHERT ALS
C     ERSTE KOMPONENTE IN  LAM, ZUGEHOERIGER EIGENVEKTOR ALS ERSTE
C     KOLONNE IN  X. REDUZIERTE PIVOTSUCHE FUER REDUKTIONSSCHRITTE
C     *** MEHRFACHE EIGENWERTE WERDEN MEISTENS RICHTIG BESTIMMT,
C         DIE EIGENVEKTOREN SIND ABER IN DER REGEL UNBRAUCHBAR ***
C     N : ORDNUNG DER MATRIZEN  A  UND  B
C     A : MATRIXELEMENTE UNGLEICH NULL VON  A, UNTERE HAELFTE
C     B : MATRIXELEMENTE UNGLEICH NULL VON  B, UNTERE HAELFTE
C     IAB : ZUGEHOERIGE KOLONNENINDIZES FUER BEIDE MATRIZEN
C     IZ : N  GEMEINSAME ZEIGER AUF DIE DIAGONALELEMENTE
C     K1,K2 : INDEXWERTE DES KLEINSTEN/GROESSTEN EIGENWERTES
C     LOW,UPP : UNTERE UND OBERE SCHRANKE FUER DIE EIGENWERTE
C     TOL : RELATIVE TOLERANZ FUER DIE EIGENWERTE
C     LAM : BERECHNETE NAEHERUNGEN DER EIGENWERTE
C     X : NAEHERUNGEN DER EIGENVEKTOREN
C     F : MATRIXELEMENTE DER HILFSMATRIX, HUELLENFORM
C     FF,LF,IZF : HILFSVEKTOREN FUER DIE MATRIX  F
C     SHK,VERT,AX,BX : HILFSVEKTOREN DER DIMENSION  N
C     USCH,OSCH,NU,NO : HILFSVEKTOREN DER DIMENSION  MDX
C     NDX : ERSTE DIMENSIONIERUNG VON  X
C           DIMENSIONIERUNGEN VON HILFSVEKTOREN
C     MDX : ZWEITE DIMENSIONIERUNG VON  X
C           MAXIMALZAHL DER EIGENWERTE/EIGENVEKTOREN
C     NDF : DIMENSIONIERUNG DER MATRIX  F
C ----------------------------------------------------------------------
      REAL*8  A(1),B(1),LOW,UPP,TOL,LAM(MDX),X(NDX,MDX)
      REAL*8   F(NDF),USCH(MDX),OSCH(MDX),SHK(NDX),AX(NDX),BX(NDX)
      REAL*8   MU,LAMQ,AUX,XMAX,SA,SB,RQ,EPS,S
      INTEGER*2  IAB(1),IZ(1),NU(MDX),NO(MDX)
      INTEGER*2  FF(NDX),LF(NDX),IZF(NDX),VERT(NDX)
      LOGICAL  TEST
      WRITE(3,1)
      WRITE(*,1)
    1 FORMAT(/3X,'ZWISCHENERGEBNISSE ZUM ABLAUF DER BISEKTION')
      IF(N.GT.NDX)  THEN
         WRITE(3,901)  N
  901    FORMAT(3X,'*** ORDNUNG ZU GROSS',I6)
         STOP  'N ZU GROSS !!'
      ENDIF
C ----------------------------------------------------------------------
C     BESTIMMUNG DER HUELLENSTRUKTUR VON  F
C ----------------------------------------------------------------------
      FF(1) = 1
      IZF(1) = 1
      DO 20 I = 2,N
         FF(I) = MAX0(1,IAB(IZ(I-1) + 1) - 2)
         KL = FF(I)
         DO 10 K = KL,I
           LF(K) = I
   10    CONTINUE
         IZF(I) = IZF(I-1) + I - FF(I) + 1
```

```fortran
   20 CONTINUE
      WRITE(3,2)   IZF(N)
    2 FORMAT(/3X,'PROFIL DER MATRIX F =',I8)
      IF(IZF(N).GT.NDF)   THEN
         WRITE(3,903)   NDF
  903    FORMAT(3X,'*** PROFIL GROESSER ALS',I8)
         STOP  'PROFIL VON F ZU GROSS !!'
      ENDIF
C -----------------------------------------------------------------------
C     TEST DER VORGEGEBENEN SCHRANKEN FUER DIE EIGENWERTE
C -----------------------------------------------------------------------
      CALL   ZERLEGN(N,A,B,IAB,IZ,F,FF,LF,IZF,LOW,NEG1,VERT,SHK)
      WRITE(3,3)   NEG1
    3 FORMAT(/,2X,I3,'  EIGENWERTE GROESSER ALS UNTERE SCHRANKE')
      IF(NEG1.GE.K1)   THEN
         WRITE(3,904)   NEG1
  904    FORMAT(3X,'*** UNTERE SCHRANKE ZU GROSS, NEG = ',I4)
         STOP  'UNTERE SCHRANKE ZU GROSS !!'
      ENDIF
      CALL   ZERLEGN(N,A,B,IAB,IZ,F,FF,LF,IZF,UPP,NEG2,VERT,SHK)
      WRITE(3,4)   NEG2
    4 FORMAT(/,2X,I3,'  EIGENWERTE KLEINER ALS OBERE SCHRANKE')
      IF(NEG2.LT.K2)   THEN
         WRITE(3,905)   NEG2
  905    FORMAT(3X,'*** OBERE SCHRANKE ZU KLEIN, NEG = ',I4)
         STOP  'OBERE SCHRANKE ZU KLEIN !!'
      ENDIF
      NEIG = K2 - K1 + 1
      IF(NEIG.GT.MDX)   THEN
         WRITE(3,906)   NEIG
  906    FORMAT(3X,'*** ZAHL DER EIGENWERTE ZU GROSS',I6)
         STOP  'ZAHL EIGENWERTE ZU GROSS !!'
      ENDIF
C -----------------------------------------------------------------------
C     BISEKTIONSSCHRITTE ZUR LOKALISIERUNG DER EIGENWERTE
C -----------------------------------------------------------------------
      DO 30 I = 1,NEIG
         USCH(I) = LOW
         OSCH(I) = UPP
         NU(I) = NEG1
         NO(I) = NEG2
   30 CONTINUE
      NZERL = 2
      NINV = 0
      EPS = N * 1D-14
      DO 290 I = 1,NEIG
         K = K1 + I - 1
         WRITE(3,5)   K
         WRITE(*,5)   K
    5    FORMAT(/3X,I4,'. EIGENWERT'/)
         DO 60 IBIS = 1,50
            IF(NO(I).EQ.NU(I)+1)  GOTO  70
            MU = (USCH(I) + OSCH(I)) / 2D0
            IF((OSCH(I)-USCH(I).LT.TOL.AND.DABS(MU).LT.TOL).OR.
     *          OSCH(I)-USCH(I).LT.TOL*DABS(MU))  GOTO  70
            CALL   ZERLEGN(N,A,B,IAB,IZ,F,FF,LF,IZF,MU,NEG,VERT,SHK)
            WRITE(3,6)   IBIS,USCH(I),OSCH(I),MU,NEG
            WRITE(*,6)   IBIS,USCH(I),OSCH(I),MU,NEG
    6       FORMAT(3X,I4,3D18.9,I6)
```

```fortran
         NZERL = NZERL + 1
         DO 50 J = I,NEIG
           KH = K1 + J - 1
           IF(NEG.GE.KH.OR.MU.LE.USCH(J))   GOTO   40
           NU(J) = NEG
           USCH(J) = MU
 40        IF(NEG.LT.KH.OR.MU.GE.OSCH(J))   GOTO   50
           NO(J) = NEG
           OSCH(J) = MU
 50      CONTINUE
 60    CONTINUE
       STOP   'ZUVIELE BISEKTIONSSCHRITTE !!'
 70    WRITE(3,7)   USCH(I),OSCH(I)
       WRITE(*,7)   USCH(I),OSCH(I)
 7     FORMAT(/3X,'EIGENWERT LOKALISIERT AUF (',D16.9,' ,',
      *          D16.9,')'/)
C ------------------------------------------------------------------
C     ZUSATZTESTS ZUR SICHERSTELLUNG EINER KONVERGENZRATE VON 0.5
C ------------------------------------------------------------------
       LAMQ = (USCH(I) + OSCH(I)) / 2D0
       TEST = .FALSE.
       IF(I.NE.1.AND.I.NE.NEIG)   THEN
         IF((LAMQ-USCH(I))/(LAMQ-LAM(I-1)).LT.5D-1.AND.
      *      (OSCH(I)-LAMQ)/(USCH(I+1)-LAMQ).LT.5D-1)   GOTO   110
       ENDIF
 80    MU = (LAMQ + USCH(I)) / 2D0
       IF((LAMQ-USCH(I).LT.TOL.AND.DABS(MU).LT.TOL).OR.
      *      LAMQ-USCH(I).LT.TOL*DABS(MU))   GOTO   110
       CALL   ZERLEGN(N,A,B,IAB,IZ,F,FF,LF,IZF,MU,NEG,VERT,SHK)
       NZERL = NZERL + 1
       WRITE(3,8)   MU,NEG
       WRITE(*,8)   MU,NEG
 8     FORMAT(3X,'TESTWERT FUER MU = ',D18.9,I6)
       IF(NEG.GE.K)   THEN
         LAMQ = MU
         TEST = .TRUE.
         IF(I.EQ.1)   GOTO   80
         MU = (USCH(I) + LAMQ) / 2D0
         IF((MU-USCH(I))/(MU-LAM(I-1)).GE.5D-1)   GOTO   80
         LAMQ = MU
         GOTO   110
       ENDIF
       IF(TEST)   GOTO   100
 90    MU = (LAMQ + OSCH(I)) / 2D0
       IF((OSCH(I)-LAMQ.LT.TOL.AND.DABS(MU).LT.TOL).OR.
      *      OSCH(I)-LAMQ.LT.TOL*DABS(MU))   GOTO   110
       CALL   ZERLEGN(N,A,B,IAB,IZ,F,FF,LF,IZF,MU,NEG,VERT,SHK)
       NZERL = NZERL + 1
       WRITE(3,8)   MU,NEG
       WRITE(*,8)   MU,NEG
       IF(NEG.EQ.K)   GOTO   100
       LAMQ = MU
       TEST = .TRUE.
       IF(I.EQ.NEIG)   GOTO   90
       MU = (LAMQ + OSCH(I)) / 2D0
       IF((OSCH(I)-MU)/(USCH(I+1)-MU).GE.5D-1)   GOTO   90
       LAMQ = MU
       GOTO   110
 100   IF(TEST)   LAMQ = (MU + LAMQ) / 2D0
```

```
C     ------------------------------------------------------------------
C     INVERSE VEKTORITERATION MIT DEM WERT  LAMQ
C     ------------------------------------------------------------------
  110    WRITE(3,9)  LAMQ
         WRITE(*,9)  LAMQ
    9    FORMAT(/3X,'INVERSE VEKTORITERATION MIT LAMQ = ',D18.10/)
         CALL  ZERLEGN(N,A,B,IAB,IZ,F,FF,LF,IZF,LAMQ,NEG,VERT,SHK)
         NZERL = NZERL + 1
         LAM(I) = LAMQ
         DO 120 J = 1,N
           X(J,I) = 1D0
  120    CONTINUE
         INV = 0
  130    X(N,I) = X(N,I) / F(IZF(N))
         DO 160 J = N-1,1,-1
           S = X(J,I)
           KL = LF(J)
           KF = J + 1
           DO 140 K = KF,KL
             IF(FF(K).LE.J)  S = S - F(IZF(K)-K+J) * X(K,I)
  140      CONTINUE
           X(J,I) = S / F(IZF(J))
           IF(SHK(J).NE.0D0)  THEN
              X(J+1,I) = X(J,I) + X(J+1,I)
              X(J,I) = SHK(J) * X(J,I)
           ENDIF
           JJ = VERT(J)
           IF(JJ.EQ.J)  GOTO  160
           IF(JJ.LT.0)  GOTO  150
           AUX = X(J,I)
           X(J,I) = X(JJ,I)
           X(JJ,I) = AUX
           GOTO  160
  150      AUX = X(J+1,I)
           X(J+1,I) = X(J+2,I)
           X(J+2,I) = AUX
  160    CONTINUE
         XMAX = 0D0
         DO 170 J = 1,N
           IF(DABS(X(J,I)).GT.DABS(XMAX))  XMAX = X(J,I)
  170    CONTINUE
         DO 180 J = 1,N
           X(J,I) = X(J,I) / XMAX
  180    CONTINUE
         AX(1) = A(1) * X(1,I)
         BX(1) = B(1) * X(1,I)
         DO 200 J = 2,N
           AX(J) = A(IZ(J)) * X(J,I)
           BX(J) = B(IZ(J)) * X(J,I)
           JH1 = IZ(J-1) + 1
           JH2 = IZ(J) - 1
           DO 190 JH = JH1,JH2
             K = IAB(JH)
             AX(J) = AX(J) + A(JH) * X(K,I)
             AX(K) = AX(K) + A(JH) * X(J,I)
             BX(J) = BX(J) + B(JH) * X(K,I)
             BX(K) = BX(K) + B(JH) * X(J,I)
  190      CONTINUE
  200    CONTINUE
```

```fortran
        SA = 0D0
        SB = 0D0
        DO 210 J = 1,N
          SA = SA + AX(J) * X(J,I)
          SB = SB + BX(J) * X(J,I)
210     CONTINUE
        RQ = SA / SB
        WRITE(3,11)  INV,RQ
        WRITE(*,11)  INV,RQ
 11     FORMAT(3X,I4,3X,'RQ = ',D25.15)
        IF(((DABS(LAM(I)-RQ).LT.EPS.AND.DABS(RQ).LT.EPS).OR.
     *     DABS(LAM(I)-RQ).LT.TOL*DABS(RQ)).AND.INV.NE.0)  GOTO   280
        LAM(I) = RQ
        INV = INV + 1
        IF(INV.GT.20)  GOTO  270
        NINV = NINV + 1
        DO 220 J = 1,N
          X(J,I) = BX(J)
220     CONTINUE
        DO 260 J = 1,N-1
          JJ = VERT(J)
          IF(JJ.EQ.J)  GOTO  240
          IF(JJ.LT.0)  GOTO  230
          AUX = X(J,I)
          X(J,I) = X(JJ,I)
          X(JJ,I) = AUX
          GOTO  240
230       AUX = X(J+1,I)
          X(J+1,I) = X(J+2,I)
          X(J+2,I) = AUX
240       IF(SHK(J).NE.0D0)  X(J,I) = X(J,I) * SHK(J) + X(J+1,I)
          KL = LF(J)
          DO 250 K = J+1,KL
            IF(FF(K).GT.J)  GOTO  250
            KH = IZF(K) + J - K
            X(K,I) = X(K,I) - F(KH) * X(J,I) / F(IZF(J))
250       CONTINUE
260     CONTINUE
        GOTO  130
270     WRITE(3,12)
 12     FORMAT(3X,'*** KEINE KONVERGENZ NACH 20 ITERATIONEN')
280     LAM(I) = RQ
        IF(RQ.GE.USCH(I).AND.RQ.LE.OSCH(I))  GOTO  290
        WRITE(3,13)  RQ,USCH(I),OSCH(I)
 13     FORMAT(3X,'*** EIGENWERT NICHT INNERHALB DER SCHRANKEN'/
     *          3X,3D20.10)
290 CONTINUE
    WRITE(3,14)  NZERL,NINV
 14 FORMAT(/3X,'INSGESAMT',I4,'  ZERLEGUNGEN'/
     *        3X,'INSGESAMT',I4,'  INVERSE VEKTORITERATIONEN')
    RETURN
    END
```

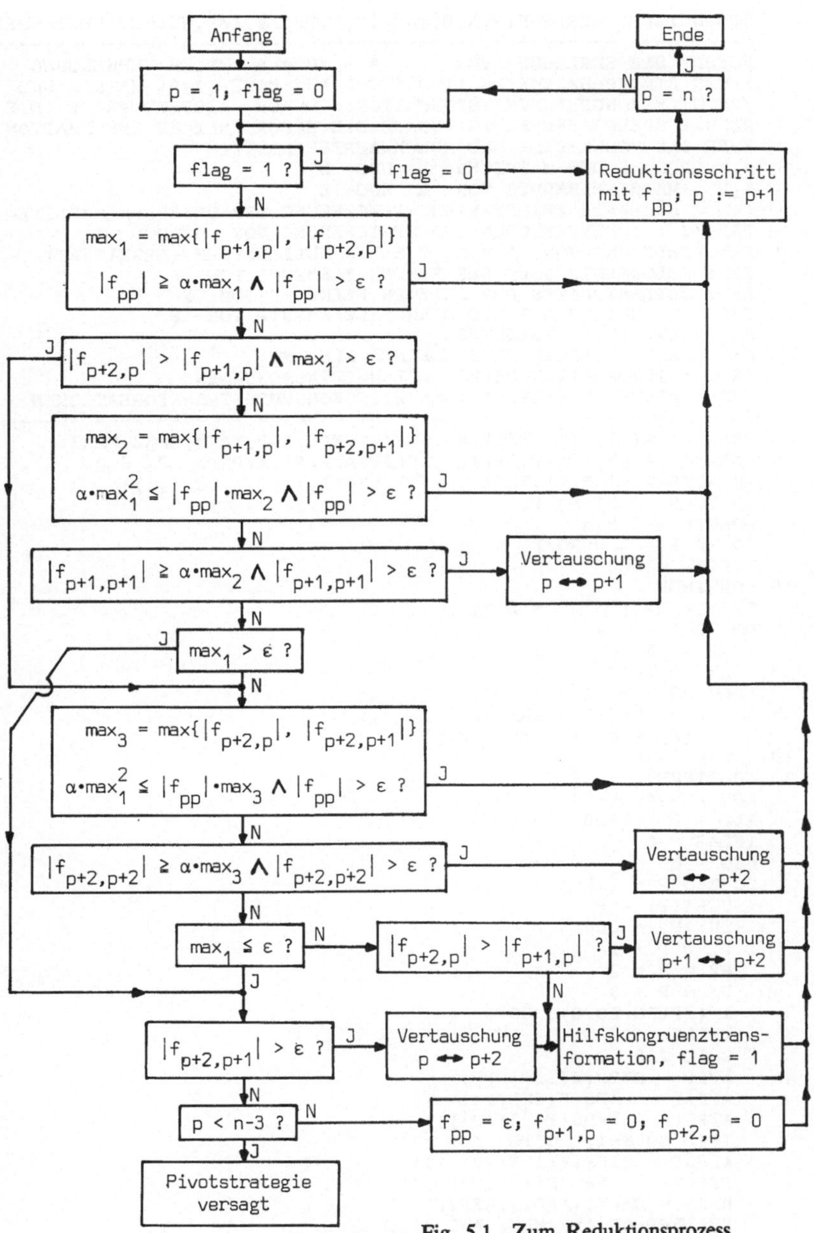

Fig. 5.1 Zum Reduktionsprozess

```fortran
      SUBROUTINE  ZERLEGN(N,A,B,IAB,IZ,F,FF,LF,IZF,MU,NEG,VERT,SHK)
C -------------------------------------------------------------------
C     FUEHRT DIE ZERLEGUNG VON  F = A - MU * B  UNTER VERWENDUNG
C     EINER EINGESCHRAENKTEN PIVOTSUCHE AUF EINE (3*3)-MATRIX UND
C     VON HILFSKONGRUENZTRANSFORMATIONEN DURCH. LIEFERT IN  F  DIE
C     RESULTIERENDE ZERLEGUNG, SOWIE DIE ERFORDERLICHE INFORMATION
C     FUER DAS VORWAERTS- UND RUECKWAERTSEINSETZEN
C     N : ORDNUNG DER MATRIZEN  A  UND  B
C     A,B : MATRIXELEMENTE VON  A  UND  B
C           KOMPAKTE ZEILENWEISE SPEICHERUNG DER UNTERERN HAELFTEN
C     IAB,IZ : INDEXVEKTOREN ZUR SPEICHERUNG VON  A  UND  B
C     F : ZERLEGUNG VON  A - MU * B  IN HUELLENFORM (ERWEITERT)
C     FF : KOLONNENINDIZES DER ERSTEN ELEMENTE VON  F
C     LF : ZEILENINDIZES DER LETZTEN ELEMENTE VON  F
C     IZF : N  ZEIGER AUF DIE DIAGONALELEMENTE VON  F
C     MU : WERT FUER ZERLEGUNG
C     NEG : ANZAHL EIGENWERTE KLEINER ALS  MU
C     VERT : INFORMATION UEBER ZEILENVERTAUSCHUNGEN
C     SHK : WERTE IN ALLFAELLIGEN HILFSKONGRUENZTRANSFORMATIONEN
C -------------------------------------------------------------------
      REAL*8   A(1),B(1),F(1),MU,SHK(1),EPS,ALF,MAX1,MAX2,MAX3
      REAL*8   AFPP,AFP1P,AFP1P1,AFP2P,AFP2P1,AFP2P2,AUX,S,Q
      INTEGER*2  IAB(1),IZ(1),FF(1),LF(1),IZF(1),VERT(1)
      INTEGER  P,P1,P2,P3
      NPROFF = IZF(N)
      DO 10 I = 1,NPROFF
        F(I) = 0D0
   10 CONTINUE
      F(1) = A(1) - MU * B(1)
      DO 30 I = 2,N
        JA = IZ(I-1) + 1
        JE  = IZ(I)
        DO 20 J = JA,JE
          K = IZF(I) + IAB(J) - I
          F(K) = A(J) - MU * B(J)
   20   CONTINUE
   30 CONTINUE
      EPS = N * 1D-14
      ALF = 0.6404D0
      IFLAG = 0
      NEG = 0
      DO 240 P = 1,N-1
        VERT(P) = P
        SHK(P) = 0D0
        P1 = P + 1
        P2 = P + 2
        P3 = P + 3
        IF(IFLAG.EQ.0)  GOTO  40
        IFLAG = 0
        GOTO 210
   40   AFPP = DABS(F(IZF(P)))
        AFP1P = DABS(F(IZF(P1)-1))
        AFP1P1 = DABS(F(IZF(P1)))
        IF(P.EQ.N-1)  GOTO  100
        AFP2P = DABS(F(IZF(P2)-2))
        AFP2P1 = DABS(F(IZF(P2)-1))
        MAX1 = DMAX1(AFP1P,AFP2P)
        IF(AFPP.GE.ALF*MAX1.AND.AFPP.GT.EPS)  GOTO  210
        IF(AFP2P.GT.AFP1P.AND.MAX1.GT.EPS)  GOTO  50
```

```fortran
        MAX2 = DMAX1(AFP1P,AFP2P1)
        IF(ALF*MAX1**2.LE.AFPP*MAX2.AND.AFPP.GT.EPS)   GOTO   210
        IF(AFP1P1.GE.ALF*MAX2.AND.AFP1P1.GT.EPS)   GOTO   110
        IF(MAX1.GT.EPS)   GOTO   70
  50    MAX3 = DMAX1(AFP2P,AFP2P1)
        IF(ALF*MAX1**2.LE.AFPP*MAX3.AND.AFPP.GT.EPS)   GOTO   210
        AFP2P2 = DABS(F(IZF(P2)))
        IFALL = 1
        IF(AFP2P2.GE.ALF*MAX3.AND.AFP2P2.GT.EPS)   GOTO   130
        IFALL = 2
  60    IF(MAX1.LE.EPS)   GOTO   80
  70    IF(AFP2P.GT.AFP1P)   GOTO   160
        GOTO   180
  80    IF(AFP2P1.GT.EPS)   GOTO   130
        IF(P.LT.N-3)   GOTO   90
        F(IZF(P)) = EPS
        F(IZF(P1)-1) = 0D0
        F(IZF(P2)-2) = 0D0
        GOTO   210
  90    WRITE(3,1)   P
   1    FORMAT(3X,'*** PIVOTSTRATEGIE VERSAGT BEI P =',I6)
        STOP   'NICHT VORGESEHENE SITUATION IN PIVOTSTRATEGIE !!'
 100    IF(AFPP.GE.ALF*AFP1P.AND.AFPP.GT.EPS)   GOTO   210
        IF(AFP1P1.GE.ALF*AFP1P.AND.AFP1P1.GT.EPS)   GOTO   110
        IF(AFP1P.GT.EPS)   GOTO   180
        F(IZF(P)) = EPS
        F(IZF(P1)-1) = 0D0
        GOTO   210
C ---------------------------------------------------------------------
C     ZEILEN- UND KOLONNENVERTAUSCHUNGEN
C ---------------------------------------------------------------------
 110    VERT(P) = P1
        AUX = F(IZF(P))
        F(IZF(P)) = F(IZF(P1))
        F(IZF(P1)) = AUX
        IE = LF(P)
        DO 120 I = P2,IE
          IF(FF(I).GT.P)   GOTO   120
          K = IZF(I) + P - I
          AUX = F(K)
          F(K) = F(K+1)
          F(K+1) = AUX
 120    CONTINUE
        GOTO   210
 130    VERT(P) = P2
        AUX = F(IZF(P))
        F(IZF(P)) = F(IZF(P2))
        F(IZF(P2)) = AUX
        AUX = F(IZF(P1)-1)
        F(IZF(P1)-1) = F(IZF(P2)-1)
        F(IZF(P2)-1) = AUX
        IE = LF(P)
        DO 140 I = P3,IE
          IF(FF(I).GT.P)   GOTO   140
          K = IZF(I) + P - I
          AUX = F(K)
          F(K) = F(K+2)
          F(K+2) = AUX
 140    CONTINUE
```

```fortran
 150     IF(IFALL.EQ.2)  GOTO  180
         GOTO  210
 160     VERT(P) = -P1
         AUX = F(IZF(P1))
         F(IZF(P1)) = F(IZF(P2))
         F(IZF(P2)) = AUX
         AUX = F(IZF(P1)-1)
         F(IZF(P1)-1) = F(IZF(P2)-2)
         F(IZF(P2)-2) = AUX
         IE = LF(P1)
         DO 170 I = P3,IE
            IF(FF(I).GT.P1)  GOTO  170
            K = IZF(I) + P1 - I
            AUX = F(K)
            F(K) = F(K+1)
            F(K+1) = AUX
 170     CONTINUE
         GOTO  210
C -----------------------------------------------------------------------
C     HILFSKONGRUENZTRANSFORMATION
C -----------------------------------------------------------------------
 180     IP = IZF(P)
         IP1 = IZF(P1)
         S = 1D0
         IF(P.EQ.N-1) GOTO  190
         AFP1P = DABS(F(IP1-1))
         IF(MAX1.GT.EPS.AND.AFP2P1.GT.AFP1P)  S = AFP2P1 / AFP1P
         IF((F(IP) * S * S + F(IP1)) * F(IP1-1).LT.0D0)  S = - S
 190     SHK(P) = S
         F(IP) = (F(IP) * S + 2D0 * F(IP1-1)) * S + F(IP1)
         IE = LF(P)
         DO 200 I = P1,IE
            IF(FF(I).GT.P)  GOTO  200
            K = IZF(I) + P - I
            F(K) = S * F(K) + F(K+1)
 200     CONTINUE
         IFLAG = 1
C -----------------------------------------------------------------------
C     REDUKTIONSSCHRITT, ZAEHLUNG DER NEGATIVEN DIAGONALELEMENTE
C -----------------------------------------------------------------------
 210     IF(F(IZF(P)).LT.-EPS)  NEG = NEG + 1
         IE = LF(P)
         DO 230 I = P1,IE
            IF(FF(I).GT.P)  GOTO  230
            KH = IZF(I) + P - I
            IF(F(KH).EQ.0D0)  GOTO  230
            Q = - F(KH) / F(IZF(P))
            DO 220 K = P1,I
               KH = KH + 1
               IF(FF(K).LE.P)  F(KH) = F(KH) + Q * F(IZF(K)+P-K)
 220        CONTINUE
 230     CONTINUE
 240 CONTINUE
     IF(F(IZF(N)).LT.-EPS)  NEG = NEG + 1
     IF(DABS(F(IZF(N))).LT.EPS)  F(IZF(N)) = EPS
     RETURN
     END
```

5.5 Der Lanczos-Algorithmus

Zur effizienten Berechnung von bestimmten Gruppen von Eigenwerten und der zugehörigen Eigenvektoren der allgemeinen Eigenwertaufgabe $Ax = \lambda Bx$ wird diejenige Variante des Lanczos-Verfahrens implementiert, welche mit einem inversen, spektralverschobenen Eigenwertproblem eine vorgegebene Anzahl von Eigenwerten zu bestimmen versucht, welche in der Nähe einer gegebenen Spektralverschiebung μ liegen. Das Programm basiert auf dem Algorithmus (B5.161) und den Angaben im Abschn. B5.4.3. Es wird vorausgesetzt, dass die Matrixelemente der unteren Hälften der beiden Matrizen A und B in kompakter zeilenweiser Form gemäss Fig. B4.20 gespeichert sind.

Zum besseren Verständnis und zur problemlosen Anwendung des Unterprogramms LANCZOS mögen die folgenden Angaben zu seinem Aufbau dienen. Der Startvektor r_0 des Lanczos-Verfahrens wird durch Zufallszahlen aus dem Intervall (-1, +1) bestimmt, welche mit dem Unterprogramm RANDOM erzeugt werden [Ham62]. Die Folge der verwendeten Zufallszahlen wird durch eine ungerade ganze Zahl festgelegt, welche durch den Parameter NZUF zu definieren ist. Die Zerlegung der Matrix $F = A - \mu B$, welche ja im allgemeinen nicht positiv definit ist, wird mit dem Reduktionsalgorithmus nach Abschn. B5.3.4 mit der eingeschränkten Pivotwahl aus einer (3×3)-Untermatrix ausgeführt. Zu diesem Zweck wird die erweiterte Hülle der Matrix F aus den Daten der Matrizen A und B bestimmt und dann die Zerlegung mit Hilfe des Unterprogramms ZERLEGN aus Abschn. 5.4 ausgeführt. Die Anzahl der Eigenwerte, welche kleiner als die vorgegebene Spektralverschiebung μ sind, wird angegeben, um allenfalls die Vollständigkeit des berechneten Spektrums unterhalb von μ kontrollieren zu können. Anschliessend wird noch die notwendige Initialisierung des Verfahrens vorgenommen. Die Multiplikation des Startvektors r_0 mit der Matrix B erfolgt mit dem Unterprogramm APZ aus Abschn. 4.4.

Die Lösung des Gleichungssystems $(A - \mu B)u_k = h_k$ nach u_k im 2. Schritt des Lanczos-Verfahrens erfolgt mit dem Unterprogramm VRZERL, wobei u_k im Vektor r gespeichert wird. Nach der Orthogonalisierung von r_k bezüglich der beiden Basisvektoren q_{k-1} und q_k wird zusätzlich eine vollständige B-Orthogonalisierung von r_k gegenüber allen vorhergehenden Basisvektoren $q_1, \ldots, q_{k-2}$ vorgenommen. Die beiden dazu benötigten Matrix-Vektor-Multiplikationen erfolgen wiederum mit dem Unterprogramm APZ.

Als Vorbereitung zur Berechnung der Eigenwerte der tridiagonalen Matrix T_k mit der Bisektionsmethode wird ihre Maximumnorm TNORM rekursiv berechnet auf Grund der neu hinzugekommenen letzten Zeile. Die Maximumnorm liefert untere und obere Schranken für den kleinsten, bzw. den grössten Eigenwert von T_k. Entsprechende Schranken für die anderen Eigenwerte gemäss (B5.151) werden im Vektor AL mitgeführt, um die Zahl der Bisektionsschritte möglichst klein zu halten. Die angewandte Bisektionsmethode für die tridiagonale Matrix ist in [SRS72] beschrieben. Nach der Berechnung der k Ritzwerte $\Theta_1, \ldots, \Theta_k$ werden die absolut grössten auf Konvergenz getestet, wobei eine relative Toleranz TOL zur Anwendung gelangt. Sobald die gewünschte Zahl NEW von Ritzwerten mit hinreichender Genauigkeit berechnet ist oder aber die maximale Anzahl MDL von Lanczos-Schritten ausgeführt worden sind, werden die Eigenwerte LAM(J) der gegebenen Eigenwertaufgabe $Ax = \lambda Bx$ aufsteigend angeordnet und anschliessend die Ritz-Vektoren v mit Hilfe der inversen Vektoriteration bestimmt. Das tridiagonale Gleichungssystem wird mit dem Gauss-Algorithmus mit der relativen Kolonnenmaximumstrategie gelöst [Sch88]. Mit jedem Ritz-Vektor v wird der zugehörige Eigenvektor x_j von $Ax = \lambda Bx$ aus den Basisvektoren q_l berechnet und die Norm $\|\rho_j\|_2$ des Residuenvektors bezüglich des speziellen Eigenwertproblems gemäss (B5.153) angegeben.

Das Unterprogramm LANCZOS benötigt mehrere ein- und zweidimensionale Felder. Neben der Matrix X für die NEW Eigenvektoren x_j ist die Matrix Q für die Basisvektoren q_k vorzusehen. Es ist angenommen, dass maximal MDL Lanczos-Schritte ausgeführt werden sollen, wodurch die zweite Dimensionierung von Q festgelegt ist. Ausser den beiden Hilfsvektoren R und H mit je N Komponenten treten die neun relativ kleinen Vektoren ALF, BET, THET, V, V1, AL, BE, GA und DE auf, welche für die tridiagonale Matrix T und die Behandlung des zugehörigen Eigenwertproblems benötigt werden. Schliesslich sind noch die Matrix F und die Hilfsvektoren zu erwähnen, welche für ihre Zerlegung und das Vorwärts- und das Rückwärtseinsetzen gebraucht werden.

Das Unterprogramm LANCZOS liefert die berechneten Eigenwerte in aufsteigender Reihenfolge. Der kleinste Eigenwert ist als LAM(1) gespeichert, und der zugehörige, nicht normierte Eigenvektor erscheint als erste Kolonne der Matrix X. Reichen die vorgesehenen MDL Lanczos-Schritte nicht aus, um die gewünschte Anzahl von Eigenwerten mit der gegebenen Toleranz TOL zu berechnen, so enthält NEW nach Beendigung des Unterprogramms die Zahl der berechneten Eigenpaare.

Das Unterprogramm LANCZOS wird ergänzt durch diejenigen Unterprogramme, die nicht schon in früheren Abschnitten angegeben worden sind. Es handelt sich um RANDOM und VRZERL.

```
      SUBROUTINE  LANCZOS(N,A,B,IAB,IZ,MU,NEW,LAM,X,TOL,NZUF,Q,R,H,
     *                    ALF,BET,THET,V,V1,AL,BE,GA,DE,
     *                    F,FF,LF,IZF,VERT,SHK,
     *                    ND,MDX,MDL,NDF)
C     ------------------------------------------------------------------
C     LANCZOS-VERFAHREN ZUR BERECHNUNG EINIGER EIGENWERTE UND
C     EIGENVEKTOREN DER EIGENWERTAUFGABE  A * X = LAM * B * X
C     INVERSES, SPEKTRALVERSCHOBENES EIGENWERTPROBLEM
C     N : ORDNUNG DER MATRIZEN  A, B, F
C     A : MATRIXELEMENTE VON  A, KOMPAKT, ZEILENWEISE GESPEICHERT
C     B : MATRIXELEMENTE VON  B, KOMPAKT, ZEILENWEISE GESPEICHERT
C     IAB : KOLONNENINDIZES DER BEIDEN MATRIZEN
C     IZ : N  ZEIGER AUF DIAGONALELEMENTE VON  A  UND  B
C     MU : GEGEBENE VERSCHIEBUNG  MU
C     NEW : GEWUENSCHTE ZAHL EIGENWERTE/EIGENVEKTOREN
C           GELIEFERTE ZAHL EIGENWERTE/EIGENVEKTOREN
C     LAM : BERECHNETE EIGENWERTE, HOECHSTENS  MDX  WERTE
C     X : MATRIX DER ZUGEHOERIGEN EIGENVEKTOREN
C     TOL : RELATIVE TOLERANZ FUER DIE EIGENWERTE
C     NZUF : STARTZAHL FUER ZUFALLSZAHLEN, MUSS UNGERADE SEIN
C     Q : MATRIX DER BASISVEKTOREN  Q, MAXIMAL  MDL  VEKTOREN
C     R,H : HILFSVEKTOREN IM LANCZOS-VERFAHREN
C     ALF : DIAGONALELEMENTE DER TRIDIAGONALEN MATRIX  T
C     BET : NEBENDIAGONALELEMENTE DER TRIDIAGONALEN MATRIX  T
```

```fortran
C     THET : RITZ-WERTE, EIGENWERTE VON  T
C     V,V1,AL,BE,GA,DE : HILFSVEKTOREN, EIGENWERTPROBLEM FUER  T
C     F : MATRIXELEMENTE VON  F = A - MU * B, ERWEITERTE HUELLE
C     FF : KOLONNENINDIZES DER ERSTEN ELEMENTE VON  F  JEDER ZEILE
C     LF : ZEILENINDIZES DER LETZTEN ELEMENTE VON  F  JEDER SPALTE
C     IZF : N  ZEIGER AUF DIE DIAGONALELEMENTE VON  F
C     VERT : INFORMATION UEBER ZEILENVERTAUSCHUNGEN
C     SHK : WERTE IN ALLFAELLIGEN HILFSKONGRUENZTRANSFORMATIONEN
C     ND : DIMENSIONIERUNGEN VON  IZ,R,H,U,FF,LF,IZF,VERT,SHK
C          ERSTE DIMENSIONIERUNGEN VON  X  UND  Q
C     MDX : ZWEITE DIMENIONIERUNG VON  X, DIMENSIONIERUNG VON  LAM
C     MDL : MAXIMALE ZAHL VON LANCZOS-SCHRITTEN,
C           ZWEITE DIMENSIONIERUNG VON  Q
C           DIMENSIONIERUNGEN VON  ALF,BET,THET,V,V1,AL,BE,GA,DE
C     NDF : DIMENSIONIERUNG VON  F
C -----------------------------------------------------------------
      REAL*8    A(1),B(1),MU,LAM(MDX),X(ND,MDX),TOL,Q(ND,MDL),R(ND)
      REAL*8    H(ND),ALF(MDL),BET(MDL),THET(MDL),QQ
      REAL*8    V(MDL),V1(MDL),AL(MDL),BE(MDL),GA(MDL),DE(MDL)
      REAL*8    BEA,S,TNORM,US,OS,MUB,EPS,S1,S2,U,U1,U2,DIF,VN,RHOJ
      REAL*8    F(NDF),SHK(ND),AUX,RANDOM,ZS
      INTEGER*2 IAB(1),IZ(1),FF(ND),LF(ND),IZF(ND),VERT(ND)
      WRITE(3,1)  NZUF
      WRITE(*,1)  NZUF
    1 FORMAT(//'  ZWISCHENERGEBNISSE DES LANCZOS-ALGORITHMUS'//
     *        '  STARTZAHL FUER ZUFALLSZAHLEN : ',I8/)
C -----------------------------------------------------------------
C     INITIALISIERUNG DES LANCZOS-VERFAHRENS
C     STARTVEKTOR ALS ZUFALLSZAHLEN, ERWEITERTE HUELLE VON  F
C     ZERLEGUNG VON  F = A - MU * B
C -----------------------------------------------------------------
      AUX = RANDOM(.TRUE.,NZUF)
      DO 10 I = 1,N
        R(I) = RANDOM(.FALSE.,0)
   10 CONTINUE
      FF(1) = 1
      IZF(1) = 1
      DO 30 I = 2,N
        FF(I) = MAX0(1,IAB(IZ(I-1)+1)-2)
        KL = FF(I)
        DO 20 K = KL,I
          LF(K) = I
   20   CONTINUE
        IZF(I) = IZF(I-1) + I - FF(I) + 1
   30 CONTINUE
      WRITE(3,2)  IZF(N)
      WRITE(*,2)  IZF(N)
    2 FORMAT('  PROFIL VON  F  IST :',I6/)
      IF(IZF(N).GT.NDF)  STOP 'PROFIL VON  F  ZU GROSS !!'
      CALL  ZERLEGN(N,A,B,IAB,IZ,F,FF,LF,IZF,MU,NEG,VERT,SHK)
      WRITE(3,3)  NEG,MU
      WRITE(*,3)  NEG,MU
    3 FORMAT(2X,I3,' EIGENWERTE KLEINER ALS ',F12.6/)
      CALL  APZ(N,B,IAB,IZ,R,H)
      S = 0D0
      DO 40 I = 1,N
        S = S + H(I) * R(I)
   40 CONTINUE
      BEA = DSQRT(S)
```

```
C     ----------------------------------------------------------------
C        LANCZOS-SCHRITTE
C     ----------------------------------------------------------------
         DO 180 K = 1,MDL
           DO 50 I = 1,N
             Q(I,K) = R(I) / BEA
             H(I) = H(I) / BEA
  50       CONTINUE
           CALL   VRZERL(N,F,FF,LF,IZF,VERT,SHK,H,R)
           IF(K.GT.1)   THEN
             DO 60 I = 1,N
               R(I) = R(I) - BET(K-1) * Q(I,K-1)
  60         CONTINUE
           ENDIF
           S = 0D0
           DO 70 I = 1,N
             S = S + R(I) * H(I)
  70       CONTINUE
           ALF(K) = S
           DO 80 I = 1,N
             R(I) = R(I) - S * Q(I,K)
  80       CONTINUE
C     ----------------------------------------------------------------
C        ORTHOGONALISIERUNG VON  R  GEGENUEBER BASISVEKTOREN  Q
C     ----------------------------------------------------------------
           IF(K.GT.2)   THEN
             CALL   APZ(N,B,IAB,IZ,R,H)
             DO 110 J = 1,K-2
               S = 0D0
               DO 90 I = 1,N
                 S = S + H(I) * Q(I,J)
  90           CONTINUE
               DO 100 I = 1,N
                 R(I) = R(I) - S * Q(I,J)
 100           CONTINUE
 110         CONTINUE
           ENDIF
           CALL   APZ(N,B,IAB,IZ,R,H)
           S = 0D0
           DO 120 I = 1,N
             S = S + R(I) * H(I)
 120       CONTINUE
           BEA = DSQRT(S)
           BET(K) = BEA
C     ----------------------------------------------------------------
C        MAXIMUMNORM DER TRIDIAGONALEN MATRIX
C     ----------------------------------------------------------------
           IF(K.EQ.1)   THEN
             TNORM = DABS(ALF(K))
             THET(K) = ALF(K)
             AL(K) = ALF(K)
           ENDIF
           IF(K.EQ.2)   THEN
             TNORM = TNORM + DABS(BET(1))
             ZS = DABS(BET(1)) + DABS(ALF(2))
             TNORM = DMAX1(TNORM,ZS)
           ENDIF
```

```fortran
      IF(K.GT.2)   THEN
        ZS = ZS + DABS(BET(K-1))
        TNORM = DMAX1(TNORM,ZS)
        ZS = DABS(BET(K-1)) + DABS(ALF(K))
        TNORM = DMAX1(TNORM,ZS)
      ENDIF
      WRITE(3,4)   K,ALF(K),BET(K)
      WRITE(*,4)   K,ALF(K),BET(K)
    4 FORMAT(' K = ',I3,'  ALF =',D20.12,'  BET = ',D20.12)
      EPS = 1D-16 * TNORM
      V(K) = BET(K) ** 2
      AL(K) = TNORM
C --------------------------------------------------------------------
C     BISEKTIONSMETHODE ZUR BESTIMMUNG DER EIGENWERTE VON   T
C --------------------------------------------------------------------
      IF(K.GT.1)   THEN
        DO 150 J = 1,K
          IF(J.EQ.1)   THEN
            US = - TNORM
          ELSE
            US = AL(J-1)
          ENDIF
          OS = AL(J)
          IBIS = 0
  130     MUB = (US + OS) / 2D0
          IVF = 0
          QQ = MUB - ALF(1)
          IF(DABS(QQ).LT.EPS)   QQ = EPS
          IF(QQ.GT.0D0)   IVF = IVF + 1
          DO 140 I = 2,K
             QQ = (MUB - ALF(I)) - V(I-1) / QQ
             IF(DABS(QQ).LT.EPS)   QQ = EPS
             IF(QQ.GT.0D0)   IVF = IVF + 1
  140     CONTINUE
          IF(IVF.LT.J)   US = MUB
          IF(IVF.GE.J)   OS = MUB
          IBIS = IBIS + 1
          IF(OS-US.GT.EPS .AND. IBIS.LE.55)   GOTO   130
          THET(J) = (US + OS) / 2D0
  150   CONTINUE
      ENDIF
C --------------------------------------------------------------------
C     TEST AUF KONVERGENZ DER ABSOLUT GROESSTEN RITZ-WERTE
C --------------------------------------------------------------------
      NKON = 0
      KH = K / 2
      DO 160 I = 1,KH
        IF(DABS(THET(I)-AL(I)).LT.TOL*DABS(THET(I)))   THEN
          NKON = NKON + 1
          LAM(NKON) = THET(I)
        ENDIF
        IF(NKON.EQ.NEW)   GOTO   190
        J = K - I + 1
        IF(DABS(THET(J)-AL(J-1)).LT.TOL*DABS(THET(J)))   THEN
          NKON = NKON + 1
          LAM(NKON) = THET(J)
        ENDIF
        IF(NKON.EQ.NEW)   GOTO   190
  160 CONTINUE
```

```
         DO 170 I = 1,K
            AL(I) = THET(I)
 170     CONTINUE
         IF(NKON.GT.0)  WRITE(3,5)  NKON
         IF(NKON.GT.0)  WRITE(*,5)  NKON
   5     FORMAT(3X,I3,' RITZ-WERTE KONVERGIERT')
 180 CONTINUE
     K = MDL
C ----------------------------------------------------------------------
C     ORDNEN DER EIGENWERTE NACH ZUNEHMENDEM WERT
C     BERECHNUNG DER EIGENVEKTOREN
C ----------------------------------------------------------------------
 190 NEW = NKON
     J = 0
 200 AUX = -1D50
     DO 210 I = 1,NKON
        IF(LAM(I).LT.0D0.AND.LAM(I).GT.AUX)  THEN
           AUX = LAM(I)
           IEV = I
        ENDIF
 210 CONTINUE
     IF(AUX.NE.-1D50)  THEN
        J = J + 1
        THET(J) = AUX
        LAM(IEV) = 0D0
        GOTO  200
     ENDIF
 220 AUX = 0D0
     DO 230 I = 1,NKON
        IF(LAM(I).GT.AUX)  THEN
           AUX = LAM(I)
           IEV = I
        ENDIF
 230 CONTINUE
     IF(AUX.NE.0D0)  THEN
        J = J + 1
        THET(J) = AUX
        LAM(IEV) = 0D0
        GOTO  220
     ENDIF
     DO 350 J = 1,NKON
        LAM(J) = MU + 1D0 / THET(J)
        WRITE(3,6)  J,THET(J),LAM(J)
   6    FORMAT(/,'  J = ',I3,'   THETA = ',D20.12,'   LAM = ',D20.12)
        DO 240 I = 1,K-1
           AL(I) = ALF(I) - THET(J)
           BE(I) = BET(I)
           GA(I) = BET(I)
 240    CONTINUE
        AL(K) = ALF(K) - THET(J)
        BE(K) = 0D0
C ----------------------------------------------------------------------
C     ZERLEGUNG DER TRIDIAGONALEN MATRIX   T - THET(J) * I
C     GAUSS-ALGORITHMUS MIT KOLONNENMAXIMUMPIVOTSTRATEGIE
C ----------------------------------------------------------------------
        DO 250 I = 1,K-1
           S1 = DABS(AL(I)) + DABS(BE(I))
           S2 = DABS(GA(I)) + DABS(AL(I+1)) + DABS(BE(I+1))
```

```fortran
      IF(DABS(AL(I))/S1.GE.DABS(GA(I))/S2)    THEN
        DE(I) = 0D0
        U = GA(I)
        U1 = AL(I+1)
        U2 = BE(I+1)
        VERT(I) = 0
      ELSE
        U = AL(I)
        U1 = BE(I)
        U2 = 0D0
        AL(I) = GA(I)
        BE(I) = AL(I+1)
        DE(I) = BE(I+1)
        VERT(I) = 1
      ENDIF
      GA(I) = U / AL(I)
      AL(I+1) = U1 - GA(I) * BE(I)
      BE(I+1) = U2 - GA(I) * DE(I)
250   CONTINUE
      DO 260 I = 1,K
        V1(I) = 1D0
        V(I) = 0D0
260   CONTINUE
      ITER = 0
270   V1(K) = - V1(K) / AL(K)
      S = V1(K)
      V1(K-1) = - (V1(K-1) + BE(K-1) * V1(K)) / AL(K-1)
      IF(DABS(V1(K-1)).GT.DABS(S))   S = V1(K-1)
      DO 280 I = K-2,1,-1
        V1(I) = - (V1(I) + BE(I)*V1(I+1) + DE(I)*V1(I+2))/AL(I)
        IF(DABS(V1(I)).GT.DABS(S))   S = V1(I)
280   CONTINUE
      DIF = 0D0
      VN  = 0D0
      DO 290 I = 1,K
        AUX = V(I)
        V(I) = V1(I) / S
        V1(I) = V(I)
        VN = VN + V(I) ** 2
        DIF = DMAX1(DIF,DABS(AUX-V(I)))
290   CONTINUE
      IF(DIF.LT.1D-8)  GOTO  310
      IF(ITER.GT.4)   STOP  ' KEINE KONVERGENZ !!'
      DO 300 I = 1,K-1
        IF(VERT(I).EQ.0)   THEN
          U = V1(I+1)
        ELSE
          U = V1(I)
          V1(I) = V1(I+1)
        ENDIF
        V1(I+1) = U - GA(I) * V1(I)
300   CONTINUE
      ITER = ITER + 1
      GOTO  270
310   VN = DSQRT(VN)
      DO 320 I = 1,K
        V(I) = V(I) / VN
320   CONTINUE
```

```fortran
      DO 340 I = 1,N
        S = 0D0
        DO 330 L = 1,K
          S = S + V(L) * Q(I,L)
330     CONTINUE
        X(I,J) = S
340   CONTINUE
      RHOJ = BET(K) * DABS(V(K))
      WRITE(3,7)  RHOJ
    7 FORMAT(' RESIDUENNORM = ',D14.5)
350 CONTINUE
    RETURN
    END




    FUNCTION  RANDOM(INIT,A)
C ----------------------------------------------------------------------
C     ERZEUGT ZUFALLSZAHLEN IM INTERVALL (-1,+1)
C     INIT : FALLS .TRUE. WIRD DIE FOLGE DER ZUFALLSZAHLEN MIT DEM
C            GANZZAHLIGEN UNGERADEN WERT  A  INITIALISIERT.
C            FALLS .FALSE. WIRD DIE NAECHSTFOLGENDE ZUFALLSZAHL
C            GELIEFERT.
C     A : GANZZAHLIGE UNGERADE STARTZAHL KLEINER ALS 32768.
C         IM FALL  INIT = .FALSE.  IST DER WERT BEDEUTUNGSLOS
C ----------------------------------------------------------------------
      INTEGER  A
      LOGICAL  INIT
      REAL*8   RANDOM,XN,AUX
      IF(INIT)  GOTO 10
      AUX = 7.8125D4 * XN
      XN = AUX - IDINT(AUX / 6.5536D4) * 6.5536D4
      RANDOM = XN / 3.2768D4 - 1D0
      RETURN
   10 XN = A
      RETURN
      END




    SUBROUTINE  VRZERL(N,F,FF,LF,IZF,VERT,SHK,H,U)
C ----------------------------------------------------------------------
C     LOEST DAS GLEICHUNGSSYSTEM  F * U = H  NACH  U
C     VERMITTELS DES VORWAERTS- UND RUECKWAERTSEINSETZENS
C     VERWENDET DIE ZERLEGUNG DER MATRIX  F = A - MU * B, DIE VON
C     DER SUBROUTINE  ZERLEG  GELIEFERT WIRD
C     N : ORDNUNG DER MATRIX  F
C     F : MATRIXELEMENTE VON  F  (IN DER ERWEITERTEN HUELLE)
C     FF : KOLONNENINDIZES DER ERSTEN ELEMENTE VON  F
C     LF : ZEILENINDIZES DER LETZTEN ELEMENTE VON  F
C     IZF : N  ZEIGER AUF DIE DIAGONALELEMENTE VON  F
C     VERT : INFORMATION UEBER ZEILENVERTAUSCHUNGEN
C     SHK : WERTE IN ALLFAELLIGEN HILFSKONGRUENZTRANSFORMATIONEN
C     H : VEKTOR DER RECHTEN SEITE DES SYSTEMS
C     U : LOESUNGSVEKTOR DES GLEICHUNGSSYSTEMS
C ----------------------------------------------------------------------
      REAL*8   F(1),SHK(1),H(1),U(1),AUX,S
      INTEGER*2  FF(1),LF(1),IZF(1),VERT(1)
```

```
      DO 10 J = 1,N
        U(J) = H(J)
   10 CONTINUE
      DO 50 J = 1,N-1
        JJ = VERT(J)
        IF(JJ.EQ.J)  GOTO  30
        IF(JJ.LT.0)  GOTO  20
        AUX = U(J)
        U(J) = U(JJ)
        U(JJ) = AUX
        GOTO  30
   20   AUX = U(J+1)
        U(J+1) = U(J+2)
        U(J+2) = AUX
   30   IF(SHK(J).NE.0D0)  U(J) = U(J) * SHK(J) + U(J+1)
        KL = LF(J)
        DO 40 K = J+1,KL
          IF(FF(K).GT.J)  GOTO  40
          KH = IZF(K) + J - K
          U(K) = U(K) - F(KH) * U(J) / F(IZF(J))
   40   CONTINUE
   50 CONTINUE
      U(N) = U(N) / F(IZF(N))
      DO 90 J = N-1,1,-1
        S = U(J)
        KL = LF(J)
        KF = J + 1
        DO 60 K = KF,KL
          IF(FF(K).LE.J)  S = S - F(IZF(K)-K+J) * U(K)
   60   CONTINUE
        U(J) = S / F(IZF(J))
        IF(SHK(J).EQ.0D0)  GOTO  70
        U(J+1) = U(J) + U(J+1)
        U(J) = SHK(J) * U(J)
   70   JJ = VERT(J)
        IF(JJ.EQ.J)  GOTO  90
        IF(JJ.LT.0)  GOTO  80
        AUX = U(J)
        U(J) = U(JJ)
        U(JJ) = AUX
        GOTO  90
   80   AUX = U(J+1)
        U(J+1) = U(J+2)
        U(J+2) = AUX
   90 CONTINUE
      RETURN
      END
```

5.6 Rayleigh-Quotient-Minimierung mit Vorkonditionierung

Die p kleinsten Eigenwerte $\lambda_1 \le \lambda_2 \le \cdots \le \lambda_p$ und die zugehörigen Eigenvektoren $x_1, x_2, \ldots, x_p$ der allgemeinen Eigenwertaufgabe $Ax = \lambda Bx$ sollen mit der Methode der Rayleigh-Quotient-Minimierung mit Vorkonditionierung des Verfahrens der konjugierten Gradienten bestimmt werden, um auf diese Weise die schwache Besetzung der Matrizen A und B optimal auszunützen.

Dem Unterprogramm RQPCG liegt der Algorithmus (B5.188) zugrunde, wobei die Vorkonditionierung durch eine partielle Cholesky-Zerlegung der als positiv definit vorausgesetzten Matrix A erfolgt. Die Vorkonditionierungsmatrix M ist definiert durch $M = CC^T$, wo C eine Linksdreiecksmatrix darstellt, deren Besetzungsstruktur mit derjenigen der unteren Hälfte von A übereinstimmt. Sie wird durch eine partielle Cholesky-Zerlegung der als skaliert vorausgesetzten Matrix $A = E + I + F$ gewonnen, indem die Nichtdiagonalelemente von A allenfalls mit dem Faktor $(1 + \alpha)$ dividiert werden. Die partielle Cholesky-Zerlegung wird stets mit dem Startwert $\alpha = 0$ versucht. Beim Misslingen der Zerlegung wird der Wert α sukzessive vergrössert, und der erfolgreiche Wert α wird angegeben.

Die gewünschten Eigenpaare werden nacheinander bestimmt, wobei einerseits für die berechneten Eigenwerte die Deflation (B5.190) angewandt und anderseits die Vorkonditionierung vermittels Rang-Eins-Modifikationen gemäss (B5.196) nachgeführt wird. Die Spektralverschiebungen σ_ν in (B5.190) werden durch $\sigma_\nu = d - \lambda_\nu$ definiert, so dass die berechneten Eigenwerte in den mehrfachen Eigenwert d transformiert werden. Der Wert d wird gleich einem Vielfachen des zuletzt berechneten Eigenwertes λ_l gesetzt. Der dazu verwendete Faktor FAKD wird am Anfang gleich 10 gesetzt. Der Faktor wird nach der Berechnung eines weiteren Eigenwertes auf Grund der Vorschrift $\text{FAKD} = 0.3 + \sqrt{\text{FAKD}}$ verkleinert, falls die Verschiebung d kleiner als das Vielfache des eben berechneten Eigenwertes ist und die Verschiebung neu festgesetzt werden muss. Mit diesem heuristischen Gesetz wird versucht, der Verteilung der Eigenwerte Rechnung zu tragen, unter der Annahme, dass die Quotienten von aufeinanderfolgenden Eigenwerten λ_{k+1}/λ_k abnehmen. Falls im Spektrum grössere Lücken auftreten, dann versagt diese Strategie natürlich, und für die Verschiebung d wird ein zu kleiner Wert festgesetzt. Diese Situation wird dadurch erkannt, dass das Minimum des Rayleighschen Quotienten gleich d ist. Der berechnete Eigenwert darf nicht akzeptiert werden, vielmehr muss die Iteration mit einem grösseren Wert von d und einem neuen Startvektor wiederholt werden. In denjenigen Fällen, wo der kleinste Eigenwert λ_1 im Vergleich zu λ_2 sehr klein ist, sollte eine erste Verschiebung d dem Unterprogramm RQPCG als Parameterwert D vorgegeben werden.

Die Startvektoren der Rayleigh-Quotient-Minimierung werden durch Zufallszahlen aus dem Intervall $(-1, +1)$ mit Hilfe des Unterprogramms RANDOM gewählt. Die Folge der Zufallszahlen wird durch eine vorzugebende ungerade Zahl NZUFAL festgelegt. Die Iteration für einen Eigenwert wird abgebrochen, sobald entweder die relative Differenz von zwei aufeinanderfolgenden Rayleigh-Quotienten kleiner als die vorgegebene Toleranz TOL ausfällt oder der Rayleighsche Quotient auf Grund von Rundungseffekten zunimmt. Die Anzahl der Iterationsschritte, nach denen jeweils ein Neustart vorzunehmen ist, wird durch den Parameter NEUST gekennzeichnet. Die Anzahl der Neustarts pro Eigenpaar ist durch die Data-Anweisung für NZYK auf 5 beschränkt. Tritt nach entsprechend vielen Iterationsschritten keine Konvergenz ein, wird die Rechnung mit einer Fehlermeldung abgebrochen.

Der Vorkonditionierungsschritt im Algorithmus (B5.188) wird mit dem Unterprogramm VORKON aus Abschn. 4.4.2 durchgeführt. Die gleichzeitige Multiplikation der Matrizen A und B mit einem Vektor p wird zur Steigerung der Effizienz im Unterprogramm ABPZ ausgeführt.

```fortran
      SUBROUTINE  RQPCG(N,A,B,IA,IZ,NEIG,EV,BEV,LAM,TOL,D,NZUFAL,
     *               NEUST,X,C,Y,KAP,V,V1,G,H,S,W,W1,NDA,NDX,NDE)
C -------------------------------------------------------------------
C     METHODE DER KONJUGIERTEN GRADIENTEN ZUR MINIMIERUNG DES
C     RAYLEIGH'SCHEN QUOTIENTEN MIT VORKONDITIONIERUNG VERMITTELS
C     PARTIELLER CHOLESKY-ZERLEGUNG UND DEREN NACHFUEHRUNG
C     ALLGEMEINE EIGENWERTAUFGABE  A * X = LAM * B * X
C     N : ORDNUNG DER MATRIZEN  A   UND  B
C     A : MATRIXELEMENTE VON  A  IN KOMPAKTER SPEICHERUNG
C     B : MATRIXELEMENTE VON  B  IN KOMPAKTER SPEICHERUNG
C     IA : ZUGEHOERIGE KOLONNENINDIZES FUER BEIDE MATRIZEN
C     IZ : GEMEINSAME ZEIGER AUF DIAGONALELEMENTE
C     NEIG : ZAHL DER GEWUENSCHTEN EIGENWERTE/EIGENVEKTOREN
C     EV : MATRIX FUER EIGENVEKTOREN, KOLONNENWEISE GESPEICHERT
C     BEV : MATRIX FUER DIE MIT  B  MULTIPLIZIERTEN EIGENVEKTOREN
C     LAM : BERECHNETE EIGENWERTE
C     TOL : RELATIVE TOLERANZ FUER EIGENWERTE
C     D : VORGEGEBENE SPEKTRALVERSCHIEBUNG
C     NZUFAL : STARTZAHL FUER ZUFALLSZAHLERZEUGUNG, UNGERADE !
C     NEUST : NEUSTART NACH ENTSPRECHEND VIELEN ITERATIONSSCHRITTEN
C     X : ITERATIONSVEKTOR
C     C : MATRIXELEMENTE DER PARTIELLEN CHOLESKY-ZERLEGUNG VON  A
C     Y : HILFSMATRIX FUER VEKTOREN  Y
C     KAP : HILFSGROESSEN, SKALARPRODUKTE
C     V,V1,G,H,S,W,W1 : HILFSVEKTOREN
C     NDA : AKTUELLE DIMENSIONIERUNG VON  A, B, C  UND  IA
C     NDX : AKTUELLE DIMENSIONIERUNG VON  X, IZ  SOWIE
C           DER HILFSVEKTOREN  V, V1, G, H, S, W, W1
C     NDE : AKTUELLE ZWEITE DIMENSIONIERUNG VON  EV  UND  BEV
C           AKTUELLE DIMENSIONIERUNG VON  LAM  UND  KAP
C -------------------------------------------------------------------
      REAL*8   A(NDA),B(NDA),C(NDA),EV(NDX,NDE),BEV(NDX,NDE)
      REAL*8   Y(NDX,NDE),LAM(NDE),KAP(NDE),X(NDX)
      REAL*8   V(NDX),V1(NDX),G(NDX),H(NDX),S(NDX),W(NDX),W1(NDX)
      REAL*8   ALF,BET,GAM,DEL,DK,RHO,SIG,TAU,Q,QA,Z,ZA,EPS,F
      REAL*8   TOL,D,PHI,A1,A2,A3,AUX,RANDOM,GTG,FAKD
      INTEGER*2  IA(NDA),IZ(NDX)
      LOGICAL  ERFOLG
      DATA  NZYK/5/
      WRITE(3,1)
    1 FORMAT(/'     RAYLEIGH-QUOTIENT-MINIMIERUNG'/
     *        '     KONJUGIERTE GRADIENTEN MIT VORKONDITIONIERUNG'/
     *        '     DURCH PARTIELLE CHOLESKY-ZERLEGUNG VON  A')
C -------------------------------------------------------------------
C     INITIALISIERUNG DER RAYLEIGH-QUOTIENT-MINIMIERUNG
C -------------------------------------------------------------------
      ALF = 0D0
   10 CALL  PARTCH(N,A,IA,IZ,C,ALF,ERFOLG)
      IF(.NOT.ERFOLG)  THEN
         IF(ALF.EQ.0D0)  ALF = 5D-3
         ALF = ALF + ALF
         GOTO  10
      ENDIF
      WRITE(3,2)  ALF
    2 FORMAT(/'     ERFOLGREICHE ZERLEGUNG MIT ALF =',F10.4/)
      AUX = RANDOM(.TRUE.,NZUFAL)
      FAKD = 1.0D1
```

```fortran
      DO 290 L = 1,NEIG
        WRITE(3,3)   L
        WRITE(*,3)   L
   3    FORMAT(/3X,'ITERATION FUER',I3,'. EIGENWERT'/)
C ------------------------------------------------------------------
C       INITIALISIERUNG DER ITERATION FUER DEN L.TEN EIGENWERT
C ------------------------------------------------------------------
  20    DO 30 I = 1,N
          X(I) = RANDOM(.FALSE.,0)
  30    CONTINUE
        IZYKL = 0
  40    ZA = 1D0
        CALL  ABPZ(N,A,B,IA,IZ,X,V,V1)
        DO 70 J = 1,L-1
          PHI = 0D0
          DO 50 I = 1,N
            PHI = PHI + BEV(I,J) * X(I)
  50      CONTINUE
          PHI = PHI * (D - LAM(J))
          DO 60 I = 1,N
            V(I) = V(I) + PHI * BEV(I,J)
  60      CONTINUE
  70    CONTINUE
        ALF = 0D0
        RHO = 0D0
        DO 80 I = 1,N
          ALF = ALF + X(I) * V(I)
          RHO = RHO + X(I) * V1(I)
          S(I) = 0D0
  80    CONTINUE
        Q = ALF / RHO
C ------------------------------------------------------------------
C       ITERATIONSSCHRITTE FUER DEN L.TEN EIGENWERT
C ------------------------------------------------------------------
        DO 210 K = 1,NEUST
          GTG = 0D0
          F = 2D0 / RHO
          DO 90 I = 1,N
            G(I) = (V(I) - Q * V1(I)) * F
            GTG = GTG + G(I) * G(I)
  90      CONTINUE
          IF(K.EQ.1)   WRITE(3,4)   K-1,Q,GTG
          IF(K.EQ.1)   WRITE(*,4)   K-1,Q,GTG
   4      FORMAT('  K =',I4,'   RQ =',F20.14,'   GTG = ',D14.6)
          CALL  VORKON(N,C,IA,IZ,G,H)
C ------------------------------------------------------------------
C       NACHFUEHRUNG DER VORKONDITIONIERUNG
C ------------------------------------------------------------------
          DO 120 J = 1,L-1
            PHI = 0D0
            DO 100 I = 1,N
              PHI = PHI + H(I) * BEV(I,J)
 100        CONTINUE
            PHI = PHI * (D - LAM(J))/(1D0 + (D - LAM(J)) * KAP(J))
            DO 110 I = 1,N
              H(I) = H(I) - PHI * Y(I,J)
 110        CONTINUE
 120      CONTINUE
```

```
C     ----------------------------------------------------------------
C           BERECHNUNG DES ITERIERTEN VEKTORS, KONVERGENZTEST
C     ----------------------------------------------------------------
            Z = 0D0
            DO 130 I = 1,N
              Z = Z + H(I) * G(I)
  130       CONTINUE
            EPS = Z / ZA
            DO 140 I = 1,N
              S(I) = - H(I) + EPS * S(I)
  140       CONTINUE
            CALL  ABPZ(N,A,B,IA,IZ,S,W,W1)
            DO 170 J = 1,L-1
              PHI = 0D0
              DO 150 I = 1,N
                PHI = PHI + BEV(I,J) * S(I)
  150         CONTINUE
              PHI = PHI * (D - LAM(J))
              DO 160 I = 1,N
                W(I) = W(I) + PHI * BEV(I,J)
  160         CONTINUE
  170       CONTINUE
            BET = 0D0
            GAM = 0D0
            SIG = 0D0
            TAU = 0D0
            DO 180 I = 1,N
              BET = BET + X(I) * W(I)
              GAM = GAM + S(I) * W(I)
              SIG = SIG + X(I) * W1(I)
              TAU = TAU + S(I) * W1(I)
  180       CONTINUE
            A1 = ALF * TAU - GAM * RHO
            A2 = GAM * SIG - BET * TAU
            A3 = BET * RHO - ALF * SIG
            DEL = A1 * A1 - 4D0 * A2 * A3
            IF(A1.GE.0D0)  THEN
              DK = (A1 + DSQRT(DEL)) / (2D0 * A2)
            ELSE
              DK = (2D0 * A3) / (A1 - DSQRT(DEL))
            ENDIF
            ALF = 0D0
            RHO = 0D0
            DO 190 I = 1,N
              X(I) = X(I) + DK * S(I)
              V(I) = V(I) + DK * W(I)
              V1(I) = V1(I) + DK * W1(I)
              ALF = ALF + X(I) * V(I)
              RHO = RHO + X(I) * V1(I)
  190       CONTINUE
            QA = Q
            ZA = Z
            Q = ALF / RHO
            IF(Q.GT.QA .OR. DABS(1D0 - QA/Q).LE.TOL)  GOTO  240
            IF(K/5*5.EQ.K)  WRITE(3,4)  K,Q,GTG
            IF(K/5*5.EQ.K)  WRITE(*,4)  K,Q,GTG
  210     CONTINUE
          IZYKL = IZYKL + 1
```

```fortran
      IF(IZYKL.GT.NZYK)   THEN
        WRITE(3,5)  NZYK
    5   FORMAT(/'    *** KEINE KONVERGENZ NACH',I3,' ZYKLEN ***')
        STOP  'KEINE KONVERGENZ !!!'
      ELSE
        WRITE(3,6)
    6   FORMAT('   N E U S T A R T    ***')
        GOTO  40
      ENDIF
  240 IF(L.GT.1 .AND. Q.GT.0.98D0*D)   THEN
        D = D + D
        WRITE(3,7)  D
        WRITE(*,7)  D
    7   FORMAT(/'    *** WIEDERHOLUNG MIT NEUEM  D = ',F15.10/)
        GOTO 20
      ENDIF
      WRITE(3,4)  K,Q,GTG
      WRITE(*,4)  K,Q,GTG
      LAM(L) = Q
      IF(D.LT.FAKD*LAM(L))   THEN
        D = FAKD * LAM(L)
        FAKD = DSQRT(FAKD) + 3D-1
        WRITE(3,8)  D,FAKD
        WRITE(*,8)  D,FAKD
    8   FORMAT(/,'  NEUES  D = ',F15.10,3X,'NEUER  FAKD = ',F8.4)
      ENDIF
C -------------------------------------------------------------------
C     NORMIERUNG DES EIGENVEKTORS, BERECHNUNG DES VEKTORS  Y
C -------------------------------------------------------------------
      Z = DSQRT(RHO)
      DO 270 I = 1,N
        EV(I,L) = X(I) / Z
        BEV(I,L) = V1(I) / Z
        G(I) = BEV(I,L)
  270 CONTINUE
      IF(L.LT.NEIG)   THEN
        CALL  VORKON(N,C,IA,IZ,G,H)
        PHI = 0D0
        DO 280 I = 1,N
          Y(I,L) = H(I)
          PHI = PHI + H(I) * BEV(I,L)
  280   CONTINUE
        KAP(L) = PHI
      ENDIF
  290 CONTINUE
      RETURN
      END



      SUBROUTINE  ABPZ(N,A,B,IA,IZ,P,Z,Z1)
C -------------------------------------------------------------------
C     BERECHNET DIE PRODUKTE  A * P = Z  UND  B * P = Z1
C     KONJUGIERTE GRADIENTEN, MINIMIERUNG RAYLEIGH-QUOTIENT
C     N : ORDNUNG DER MATRIX  A
C     A : MATRIXELEMENTE VON  A, UNTERE HAELFTE KOMPAKT GESPEICHERT
C     B : MATRIXELEMENTE VON  B, UNTERE HAELFTE KOMPAKT GESPEICHERT
C     IA : ZUGEHOERIGE KOLONNENINDIZES
C     IZ : N  ZEIGER AUF DIAGONALELEMENTE
```

```
C       P : GEGEBENER VEKTOR  P
C       Z : RESULTATVEKTOR  Z
C       Z1 : RESULTATVEKTOR  Z1
C  ---------------------------------------------------------------
        REAL*8   A(1),B(1),P(1),Z(1),Z1(1)
        INTEGER*2  IA(1),IZ(1)
        Z(1) = A(1) * P(1)
        Z1(1) = B(1) * P(1)
        DO 20 I = 2,N
           Z(I) = A(IZ(I)) * P(I)
           Z1(I) = B(IZ(I)) * P(I)
           IH1 = IZ(I-1) + 1
           IH2 = IZ(I) - 1
           DO 10 J = IH1,IH2
             K = IA(J)
             Z(I) = Z(I) + A(J) * P(K)
             Z(K) = Z(K) + A(J) * P(I)
             Z1(I) = Z1(I) + B(J) * P(K)
             Z1(K) = Z1(K) + B(J) * P(I)
   10      CONTINUE
   20   CONTINUE
        RETURN
        END
```

6 Hauptprogramme mit Testbeispielen

Die in den Kapiteln 2 bis 5 vorbereiteten Unterprogramme werden im folgenden ergänzt mit Hauptprogrammen, so dass sich vollständige Programmpakete ergeben. Dazu werden Testergebnisse angegeben, die mit den so zusammengestellten Programmen berechnet worden sind, um sowohl ihre Arbeitsweise zu illustrieren als auch Resultate anzubieten, mit denen die Programme auf einem Personal Computer geprüft werden können. Es wurden anwendungsbezogene Beispiele ausgewählt, die nicht allzu trivial, aber bei der relativ kleinen Zahl von Unbekannten doch noch repräsentativ genug sein sollten.

Ein erstes Hauptprogramm realisiert den Algorithmus von Cuthill-McKee zur Bestimmung derjenigen Numerierung der Knotenpunkte, welche entweder eine minimale Bandbreite oder ein minimales Profil der Gesamtmatrizen ergeben. Ein zweites Hauptprogramm führt in einem Fall die Umnumerierung eines gegeben Datensatzes aufgrund der im Algorithmus von Cuthill-McKee ermittelten optimalen Numerierung der Knotenpunkte durch. Darauf folgen acht Hauptprogramme für die Lösung von statischen Aufgaben und anschliessend vier Hauptprogramme zur Behandlung von Schwingungsaufgaben mit den vier verschiedenen Eigenwertverfahren.

Die Hauptprogramme für die statischen und dynamischen Probleme sind einheitlich aufgebaut. Zuerst wird ein Resultatfile mit einem dem Problem angepassten Namen definiert und dann nach dem Namen des Datenfiles gefragt, welches die Daten der zu lösenden Aufgabe enthält. Anschliessend erfolgt der Aufruf des Unterprogramms für den Kompilationsprozess. Nachher erfolgt die Eingabe der Randbedingungen und deren

Berücksichtigung in den algebraischen Gleichungen. Nach der Skalierung des algebraischen Problems wird dasselbe nach der Eingabe von eventuell zusätzlichen Steuergrössen nach einer bestimmten Methode gelöst. Zum Schluss werden die Resultate zurückskaliert, im Fall der Eigenwertaufgaben zusätzlich modifiziert und im Resultatfile abgesetzt.

Um die Buchseiten besser auszunützen, sind in einigen Fällen aufeinanderfolgende Ergebnisse nebeneinander angeordnet. Gelegentlich werden allzu umfangreiche oder wenig aussagekräftige Resultate auch nur auszugsweise wiedergegeben.

6.1 Optimale Numerierung, Algorithmus von Cuthill-McKee

Im folgenden Hauptprogramm ist der Algorithmus von Cuthill-McKee gemäss den Abschn. B3.2.1 und B3.2.2 implementiert. Das Programm ist so konzipiert, dass damit Elemente mit einer verschiedenen und wechselnden Zahl von Knotenpunkten behandelt werden können. Der Algorithmus kann entweder für vorgegebene Startpunkte oder für eine gegebene Anzahl von Startpunkten mit kleinstem Grad durchgeführt werden. Die Startpunkte werden in diesem Fall vom Programm selbst bestimmt. Nach Beendigung des Algorithmus kann der Permutationsvektor für die gewünschte optimale Numerierung auf Wunsch im speziellen Datenfile PERMCMCK.DAT abgespeichert werden, um damit allenfalls eine Neunumerierung ausführen zu können.

Eingabedaten:

```
1. N          : Anzahl der Knotenpunkte
   NEUNUM   : Anzahl der Startpunkte
                > 0 : Die Startpunkte werden vorgegeben
                < 0 : Die Startpunkte mit minimalem Grad werden vom
                      Programm bestimmt
2. NKNOT    : Anzahl Knotenpunkte pro Element (≤ 8)
                NKNOT ≤ 0 : Schlusszeile
3. NP(I)     : Knotennummern pro Element
                (je eine Datenzeile pro Element)
                NP(1) ≤ 0 : Schlusszeile für den Elementtyp
4. START(I)  : Nummern der gegebenen Startpunkte, falls NEUNUM > 0
```

```
C  --------------------------------------------------------------------
C     HAUPTPROGRAMM ZUR BESTIMMUNG DER OPTIMALEN KNOTENNUMERIERUNG
C     NACH DEM ALGORITHMUS VON CUTHILL-MCKEE ZWECKS MINIMIERUNG DER
C     BANDBREITE ODER DES PROFILS
C     DAS PROGRAMM IST AUSGELEGT FUER MAXIMAL
C         ND    = 1000 KNOTENPUNKTE
C         MAXGR = 30    MAXIMALGRAD DER KNOTENPUNKTE
C         NDL   = 100   STUFEN DES ALGORITHMUS
C  --------------------------------------------------------------------
```

```fortran
      PARAMETER(ND=1000,MAXGR=30,NDL=100)
      INTEGER   GRAPH(MAXGR,ND),GRAD(ND),START(ND),NP(8)
      INTEGER   NEU(ND),RNEU(ND),NEUIN(ND),RNEUIN(ND)
      INTEGER   LEVEL(NDL),PERMB(ND),PERME(ND)
      INTEGER   GRADZP,FCM,FRCM,PRMIN
      CHARACTER*12   FNAME
      LOGICAL   NUM(ND)
      OPEN(3,FILE='RESCUTH.DAT',STATUS='UNKNOWN')
      WRITE(*,900)
 900  FORMAT('  NAME DER DATEI : ')
      READ(*,'(A12)')  FNAME
      WRITE(3,901)  FNAME
 901  FORMAT('    NAME DER DATEI : ',A12/)
      OPEN(1,FILE=FNAME,STATUS='OLD')
      READ(1,*)  N,NEUNUM
      WRITE(3,1)  N
  1   FORMAT('     ALGORITHMUS VON CUTHILL-MCKEE FUER'/
     *    3X,I4,'  KNOTENPUNKTE'//3X,'KNOTENNUMMERN PRO ELEMENT'/)
      IF(N.GT.ND)  STOP  'N ZU GROSS !!!'
C -----------------------------------------------------------------------
C     AUFBAU DES GRAPHEN AUF GRUND DER KNOTENNUMMERN DER ELEMENTE
C -----------------------------------------------------------------------
      DO 20 I = 1,N
        GRAD(I) = 0
        DO 10 J = 1,MAXGR
          GRAPH(J,I) = 0
 10     CONTINUE
 20   CONTINUE
 30   READ(1,*)  NKNOT
      IF(NKNOT.GT.0)  THEN
 40     READ(1,*)  (NP(I), I=1,NKNOT)
        IF(NP(1).LE.0)  GOTO 30
        WRITE(3,2)  (NP(I), I=1,NKNOT)
  2     FORMAT(3X,8I5)
        DO 90 I = 1,NKNOT-1
          NZP = NP(I)
          DO 90 J = I+1,NKNOT
            NNP = NP(J)
            DO 50 K = 1,MAXGR
              IF(GRAPH(K,NZP).EQ.NNP)  GOTO  80
              IF(GRAPH(K,NZP).GT.0)  GOTO  50
              GRAPH(K,NZP) = NNP
              GRAD(NZP) = GRAD(NZP) + 1
              GOTO  60
 50         CONTINUE
            WRITE(3,3)  NZP,MAXGR
  3         FORMAT(3X,'*** MAXIMALER GRAD DES KNOTENS',I5,
     *              ' GROESSER ALS',I4)
            STOP  'MAXIMALER GRAD ZU GROSS !!!'
 60         GRAD(NNP) = GRAD(NNP) + 1
            IF(GRAD(NNP).LE.MAXGR)  GOTO  70
            WRITE(3,3)  NNP,MAXGR
            STOP  'MAXIMALER GRAD ZU GROSS !!!'
 70         GRAPH(GRAD(NNP),NNP) = NZP
 80       CONTINUE
 90     CONTINUE
        GOTO  40
      ENDIF
```

```
      MAXGD = GRAD(1)
      MINGD = GRAD(1)
      DO 100 I = 2,N
        MAXGD = MAX0(MAXGD,GRAD(I))
        MINGD = MIN0(MINGD,GRAD(I))
  100 CONTINUE
      MINBD = (MAXGD + 1) / 2
      WRITE(3,4)  MINGD,MAXGD,MINBD
    4 FORMAT(/3X,'MINIMALER GRAD =',I4,3X,'MAXIMALER GRAD =',I4/
     *     3X,'MINIMALE BANDBREITE =',I4)
C ----------------------------------------------------------------
C     VORGABE, BZW. BESTIMMUNG DER STARTPUNKTE
C ----------------------------------------------------------------
      IF(NEUNUM.GT.0)  THEN
        READ(1,*)  (START(I), I=1,NEUNUM)
        WRITE(3,5)  (START(I), I=1,NEUNUM)
    5   FORMAT(/3X,'VORGEGEBENE STARTNUMMERN'/(3X,10I5))
      ELSE
        NEUNUM = - NEUNUM
        K = 0
  110   DO 120 I = 1,N
          IF(GRAD(I).EQ.MINGD)  THEN
            K = K + 1
            START(K) = I
            IF(K.GE.NEUNUM)  GOTO  130
          ENDIF
  120   CONTINUE
        MINGD = MINGD + 1
        GOTO  110
  130   WRITE(3,6)  (START(I), I=1,NEUNUM)
    6   FORMAT(/3X,'STARTNUMMERN MIT KLEINSTEM GRAD'/(3X,10I5))
      ENDIF
C ----------------------------------------------------------------
C     NEUNUMERIERUNG DER KNOTENPUNKTE FUER ALLE STARTPUNKTE
C ----------------------------------------------------------------
      WRITE(3,7)
    7 FORMAT(/3X,'ERGEBNISSE DER NEUNUMERIERUNGEN'/
     *     3X,'STARTPUNKT  BANDBREITE  PROFIL CM   PROFIL RCM'/)
      MMIN = N
      PRMIN = N * N
      KBDM = 0
      KPRM = 0
      DO 240 IS = 1,NEUNUM
        NSTART = START(IS)
        NEU(1) = NSTART
        NEUIN(NSTART) = 1
        RNEU(N) = NSTART
        RNEUIN(NSTART) = N
        DO 140 I = 1,N
          NUM(I) = .FALSE.
  140   CONTINUE
        NUM(NSTART) = .TRUE.
        LEVEL(1) = 1
        LEVS = 1
        LEVE = 1
        NLEV = 1
        L = 1
```

```
150     DO 180 J = LEVS,LEVE
          NZP = NEU(J)
          GRADZP = GRAD(NZP)
160       MINGR = MAXGR
          K = 0
          DO 170 I = 1,GRADZP
            NNP = GRAPH(I,NZP)
            IF(NUM(NNP).OR.GRAD(NNP).GT.MINGR)   GOTO   170
            MINGR = GRAD(NNP)
            K = NNP
170       CONTINUE
          IF(K.EQ.0)   GOTO   180
          L = L + 1
          NEU(L) = K
          NEUIN(K) = L
          RNEU(N-L+1) = K
          RNEUIN(K) = N - L + 1
          NUM(K) = .TRUE.
          GOTO   160
180     CONTINUE
        LEVS = LEVS + LEVEL(NLEV)
        NLEV = NLEV + 1
        LEVEL(NLEV) = L - LEVS + 1
        LEVE = LEVE + LEVEL(NLEV)
        IF(LEVE.LT.N)   GOTO   150
C ------------------------------------------------------------------------
C     BANDBREITE   M   UND   PROFIL   NPRCM   DER NEUNUMERIERUNG
C     UND PROFIL   NPRRCM   DER UMGEKEHRTEN NEUNUMERIERUNG
C ------------------------------------------------------------------------
        M = 0
        NPRCM = 0
        NPRRCM = 0
        DO 200 I = 1,N
          NZP = NEUIN(I)
          NZPRCM = RNEUIN(I)
          FCM = NZP
          FRCM = NZPRCM
          GRADZP = GRAD(I)
          DO 190 J = 1,GRADZP
            K = NEUIN(GRAPH(J,I))
            M = MAX0(M,IABS(K - NZP))
            FCM = MIN0(FCM,K)
            KRCM = RNEUIN(GRAPH(J,I))
            FRCM = MIN0(FRCM,KRCM)
190       CONTINUE
          NPRCM = NPRCM + NZP - FCM + 1
          NPRRCM = NPRRCM + NZPRCM - FRCM + 1
200     CONTINUE
        WRITE(3,8)   NSTART,M,NPRCM,NPRRCM
   8    FORMAT(3X,I8,8X,I4,7X,I6,7X,I6)
        IF(NPRRCM.LT.PRMIN)   THEN
          PRMIN = NPRRCM
          KPRM = IS
          DO 210 I = 1,N
            PERME(I) = RNEUIN(I)
210       CONTINUE
        ENDIF
```

```
       IF(NPRCM.LT.PRMIN)  THEN
         PRMIN = NPRCM
         KPRM = IS
         DO 220 I = 1,N
           PERME(I) = NEUIN(I)
 220     CONTINUE
       ENDIF
       IF(M.LT.MMIN)  THEN
         MMIN = M
         KBDM = IS
         DO 230 I = 1,N
           PERMB(I) = NEUIN(I)
 230     CONTINUE
       ENDIF
 240 CONTINUE
     WRITE(3,9)  MMIN,START(KBDM)
   9 FORMAT(//3X,'MINIMALE BANDBREITE M =',I5,'  FUER STARTPUNKT',
    * I5/3X,'DER PERMUTATIONSVEKTOR DER NEUNUMERIERUNG LAUTET :'/)
     WRITE(3,11)  (PERMB(I), I=1,N)
  11 FORMAT((3X,10I5))
     WRITE(3,12)  PRMIN,START(KPRM)
  12 FORMAT(//3X,'MINIMALES PROFIL =',I6,'  FUER STARTPUNKT',I5/
    *     3X,'DER PERMUTATIONSVEKTOR DER NEUNUMERIERUNG LAUTET :'/)
     WRITE(3,11)  (PERME(I), I=1,N)
     WRITE(*,902)
 902 FORMAT('  ABSPEICHERUNG EINES PERMUTATIONSVEKTORS ?'/
    *         '  0 : NICHTS ABSPEICHERN'/
    *         '  1 : PERMUTATIONSVEKTOR FUER MINIMALES BAND'/
    *         '  2 : PERMUTATIONSVEKTOR FUER MINIMALES PROFIL'/)
     READ(*,*)  IFALL
     IF(IFALL.EQ.0)  STOP  'S C H L U S S'
     OPEN(2,FILE='PERMCMCK.DAT',STATUS='UNKNOWN')
     IF(IFALL.EQ.1)  WRITE(2,11)  (PERMB(I), I=1,N)
     IF(IFALL.EQ.2)  WRITE(2,11)  (PERME(I), I=1,N)
     STOP 'S C H L U S S'
     END
```

Beispiel 6.1 Wir betrachten den Autolängsschnitt nach Fig. 6.1, eingeteilt in Dreieck- und Rechteckelemente für den quadratischen Ansatz. Die Knotenpunkte sind zeilenweise durchnumeriert, und der Cuthill-McKee-Algorithmus soll für zehn vorgegebene Startpunkte ausgeführt werden.

Die Ergebnisse zeigen, dass mit dem Startpunkt 34 die kleinste Bandbreite m = 21 erzielt wird, während der Startpunkt 115 auf Grund des umgekehrten Cuthill-McKee-Algorithmus zum kleinsten Profil führt. Die Speicherung der Matrixelemente, welche der Hülle angehören, benötigt für die entsprechende Numerierung der Knotenpunkte 1263 Speicherplätze. Eine Bandmatrix mit der minimalen Bandbreite m = 21 erfordert demgegenüber mit 22 × 122 = 2684 Matrixelementen des Bandes gut den doppelten Speicherplatz.

Der Permutationsvektor, welcher mit der dazugehörigen Umnumerierung der Knotenpunkte das kleinste Profil der Gesamtmatrizen ergibt, wird im Programm des folgenden Abschnittes dazu verwendet werden, um den Datensatz für die Eigenwertberechnung zu erstellen.

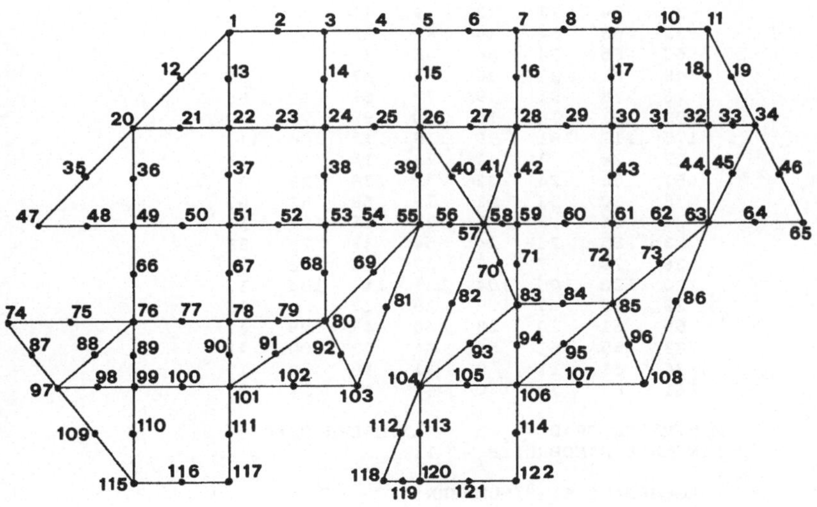

Fig. 6.1   Startnumerierung für den Autolängsschnitt


```
NAME DER DATEI : BEISP61.DAT

ALGORITHMUS VON CUTHILL-MCKEE FUER
 122   KNOTENPUNKTE

KNOTENNUMMERN PRO ELEMENT

    47     49     20     48     36     35
    74     97     76     87     88     75
    97     99     76     98     89     88
    97    115     99    109    110     98
    20     22      1     21     13     12
   101     80     78     91     79     90
   101    103     80    102     92     91
    80     55     53     69     54     68
    80    103     55     92     81     69
    55     57     26     56     40     39
    26     57     28     40     41     27
    57     59     28     58     42     41
    57     83     59     70     71     58
   104     83     57     93     70     82
   104    106     83    105     94     93
   118    120    104    119    113    112
   106     85     83     95     84     94
   106    108     85    107     96     95
    85     63     61     73     62     72
    85    108     63     96     86     73
```

```
 32   34   11   33   19   18
 32   63   34   44   45   33
 63   65   34   64   46   45
 49   51   22   20   50   37   21   36
 76   78   51   49   77   67   50   66
 99  101   78   76  100   90   77   89
115  117  101   99  116  111  100  110
 22   24    3    1   23   14    2   13
 51   53   24   22   52   38   23   37
 78   80   53   51   79   68   52   67
 24   26    5    3   25   15    4   14
 53   55   26   24   54   39   25   38
 26   28    7    5   27   16    6   15
120  122  106  104  121  114  105  113
 28   30    9    7   29   17    8   16
 59   61   30   28   60   43   29   42
 83   85   61   59   84   72   60   71
 30   32   11    9   31   18   10   17
 61   63   32   30   62   44   31   43
```

MINIMALER GRAD =   5   MAXIMALER GRAD = 21
MINIMALE BANDBREITE =   11

VORGEGEBENE STARTNUMMERN
```
 65   34   33   63   74   97  115  117   98   88
```

ERGEBNISSE DER NEUNUMERIERUNGEN
STARTPUNKT   BANDBREITE   PROFIL CM   PROFIL RCM

STARTPUNKT	BANDBREITE	PROFIL CM	PROFIL RCM
65	23	1838	1288
34	21	1924	1315
33	21	1968	1309
63	26	2002	1372
74	26	1992	1321
97	26	1916	1287
115	26	1976	1263
117	26	2008	1281
98	26	1957	1281
88	26	1965	1288

MINIMALE BANDBREITE M =   21   FUER STARTPUNKT   34
DER PERMUTATIONSVEKTOR DER NEUNUMERIERUNG LAUTET :

```
 83   81   67   64   50   46   37   35   20   18
 10   96   82   65   49   36   19    9    5   98
 97   85   84   68   66   51   48   31   28   17
 15   11    7    1  113   99   86   70   62   47
 42   27   14    8    6    2  115  114  101  100
 88   87   71   69   63   61   44   43   30   29
 16   13   12    3    4  102   90   79   78   45
 32   25   24  118  116  104  103   91   89   80
 75   52   34   33   26   21  117  120  105   95
 93   76   53   41   39   22  121  119  107  106
 94   92   77   55   54   40   38   23  122  111
108   72   59   56  112  109  110   74   73   60
 57   58
```

```
MINIMALES PROFIL =   1263   FUER STARTPUNKT   115
DER PERMUTATIONSVEKTOR DER NEUNUMERIERUNG LAUTET :

     65    64    62    61    59    58    54    43    40    20
     18    67    66    63    60    55    42    19     7    81
     83    80    76    74    72    71    56    53    41    39
     17    16     6     5    79    84    82    75    73    69
     57    47    38    15     4     3    77    78    93    95
     92    90    89    85    86    70    68    49    45    37
     36    14    13     2     1    96    94    91    87    50
     48    32    12   106   108   109   104   103    98    97
     88    52    44    31    30     8   107   111   110   105
     99   101    51    35    21    10   115   117   113   114
    112   102   100    46    34    33    11     9   121   116
    120    29    23    26   122   119   118    27    28    22
     25    24
```

6.2 Umnumerierung eines Datensatzes, elliptische Eigenwertaufgabe

Mit dem folgenden Hauptprogramm wird am Beispiel einer elliptischen Eigenwertaufgabe die Umnumerierung eines gegebenen Datensatzes auf Grund des Permutationsvektors, der mit dem Algorithmus von Cuthill-McKee gewonnen wurde, dargestellt. Der gegebene Datensatz sei in einem ersten Datenfile, dessen Name einzugeben ist, vorbereitet worden. Es wird vorausgesetzt, dass der Permutationsvektor im Datenfile mit dem Namen PERMCMCK.DAT enthalten sei. Der Name der neu zu erzeugenden Datei mit dem umnumerierten Datensatz ist ebenfalls auf eine entsprechende Aufforderung des Programms einzugeben.

Eingabedaten:

1. N   : Anzahl der Knotenpunkte
   NECKEN : Anzahl der Ecken mit gegebenen Koordinatenpaaren
   NDREI : Anzahl der Dreieckelemente
   NPAR   : Anzahl der Parallelogrammelemente
   NRAND : Anzahl der Randintegrale
2. NR   : Nummer des Eckpunktes
   X, Y : Koordinatenpaar des Eckpunktes
   (je eine Datenzeile)
3. NK(J) : Knotennummern eines Dreieck- oder Parallelogrammelementes
   (je eine Datenzeile mit 6 oder 8 Knotennummern)
4. NR1, NR2, NR3 : Drei Knotennummern eines Randstückes
   ALF : Wert von α im Randintegral (3.8)
   (je eine Datenzeile, falls NRAND > 0)
5. NRB : Anzahl der Knotenpunkte mit Dirichletscher Randbedingung
6. NRK(I) : Nummern der Knotenpunkte in beliebiger Reihenfolge
   (eine oder mehrere Datenzeilen)

```fortran
C     ----------------------------------------------------------------
C     UMNUMERIERUNG DER DATEN EINES ELLIPTISCHEN EIGENWERTPROBLEMS
C     QUADRATISCHE ANSAETZE IN DREIECKEN UND PARALLELOGRAMMEN
C     DAS PROGRAMM IST AUSGELEGT FUER MAXIMAL
C           ND  =   500   KNOTENPUNKTE
C           NDR =   100   RANDWERTE
C     ----------------------------------------------------------------
      PARAMETER(ND=500,NDR=100)
      REAL*8   X,Y,ALF
      INTEGER   PERMUT(ND),NK(8),NKN(8),NRK(NDR),NRKN(NDR)
      CHARACTER*12   FNAME
      WRITE(*,900)
  900 FORMAT('  NAME DER DATEI : ')
      READ(*,'(A12)')  FNAME
      OPEN(1,FILE=FNAME,STATUS='OLD')
      OPEN(2,FILE='PERMCMCK.DAT',STATUS='OLD')
      WRITE(*,901)
  901 FORMAT('  NAME DER NEUEN DATEI : ')
      READ(*,'(A12)')  FNAME
      OPEN(3,FILE=FNAME,STATUS='UNKNOWN')
      READ(1,*)   N,NECKEN,NDREI,NPAR,NRAND
      WRITE(3,1)   N,NECKEN,NDREI,NPAR,NRAND
      NEL = NDREI + NPAR
    1 FORMAT((2X,10I5))
      READ(2,*)   (PERMUT(I), I=1,N)
      DO 10 I = 1,NECKEN
        READ(1,*)   NR,X,Y
        NR = PERMUT(NR)
        WRITE(3,2)  NR,X,Y
    2   FORMAT(2X,I6,2F14.6)
   10 CONTINUE
      DO 30 I = 1,NEL
        NKEL = 6
        IF(I.GT.NDREI)  NKEL = 8
        READ(1,*)   (NK(J), J=1,NKEL)
        DO 20 K = 1,NKEL
          NKN(K) = PERMUT(NK(K))
   20   CONTINUE
        WRITE(3,1)   (NKN(J), J=1,NKEL)
   30 CONTINUE
      DO 40 I = 1,NRAND
        READ(1,*)   NR1,NR2,NR3,ALF
        NR1 = PERMUT(NR1)
        NR2 = PERMUT(NR2)
        NR3 = PERMUT(NR3)
        WRITE(3,3)   NR1,NR2,NR3,ALF
    3   FORMAT(2X,3I6,F12.5)
   40 CONTINUE
      READ(1,*)   NRB
      WRITE(3,1)   NRB
      IF(NRB.GT.0)  THEN
        READ(1,*)   (NRK(I), I=1,NRB)
        DO 50 I =1,NRB
          NRKN(I) = PERMUT(NRK(I))
   50   CONTINUE
        WRITE(3,1)   (NRKN(I), I=1,NRB)
      ENDIF
      STOP  'S C H L U S S '
      END
```

Beispiel 6.2 Der Datensatz zu Fig. 6.1, welcher zur Berechnung von akustischen Eigenfrequenzen benötigt wird, soll jetzt mit dem Hauptprogramm mit Hilfe der Permutationsvektors aus dem Cuthill-McKee-Algorithmus so umnumeriert werden, dass die beiden Gesamtmatrizen ein minimales Profil besitzen. Der erzeugte Datenfile lautet wie folgt, und die Neunumerierung der Knotenpunkte ist in Fig. 6.2 dargestellt.

```
122     42     23     16      0
 65             7.000000      14.000000
 62            10.000000      14.000000
 59            13.000000      14.000000
 54            16.000000      14.000000
 40            19.000000      14.000000
 18            22.000000      14.000000
 81             4.000000      11.000000
 80             7.000000      11.000000
 74            10.000000      11.000000
 71            13.000000      11.000000
 53            16.000000      11.000000
 39            19.000000      11.000000
 16            22.000000      11.000000
  5            23.500000      11.000000
 77             1.000000       8.000000
 93             4.000000       8.000000
 92             7.000000       8.000000
 89            10.000000       8.000000
 86            13.000000       8.000000
 68            15.000000       8.000000
 45            16.000000       8.000000
 36            19.000000       8.000000
 13            22.000000       8.000000
  1            25.000000       8.000000
106             0.000000       5.000000
109             4.000000       5.000000
103             7.000000       5.000000
 97            10.000000       5.000000
 44            16.000000       5.500000
 30            19.000000       5.500000
115             1.600000       3.000000
113             4.000000       3.000000
112             7.000000       3.000000
100            11.000000       3.000000
 46            13.000000       3.000000
 33            16.000000       3.000000
  9            20.000000       3.000000
122             4.000000       0.000000
118             7.000000       0.000000
 27            11.800000       0.000000
 22            13.000000       0.000000
 24            16.000000       0.000000
 77     93     81     78     84     79
106    115    109    107    111    108
115    113    109    117    110    111
115    122    113    121    116    117
 81     80     65     83     66     67
112     97    103     99     98    105
112    100     97    102    101     99
 97     86     89     87     85     91
```

97	100	86	101	88	87		
86	68	71	70	69	73		
71	68	53	69	57	56		
68	45	53	49	47	57		
68	44	45	50	48	49		
46	44	68	51	50	52		
46	33	44	34	35	51		
27	22	46	28	23	29		
33	30	44	21	31	35		
33	9	30	11	10	21		
30	13	36	12	14	32		
30	9	13	10	8	12		
16	5	18	6	7	19		
16	13	5	15	4	6		
13	1	5	2	3	4		
93	92	80	81	95	82	83	84
109	103	92	93	104	94	95	96
113	112	103	109	114	105	104	110
122	118	112	113	119	120	114	116
80	74	62	65	76	63	64	66
92	89	74	80	90	75	76	82
103	97	89	92	98	91	90	94
74	71	59	62	72	60	61	63
89	86	71	74	85	73	72	75
71	53	54	59	56	55	58	60
22	24	33	46	25	26	34	23
53	39	40	54	41	42	43	55
45	36	39	53	37	38	41	47
44	30	36	45	31	32	37	48
39	16	18	40	17	19	20	42
36	13	16	39	14	15	17	38
0							

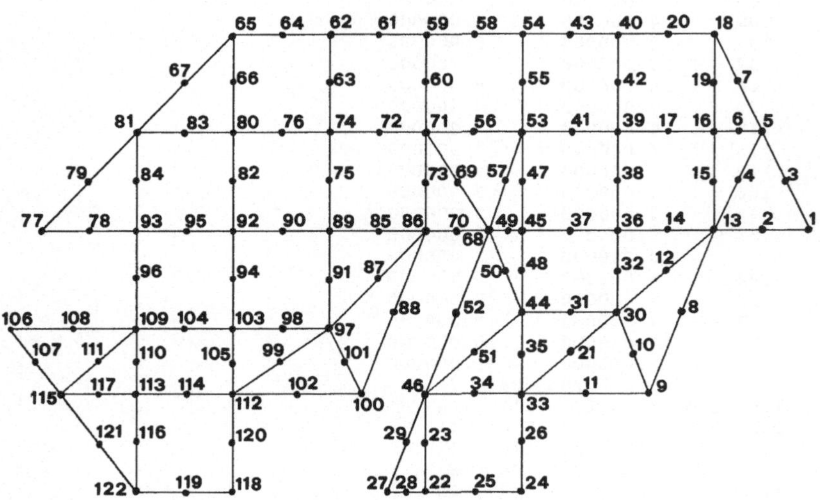

Fig. 6.2 Neunumerierung des Autolängsschnitts, minimales Profil

6.3 Statische Probleme

6.3.1 Belastetes Fachwerk, Hüllenstruktur

Für die Gesamtsteifigkeitsmatrix eines räumlichen Fachwerkes ist die Speicherung in Hüllenform vorgesehen, wobei die Diagonalelemente am Schluss gemäss Fig. B4.8 angeordnet sein sollen. Aus den berechneten Verschiebungen der Knotenpunkte werden noch die Dehnungen, Spannungen und Stabkräfte in den einzelnen Stabelementen berechnet.

Eingabedaten:

1. Daten des Unterprogramms FACHEN2
2. NRKNOT : Nummer des Knotenpunktes mit einer Randbedingung
   KOMP(I) : Drei Werte, welche die Lagerung des Punktes kennzeichnen
                0/1 : i-te Komponente frei/fest
   (je eine Datenzeile pro gelagerten Knotenpunkt)
3. NRKNOT ≤ 0 : Schlusszeile, markiert das Ende der Randbedingungen

Das Hauptprogramm benötigt folgende Unterprogramme:

FACHEN2, STABEL, RBSTEN2, SCALEN2, LDLTENV, VRLDLTEN

```
C -----------------------------------------------------------------------
C      HAUPTPROGRAMM FUER HUELLENORIENTIERTE SPEICHERUNG DER
C      GESAMTSTEIFIGKEITSMATRIX FUER STATISCHE FACHWERKAUFGABEN
C      DIE GESAMSTEIFIGKEITSMATRIX  WIRD IN DER 2. ART GESPEICHERT
C      DAS PROGRAMM IST AUSGELEGT FUER MAXIMAL
C          NDK = 100 KNOTENPUNKTE, D.H. ND = 300 UNBEKANNTE
C          NDS = 200 STABELEMENTE
C          NDR = 50 HOMOGENE RANDBEDINGUNGEN
C          NDA = 8000 MATRIXELEMENTE IM PROFIL
C -----------------------------------------------------------------------
       PARAMETER(NDK=100,ND=3*NDK,NDS=200,NDR=50,NDA=8000)
       REAL*8  A(NDA),B(ND),X(ND),XE(NDK),YE(NDK),ZE(NDK)
       REAL*8  FAK(ND),F,E,RW(NDR),L,L1,EPS,SPA,KRAFT
       INTEGER*2  IZ(ND),NKN(NDR),NPP(NDS,2),KOMP(3)
       LOGICAL  OK
       CHARACTER*12  FNAME
       OPEN(3,FILE='RESFACH.DAT',STATUS='UNKNOWN')
       WRITE(*,900)
 900   FORMAT('  NAME DER DATEI : ')
       READ(*,'(A12)')  FNAME
       WRITE(3,901)  FNAME
 901   FORMAT('   NAME DER DATEI : ',A12/)
       OPEN(1,FILE=FNAME,STATUS='OLD')
       CALL  FACHEN2(N,A,IZ,B,NKNOT,NSTAB,XE,YE,ZE,F,E,NPP,
      *                 NDA,NDS,NDK)
```

```fortran
      WRITE(3,1)
    1 FORMAT(/3X,'LAGERUNGEN VON KNOTENPUNKTEN'/
     *      3X,'KNOTEN       U       V       W'/)
      NRB = 0
   10 READ(1,*)  NRKNOT,(KOMP(I), I=1,3)
      IF(NRKNOT.GT.0)  THEN
         WRITE(3,2)  NRKNOT,(KOMP(I), I=1,3)
    2    FORMAT(3X,4I6)
         DO 20 I = 1,3
            IF(KOMP(I).EQ.0)  GOTO  20
            NRB = NRB + 1
            NKN(NRB) = 3 * (NRKNOT - 1) + I
            RW(NRB) = 0D0
   20    CONTINUE
         GOTO  10
      ENDIF
      WRITE(3,3)  NRB
    3 FORMAT(/3X,I4,'  HOMOGENE RANDBEDINGUNGEN')
      IF(NRB.GT.NDR)  STOP  'ZAHL RANDBEDINGUNGEN ZU GROSS !!'
      CALL  RBSTEN2(N,A,IZ,B,NRB,NKN,RW)
      CALL  SCALEN2(N,A,IZ,B,FAK)
      CALL  LDLTENV(N,A,IZ,OK)
      IF(.NOT.OK)  STOP  ' MATRIX A INDEFINIT !!'
      CALL  VRLDLTEN(N,A,IZ,B,X)
      DO 30 I = 1,N
        X(I) = X(I) * FAK(I)
   30 CONTINUE
      WRITE(3,4)
    4 FORMAT(//'    VERSCHIEBUNGEN DER KNOTENPUNKTE'/
     *     3X,'KNOTEN',5X,'U=',12X,'V=',12X,'W='/)
      DO 40 I = 1,NKNOT
        K = 3 * I - 2
        WRITE(3,5)  I,X(K),X(K+1),X(K+2)
    5   FORMAT(3X,I4,3F14.6)
   40 CONTINUE
      WRITE(3,6)
    6 FORMAT(//'      SPANNUNGEN UND KRAEFTE IN DEN STABELEMENTEN'/3X,
     *            'STAB KNOTENPUNKTE   VERZERRUNG        SPANNUNG',
     *         7X,'STABKRAFT'/)
      DO 50 K = 1,NSTAB
        NPA = NPP(K,1)
        NPB = NPP(K,2)
        JA = 3 * NPA - 2
        JB = 3 * NPB - 2
        L1 = DSQRT((XE(NPA) + X(JA) - XE(NPB) - X(JB))**2
     *           + (YE(NPA) + X(JA+1) - YE(NPB) - X(JB+1))**2
     *           + (ZE(NPA) + X(JA+2) - ZE(NPB) - X(JB+2))**2)
        L = DSQRT((XE(NPA) - XE(NPB))**2 + (YE(NPA) - YE(NPB))**2 +
     *            (ZE(NPA) - ZE(NPB))**2 )
        EPS = L1 / L - 1D0
        SPA = EPS * E
        KRAFT = SPA * F
        WRITE(3,7)  K,NPA,NPB,EPS,SPA,KRAFT
    7   FORMAT(I6,2I7,F13.7,2D16.5)
   50 CONTINUE
      STOP  'S C H L U S S'
      END
```

Beispiel 6.3 Ein Kranträger mit 20 Knotenpunkten und 54 Stäben, der in Fig. 6.3 in einer Parallelprojektion dargestellt ist, wird durch zwei vertikale Kräfte von je 30 kN in den Knotenpunkten 7 und 8 belastet. Die vier äussersten Knotenpunkte sind in Parallelführungen gelagert. Die Stabelemente besitzen die Querschnittfläche 0.0005 m^2 und den Elastizitätsmodul E = 2·10^8 kN m^{-2}. Die Längenangaben wie auch die resultierenden Auslenkungen sind in Metern zu verstehen.

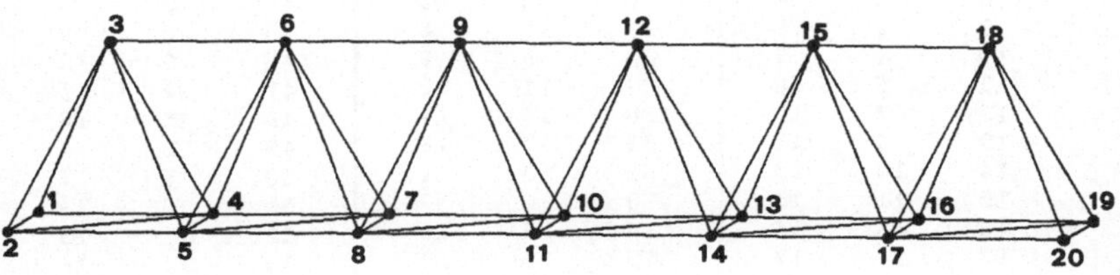

Fig. 6.3   Kranträger mit Knotennumerierung

```
NAME DER DATEI : BEISP63.DAT

FACHWERKPROBLEM
   60   KNOTENVARIABLE
   20   KNOTENPUNKTE
   54   STABELEMENTE
F =        0.00050   E =     0.2000D+09

KOORDINATEN DER KNOTENPUNKTE

     1     0.00000     2.00000     0.00000
     2     0.00000     0.00000     0.00000
     3     1.00000     1.00000     2.00000
     4     2.00000     2.00000     0.00000
     5     2.00000     0.00000     0.00000
     6     3.00000     1.00000     2.00000
     7     4.00000     2.00000     0.00000
     8     4.00000     0.00000     0.00000
     9     5.00000     1.00000     2.00000
    10     6.00000     2.00000     0.00000
    11     6.00000     0.00000     0.00000
    12     7.00000     1.00000     2.00000
    13     8.00000     2.00000     0.00000
    14     8.00000     0.00000     0.00000
    15     9.00000     1.00000     2.00000
    16    10 00000     2.00000     0.00000
    17    10.00000     0.00000     0.00000
    18    11.00000     1.00000     2.00000
    19    12.00000     2.00000     0.00000
    20    12.00000     0.00000     0.00000
```

KNOTENNUMMERN DER STABELEMENTE

1	1	2	19	17	20	37	18	19
2	4	5	20	1	3	38	3	5
3	7	8	21	4	6	39	6	8
4	10	11	22	7	9	40	9	11
5	13	14	23	10	12	41	12	14
6	16	17	24	13	15	42	15	17
7	19	20	25	16	18	43	18	20
8	1	4	26	2	3	44	3	6
9	2	5	27	5	6	45	6	9
10	4	7	28	8	9	46	9	12
11	5	8	29	11	12	47	12	15
12	7	10	30	14	15	48	15	18
13	8	11	31	17	18	49	2	4
14	10	13	32	3	4	50	5	7
15	11	14	33	6	7	51	8	10
16	13	16	34	9	10	52	11	13
17	14	17	35	12	13	53	14	16
18	16	19	36	15	16	54	17	19

PROFIL DER MATRIX =   606

2   KNOTENPUNKTE MIT LASTEN

KNOTEN	FX	FY	FZ
7	0.00	0.00	-30.00
8	0.00	0.00	-30.00

LAGERUNGEN VON KNOTENPUNKTEN

KNOTEN	U	V	W
1	0	1	1
2	1	0	1
19	1	0	1
20	0	1	1

8   HOMOGENE RANDBEDINGUNGEN

VERSCHIEBUNGEN DER KNOTENPUNKTE

KNOTEN	U=	V=	W=
1	-0.000889	0.000000	0.000000
2	0.000000	-0.000271	0.000000
3	0.002796	0.000152	-0.002423
4	-0.000711	0.000301	-0.004758
5	-0.000282	0.000252	-0.004825
6	0.001996	0.000265	-0.006785
7	-0.000224	0.000055	-0.008656
8	-0.000072	0.000306	-0.008653
9	0.000396	0.000102	-0.008496
10	0.000270	-0.000175	-0.008252
11	0.000330	-0.000225	-0.008077
12	-0.000804	-0.000152	-0.007257
13	0.000472	-0.000506	-0.006350
14	0.000624	-0.000555	-0.006053
15	-0.001604	-0.000315	-0.004770

16		0.000382	-0.000452	-0.003399	
17		0.000811	-0.000501	-0.003181	
18		-0.002004	-0.000202	-0.001635	
19		0.000000	0.000171	0.000000	
20		0.000889	0.000000	0.000000	

```
SPANNUNGEN UND KRAEFTE IN DEN STABELEMENTEN  (AUSZUGSWEISE !!)
```

STAB	KNOTENPUNKTE		VERZERRUNG	SPANNUNG	STABKRAFT
1	1	2	0.0001354	0.27087D+05	0.13544D+02
2	4	5	0.0000246	0.49270D+04	0.24635D+01
3	7	8	-0.0001254	-0.25077D+05	-0.12539D+02
4	10	11	0.0000246	0.49231D+04	0.24616D+01
7	19	20	0.0000854	0.17087D+05	0.85436D+01
8	1	4	0.0000921	0.18423D+05	0.92115D+01
9	2	5	-0.0001381	-0.27618D+05	-0.13809D+02
10	4	7	0.0002451	0.49024D+05	0.24512D+02
11	5	8	0.0001069	0.21371D+05	0.10686D+02
12	7	10	0.0002472	0.49435D+05	0.24718D+02
13	8	11	0.0002012	0.40233D+05	0.20116D+02
14	10	13	0.0001016	0.20311D+05	0.10155D+02
15	11	14	0.0001477	0.29535D+05	0.14768D+02
16	13	16	-0.0000439	-0.87771D+04	-0.43885D+01
17	14	17	0.0000942	0.18849D+05	0.94244D+01
18	16	19	-0.0001895	-0.37909D+05	-0.18954D+02
19	17	20	0.0000406	0.81142D+04	0.40571D+01
20	1	3	-0.0002171	-0.43416D+05	-0.21708D+02
21	4	6	-0.0002177	-0.43550D+05	-0.21775D+02
22	7	9	0.0001488	0.29754D+05	0.14877D+02
25	16	18	0.0001495	0.29895D+05	0.14947D+02
26	2	3	-0.0002701	-0.54020D+05	-0.27010D+02
27	5	6	-0.0002705	-0.54101D+05	-0.27050D+02
28	8	9	0.0000962	0.19244D+05	0.96222D+01
31	17	18	0.0000971	0.19413D+05	0.97065D+01
32	3	4	0.0002201	0.44027D+05	0.22013D+02
33	6	7	0.0002194	0.43872D+05	0.21936D+02
34	9	10	-0.0001487	-0.29749D+05	-0.14874D+02
37	18	19	-0.0001482	-0.29638D+05	-0.14819D+02
38	3	5	0.0002725	0.54491D+05	0.27245D+02
39	6	8	0.0002718	0.54366D+05	0.27183D+02
40	9	11	-0.0000962	-0.19237D+05	-0.96184D+01
43	18	20	-0.0000953	-0.19057D+05	-0.95284D+01
44	3	6	-0.0003976	-0.79524D+05	-0.39762D+02
45	6	9	-0.0007996	-0.15993D+06	-0.79963D+02
46	9	12	-0.0005998	-0.11996D+06	-0.59980D+02
47	12	15	-0.0003992	-0.79845D+05	-0.39922D+02
48	15	18	-0.0001988	-0.39754D+05	-0.19877D+02
49	2	4	-0.0000333	-0.66679D+04	-0.33340D+01
52	11	13	-0.0000346	-0.69228D+04	-0.34614D+01
53	14	16	-0.0000344	-0.68724D+04	-0.34362D+01
54	17	19	-0.0000341	-0.68209D+04	-0.34105D+01

6.3.2 Belastete Rahmenkonstruktion, Bandstruktur

Die Gesamtsteifigkeitsmatrix für eine räumliche Rahmenkonstruktion, die sich aus Balkenelementen zusammensetzt, soll in Bandform gespeichert werden.

Eingabedaten:

1. Daten des Unterprogramms RAHMBNDN
2. NRKNOT : Nummer des Knotenpunktes mit einer Randbedingung
   KOMP(I) : Sechs Werte, welche die Lagerung definieren;
           0/1 : i-te Komponente frei/fest
   (je eine Datenzeile pro gelagerten Knotenpunkt)
3. NRKNOT ≤ 0 : Schlusszeile, markiert das Ende der Randbedingungen

Das Hauptprogramm benötigt folgende Unterprogramme:

RAHMBNDN, BALKEN, RBSTBNDN, SCALBNDN, CHOBNDN, VRBNDN.

```
C  ---------------------------------------------------------------
C      HAUPTPROGRAMM FUER STATISCHE RAHMENWERKPROBLEME
C      GESAMTSTEIFIGKEITSMATRIX  A   IN BANDSTRUKTUR
C      ZEILENWEISE SPEICHERUNG DER BANDMATRIX  A
C      DAS PROGRAMM IST AUSGELEGT FUER MAXIMAL
C          NDK = 45 KNOTENPUNKTE, D.H. ND = 270 UNBEKANNTE
C          NDR = 50 HOMOGENE RANDBEDINGUNGEN
C          NDA = 8000 MATRIXELEMENTE VON  A
C  ---------------------------------------------------------------
       PARAMETER(NDK=45,ND=6*NDK,NDR=50,NDA=8000)
       REAL*8   A(NDA),B(ND),X(ND),XE(NDK),YE(NDK),ZE(NDK)
       REAL*8   FAK(ND),RW(NDR)
       INTEGER*2  NKN(NDR),KOMP(6)
       LOGICAL  OK
       CHARACTER*12  FNAME
       OPEN(3,FILE='RESRAHM.DAT',STATUS='UNKNOWN')
       WRITE(*,900)
 900 FORMAT('  NAME DER DATEI : ')
       READ(*,'(A12)')  FNAME
       WRITE(3,901)  FNAME
 901 FORMAT('  NAME DER DATEI : ',A12)
       OPEN(1,FILE=FNAME,STATUS='OLD')
       CALL  RAHMBNDN(N,M,A,B,XE,YE,ZE,ND,NDA,NDK)
       WRITE(3,1)
   1 FORMAT(/3X,'LAGERUNG VON KNOTENPUNKTEN'/
      *      3X,'KNOTEN    U     V     W    TH    WS    VS'/)
       NRB = 0
  10 READ(1,*)  NRKNOT,(KOMP(I), I=1,6)
       IF(NRKNOT.GT.0)  THEN
          WRITE(3,2)  NRKNOT,(KOMP(I), I=1,6)
   2    FORMAT(3X,I6,6I5)
          DO 20 I = 1,6
             IF(KOMP(I).EQ.0)  GOTO 20
             NRB = NRB + 1
             NKN(NRB) = 6 * (NRKNOT - 1) + I
```

```
            RW(NRB) = 0D0
  20    CONTINUE
        GOTO 10
      ENDIF
      WRITE(3,3)  NRB
   3  FORMAT(/3X,I4,'  HOMOGENE RANDBEDINGUNGEN')
      IF(NRB.GT.NDR)  STOP  'ZAHL RANDBEDINGUNGEN ZU GROSS !!'
      CALL   RBSTBNDN(N,M,A,B,NRB,NKN,RW)
      CALL   SCALBNDN(N,M,A,B,FAK)
      CALL   CHOBNDN(N,M,A,OK)
      IF(.NOT.OK)  STOP  'MATRIX INDEFINIT !!'
      CALL   VRBNDN(N,M,A,B,X)
      DO 30 I = 1,N
        X(I) = X(I) * FAK(I)
  30  CONTINUE
      WRITE(3,4)
   4  FORMAT(//3X,'AUSLENKUNGEN DER KNOTENPUNKTE'/3X,'KNOTEN',5X,
     *     'U',8X,'V',8X,'W',7X,'THETA',5X,'WS',7X,'VS'/)
      NKNOT = N / 6
      DO 40 I = 1,NKNOT
        KE = 6 * I
        KA = KE - 5
        WRITE(3,5)  I,(X(K), K=KA,KE)
   5    FORMAT(3X,I5,2X,6F9.5)
  40  CONTINUE
      STOP  'S C H L U S S'
      END
```

Beispiel 6.4 Wir betrachten eine einfache Rahmenkonstruktion für ein Lagerhaus, bestehend aus 26 Balkenelementen mit unterschiedlichen, quadratischen Querschnitten (vgl. Fig. 6.4). Die sechs Fusspunkte seien gelenkig gelagert, und in den sechs Knotenpunkten des Dachaufbaus wirken vertikal angreifende Einzelkräfte unterschiedlicher Grösse. Der Elastizitätsmodul ist $E = 2 \cdot 10^8$ kN m^{-2}, und die Poissonzahl ist $\nu = 0.3$. Alle Längenangaben sind in Metern und die Einzelkräfte in kN zu verstehen.

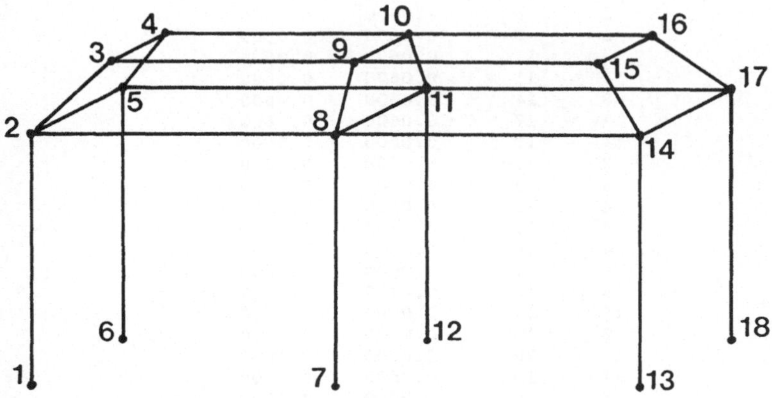

Fig. 6.4 Rahmenkonstruktion eines Lagerhauses

NAME DER DATEI : BEISP64.DAT

STATISCHES RAHMENWERKPROBLEM
 108   KNOTENVARIABLE   18   KNOTENPUNKTE
  26   BALKENELEMENTE
VORGEGEBENE BANDBREITE M =   41
E =   0.2000D+09   NU =   0.3000

KOORDINATEN DER KNOTENPUNKTE

1	0.00000	0.00000	0.00000
2	0.00000	0.00000	4.00000
3	1.00000	1.00000	5.00000
4	1.00000	4.00000	5.00000
5	0.00000	5.00000	4.00000
6	0.00000	5.00000	0.00000
7	5.00000	0.00000	0.00000
8	5.00000	0.00000	4.00000
9	5.00000	1.00000	5.00000
10	5.00000	4.00000	5.00000
11	5.00000	5.00000	4.00000
12	5.00000	5.00000	0.00000
13	10.00000	0.00000	0.00000
14	10.00000	0.00000	4.00000
15	9.00000	1.00000	5.00000
16	9.00000	4.00000	5.00000
17	10.00000	5.00000	4.00000
18	10.00000	5.00000	0.00000

KNOTENNUMMERN UND DATEN DER BALKENELEMENTE

NR.1	NR.2	H =	B =
1	2	0.0800	0.0800
6	5	0.0800	0.0800
7	8	0.0800	0.0800
12	11	0.0800	0.0800
13	14	0.0800	0.0800
18	17	0.0800	0.0800
2	8	0.0600	0.0600
2	5	0.0600	0.0600
5	11	0.0600	0.0600
8	11	0.0600	0.0600
8	14	0.0600	0.0600
11	17	0.0600	0.0600
14	17	0.0600	0.0600
2	3	0.0500	0.0500
3	4	0.0500	0.0500
4	5	0.0500	0.0500
3	9	0.0500	0.0500
4	10	0.0500	0.0500
8	9	0.0500	0.0500
9	10	0.0500	0.0500
10	11	0.0500	0.0500
9	15	0.0500	0.0500
10	16	0.0500	0.0500
14	15	0.0500	0.0500
15	16	0.0500	0.0500
16	17	0.0500	0.0500

```
EFFEKTIVE  BANDBREITE  VON  A  IST  MEFF =   41

   6  KNOTENPUNKTE  MIT  LASTEN
KNOTEN         FX           FY          FZ          MX          MY          MZ

     3         0.0          0.0       -20.0         0.0         0.0         0.0
     4         0.0          0.0       -20.0         0.0         0.0         0.0
     9         0.0          0.0       -25.0         0.0         0.0         0.0
    10         0.0          0.0       -25.0         0.0         0.0         0.0
    15         0.0          0.0       -30.0         0.0         0.0         0.0
    16         0.0          0.0       -30.0         0.0         0.0         0.0

LAGERUNG  VON  KNOTENPUNKTEN
KNOTEN    U      V      W      TH      WS      VS

     1    1      1      1       0       0       0
     6    1      1      1       0       0       0
     7    1      1      1       0       0       0
    12    1      1      1       0       0       0
    13    1      1      1       0       0       0
    18    1      1      1       0       0       0

  18   HOMOGENE  RANDBEDINGUNGEN


AUSLENKUNGEN  DER  KNOTENPUNKTE
KNOTEN      U           V           W          THETA        WS          VS

     1    0.00000     0.00000     0.00000     0.00054     0.00443    -0.00191
     2   -0.01854    -0.00008    -0.00007    -0.00114     0.00504    -0.00191
     3   -0.03225     0.00006     0.01327    -0.00426     0.00621    -0.00271
     4   -0.03225    -0.00006     0.01327     0.00426     0.00621     0.00271
     5   -0.01854     0.00008    -0.00007     0.00114     0.00504     0.00191
     6    0.00000     0.00000     0.00000    -0.00054     0.00443     0.00191
     7    0.00000     0.00000     0.00000    -0.00006     0.00512    -0.00336
     8   -0.01838    -0.00009    -0.00008     0.00006     0.00354    -0.00336
     9   -0.03243     0.00007    -0.00038     0.00027     0.00054    -0.00498
    10   -0.03243    -0.00007    -0.00038    -0.00027     0.00054     0.00498
    11   -0.01838     0.00009    -0.00008    -0.00006     0.00354     0.00336
    12    0.00000     0.00000     0.00000     0.00006     0.00512     0.00336
    13    0.00000     0.00000     0.00000    -0.00069     0.00423    -0.00203
    14   -0.01820    -0.00010    -0.00009     0.00131     0.00519    -0.00203
    15   -0.03265     0.00009    -0.01501     0.00502     0.00676    -0.00288
    16   -0.03265    -0.00009    -0.01501    -0.00502     0.00676     0.00288
    17   -0.01820     0.00010    -0.00009    -0.00131     0.00519     0.00203
    18    0.00000     0.00000     0.00000     0.00069     0.00423     0.00203
```

6.3.3 Elliptische Randwertaufgaben

6.3.3.1 Quadratische Ansätze in geradlinigen und krummlinigen Elementen, direkte Lösung, Bandstruktur

Die Gesamtsteifigkeitsmatrix soll in Bandform gespeichert werden, um das Gleichungssystem nach der Methode von Cholesky aufzulösen. Zur Diskretisierung des Grundgebietes sind sowohl geradlinige als auch krummlinige, isoparametrische Dreieck- und Viereckelemente mit quadratischem Ansatz zugelassen.

Eingabedaten:

1. Daten des Unterprogramms ERWQBNDN
2. NRB   : Anzahl der Knotenpunkte mit Dirichletscher Randbedingung
3. NKN(I) : Nummern der Knotenpunkte mit Dirichletscher Randbedingung
4. RW(I) : Zugehörige Randwerte in entsprechender Reihenfolge

Das Hauptprogramm benötigt folgende Unterprogramme:

ERWQBNDN, DRQELL, PAQELL, RAQELL, ISODRQ, FFQDRE, ISOPAQ, FFQPAS,

ISORAQ, FFQUAD, RBSTBNDN, SCALBNDN, CHOBNDN, VRBNDN.

```
C -----------------------------------------------------------------
C      HAUPTPROGRAMM FUER BANDORIENTIERTE SPEICHERUNG DER
C      GESAMTSTEIFIGKEITSMATRIX FUER ELLIPTISCHE RANDWERTAUFGABEN
C      BEI VERWENDUNG VON QUADRATISCHEN ANSAETZEN
C      ZEILENWEISE SPEICHERUNG DER BANDMATRIX  A
C      DAS PROGRAMM IST AUSGELEGT FUER MAXIMAL
C          ND  = 250 KNOTENPUNKTE, BZW. UNBEKANNTE
C          NDA = 8000  MATRIXELEMENTE IM bAND VON  A
C          NDR = 50 RANDBEDINGUNGEN
C -----------------------------------------------------------------
       PARAMETER(ND=250,NDA=8000,NDR=50)
       REAL*8   A(NDA),B(ND),X(ND),XE(ND),YE(ND),RW(NDR),FAK(ND)
       INTEGER*2  NKN(50)
       LOGICAL  OK
       CHARACTER*12  FNAME
       OPEN(3,FILE='RESERWQ.DAT',STATUS='UNKNOWN')
       WRITE(*,900)
  900  FORMAT('  NAME DER DATEI : ')
       READ(*,'(A12)')  FNAME
       WRITE(3,901)  FNAME
  901  FORMAT('   DATEINAME IST :  ',A12/)
       OPEN(1,FILE=FNAME,STATUS='OLD')
       CALL   ERWQBNDN(N,M,A,B,XE,YE,ND,NDA)
       READ(1,*)  NRB
       WRITE(3,1)  NRB
    1  FORMAT(/3X,I4,'  RANDBEDINGUNGEN'/)
       IF(NRB.GT.NDR)  STOP  'ZU VIELE RANDBEDINGUNGEN !!'
       READ(1,*) (NKN(I), I=1,NRB)
       READ(1,*) (RW(I), I=1,NRB)
       DO 10 I = 1,NRB
       WRITE(3,2) NKN(I),RW(I)
    2  FORMAT(1X,I6,F10.5)
   10  CONTINUE
       CALL   RBSTBNDN(N,M,A,B,NRB,NKN,RW)
       CALL   SCALBNDN(N,M,A,B,FAK)
       CALL   CHOBNDN(N,M,A,OK)
       IF(.NOT.OK)  STOP  'MATRIX INDEFINIT !!'
       CALL   VRBNDN(N,M,A,B,X)
       DO 20 I = 1,N
         X(I) = X(I) * FAK(I)
   20  CONTINUE
```

```
   WRITE(3,3)
 3 FORMAT(//,'    LOESUNG DER ELLIPTISCHEN RANDWERTAUFGABE'/)
   NZ = (N - 1) / 5 + 1
   KA = 1
   KE = 5
   DO 30 I = 1,NZ
     KE = MINO(KE,N)
     WRITE(3,4) KA,(X(K), K=KA,KE)
 4   FORMAT(1X,I6,5F12.5)
     KA = KA + 5
     KE = KE + 5
30 CONTINUE
   STOP 'S C H L U S S'
   END
```

Beispiel 6.5 Wir betrachten eine elliptische Randwertaufgabe in einem Gebiet G, welches in Fig. 6.5 zusammen mit der Elementeinteilung dargestellt ist. In G sei die Poisson-Gleichung $\Delta u = -10$ zu lösen unter den folgenden Randbedingungen:

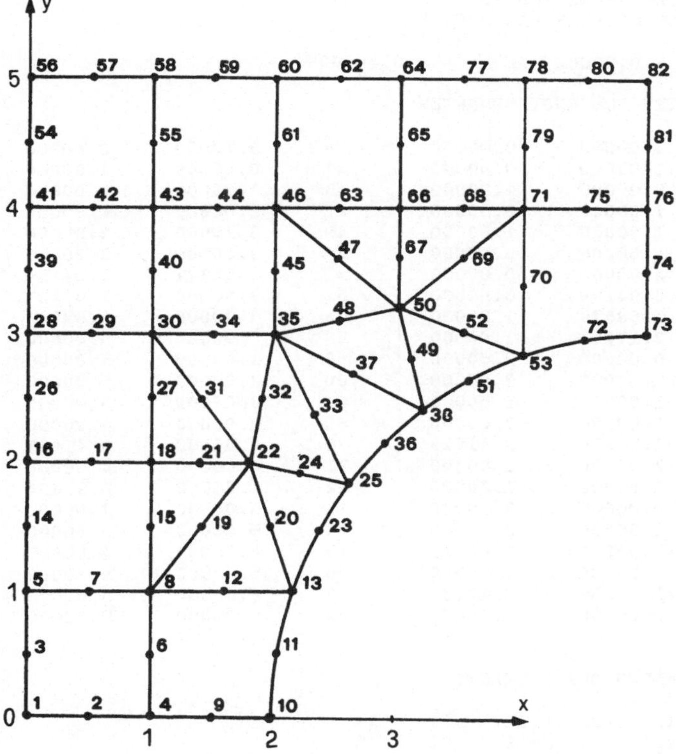

Fig. 6.5 Grundgebiet G mit Elementeinteilung

Am linken Rand sei u = 0 vorgeschrieben, am unteren und rechten Rand sei die Neumannsche Randbedingung $\partial u/\partial n = 0$, am oberen Rand die Cauchysche Randbedingung $\partial u/\partial n + 4u = 1$ und am Kreisbogen die Randbedingung $\partial u/\partial n + 3u = 2$ zu erfüllen. Die Lösungsfunktion u(x,y) stellt etwa die stationäre Temperaturverteilung dar, die sich im Gebiet G unter den Randbedingungen einstellt. Das Gebiet G wird teilweise durch isoparametrische Dreieck- und Viereckelemente approximiert. Die Zahl der Knotenpunkte ist n = 82, welche in Fig. 6.5 so numeriert sind, dass eine möglichst kleine Bandbreite der Gesamtsteifigkeitsmatrix resultiert.

```
DATEINAME IST :  BEISP65.DAT

ELLIPTISCHE RANDWERTAUFGABE, QUADRATISCHE ANSAETZE
  82  KNOTENPUNKTE
  46  KOORDINATENPAARE
  10  GERADLINIGE DREIECKELEMENTE
   3  ISOPARAMETRISCHE DREIECKELEMENTE
  10  GERADLINIGE PARALLELOGRAMMELEMENTE
   2  ISOPARAMETRISCHE VIERECKELEMENTE
   5  GERADE RANDSTUECKE
   5  KRUMME RANDSTUECKE
  23 = VORGEBEBENE BANDBREITE


RHO =       0.00000   F =     -10.00000


KOORDINATEN VON KNOTENPUNKTEN

    1    0.00000    0.00000      38    3.20000    2.40000
    4    1.00000    0.00000      41    0.00000    4.00000
    5    0.00000    1.00000      43    1.00000    4.00000
    6    1.00000    0.50000      46    2.00000    4.00000
    8    1.00000    1.00000      49    3.10000    2.80000
    9    1.50000    0.00000      50    3.00000    3.20000
   10    2.00000    0.00000      51    3.58371    2.64464
   11    2.04196    0.50000      52    3.50000    3.01421
   12    1.58579    1.00000      53    4.00000    2.82843
   13    2.17157    1.00000      56    0.00000    5.00000
   16    0.00000    2.00000      58    1.00000    5.00000
   18    1.00000    2.00000      60    2.00000    5.00000
   20    1.98579    1.50000      64    3.00000    5.00000
   22    1.80000    2.00000      66    3.00000    4.00000
   23    2.35536    1.41629      70    4.00000    3.41421
   24    2.20000    1.90000      71    4.00000    4.00000
   25    2.60000    1.80000      72    4.50000    2.95804
   28    0.00000    3.00000      73    5.00000    3.00000
   30    1.00000    3.00000      74    5.00000    3.50000
   33    2.30000    2.40000      75    4.50000    4.00000
   35    2.00000    3.00000      76    5.00000    4.00000
   36    2.87868    2.12132      78    4.00000    5.00000
   37    2.60000    2.70000      82    5.00000    5.00000


KNOTENNUMMERN DER ELEMENTE

    8    13    22    12    20    19
    8    22    18    19    21    15
   18    22    30    21    31    27
   22    35    30    32    34    31
```

```
22    25    35    24    33    32
35    38    50    37    49    48
35    50    46    48    47    45
46    50    66    47    67    63
50    53    71    52    70    69
50    71    66    69    68    67
13    25    22    23    24    20
25    38    35    36    37    33
38    53    50    51    52    49
 1     4     8     5     2     6     7     3
 5     8    18    16     7    15    17    14
16    18    30    28    17    27    29    26
28    30    43    41    29    40    42    39
30    35    46    43    34    45    44    40
41    43    58    56    42    55    57    54
43    46    60    58    44    61    59    55
46    66    64    60    63    65    62    61
66    71    78    64    68    79    77    65
71    76    82    78    75    81    80    79
 4    10    13     8     9    11    12     6
53    73    76    71    72    74    75    70
82    80    78     4.00000      1.00000
78    77    64     4.00000      1.00000
64    62    60     4.00000      1.00000
60    59    58     4.00000      1.00000
58    57    56     4.00000      1.00000
10    11    13     3.00000      2.00000
13    23    25     3.00000      2.00000
25    36    38     3.00000      2.00000
38    51    53     3.00000      2.00000
53    72    73     3.00000      2.00000
```

EFFEKTIVE BANDBREITE IST MEFF =   23

11 RANDBEDINGUNGEN

```
 1   0.00000    14   0.00000    28   0.00000    54   0.00000
 3   0.00000    16   0.00000    39   0.00000    56   0.00000
 5   0.00000    26   0.00000    41   0.00000
```

LOESUNG DER ELLIPTISCHEN RANDWERTAUFGABE

```
 1    0.00000     5.25775     0.00000     7.83858     0.00000
 6    7.98345     5.54796     8.50201     7.49474     4.14783
11    4.16169     8.44566     4.50315     0.00000     9.16477
16    0.00000     6.14129     9.86627     9.99916     8.25519
21   11.18354    11.06527     4.77624     8.94039     5.04282
26    0.00000    10.41053     0.00000     6.37174    10.54141
31   12.11095    12.48435    11.06925    12.81760    13.41786
36    5.21089    11.25598     5.19814     0.00000    10.10020
41    0.00000     5.40774     8.83121    10.88939    13.38397
46   11.86090    13.17968    12.96616     9.37641    11.86872
51    5.07627     8.92711     4.90786     0.00000     6.53255
56    0.00000     1.80751     2.59634     3.16041     3.41938
61    8.64469     3.50710    12.06226     3.48489     8.75746
66   11.69602    12.46175    11.07141    11.36689     9.58524
71   10.42248     4.64173     4.63774     8.71501     9.89188
76    9.73581     3.40549     3.29569     8.15525     3.23709
81    7.81874     3.18623
```

6.3.3.2 Kubische Ansätze, direkte Methode, Hüllenstruktur

Die Gesamtsteifigkeitsmatrix soll in Hüllenform gespeichert werden, falls kubische Drei-eck- und Parallelogrammelemente verwendet werden. Dabei soll die erste Speicherungs-art angewandt werden, bei der die Matrixelemente der Hülle zeilenweise, einschliesslich der Diagonalelemente angeordnet sind.

Eingabedaten:

1. Daten des Unterprogramms ERWKEN1
2. NRB : Anzahl der Knotenvariablen, für die Bedingungen vorgegeben sind
3. NRK : Nummer des Knotens
   K   : Komponente im betreffenden Knotenpunkt, K = 1, 2, 3.
   RWE : Wert der betreffenden Komponente
   (je eine Datenzeile pro vorzugebenden Wert)

Das Hauptprogramm benötigt folgende Unterprogramme:

ERWKEN1, DRKELL, PAKELL, RAKELL, RBSTEN1, SCALEN1, CHOENVN, VRENV.

```
C -----------------------------------------------------------------------
C     HAUPTPROGRAMM FUER HUELLENORIENTIERTE SPEICHERUNG DER
C     GESAMTSTEIFIGKEITSMATRIX FUER ELLIPTISCHE RANDWERTAUFGABEN
C     KUBISCHE ANSAETZE IN GERADLINIGEN ELEMENTEN
C     SPEICHERUNG DER MATRIXELEMENTE DER HUELLE IN DER ERSTEN ART
C     DAS PROGRAMM IST AUSGELEGT FUER MAXIMAL
C         NDK = 100   KNOTENPUNKTE, D.H. ND = 300   UNBEKANNTE
C         NDE = 100   ELEMENTE
C         NDR =  50   RANDBEDINGUNGEN
C         NDA = 8000  MATRIXELEMENTE IM PROFIL VON  A
C -----------------------------------------------------------------------
      PARAMETER(NDK=100,ND=3*NDK,NDE=100,NDR=50,NDA=8000)
      REAL*8   A(NDA),B(ND),X(ND),XE(NDK),YE(NDK),FAK(ND)
      REAL*8   ALF(NDE),GAM(NDE),RW(NDR),RWE
      INTEGER*2  IZ(ND),NKN(NDR),NPP(NDE,4)
      LOGICAL   OK
      CHARACTER*12   FNAME
      OPEN(3,FILE='RESERWK.DAT',STATUS='UNKNOWN')
      WRITE(*,900)
  900 FORMAT('  NAME DER DATEI : ')
      READ(*,'(A12)')  FNAME
      WRITE(3,901)  FNAME
  901 FORMAT('   DATEINAME IST :  ',A12)
      OPEN(1,FILE=FNAME,STATUS='OLD')
      CALL  ERWKEN1(N,A,IZ,B,XE,YE,ALF,GAM,NPP,NDA,NDE,NDK)
      READ(1,*)  NRB
      WRITE(3,1)  NRB
    1 FORMAT(//3X,I4,' RANDBEDINGUNGEN'/)
      IF(NRB.GT.NDR)  STOP 'ZAHL RANDBEDINGUNGEN ZU GROSS !!'
      IF(NRB.EQ.0)  STOP 'KEINE RANDBEDINGUNGEN GEGEBEN !!'
```

```
      DO 10 I = 1,NRB
        READ(1,*)   NRK,K,RWE
        WRITE(3,2)   NRK,K,RWE
   2    FORMAT(3X,2I4,F12.6)
        NKN(I) = 3 * (NRK - 1) + K
        RW(I) = RWE
  10  CONTINUE
      CALL   RBSTEN1(N,A,IZ,B,NRB,NKN,RW)
      CALL   SCALEN1(N,A,IZ,B,FAK)
      CALL   CHOENVN(N,A,IZ,OK)
      IF(.NOT.OK)   STOP 'CHOLESKY-ZERLEGUNG !'
      CALL   VRENV(N,A,IZ,B,X)
      DO 20 I = 1,N
        X(I) = X(I) * FAK(I)
  20  CONTINUE
      WRITE(3,3)
   3  FORMAT(//'    LOESUNG'//
     *     4X,'I =',7X,'U =',11X,'UX =',10X,'UY ='/)
      N3 = N / 3
      K = 1
      DO 30 I = 1,N3
        WRITE(3,4)   I,X(K),X(K+1),X(K+2)
   4    FORMAT(3X,I4,3F14.6)
        K = K + 3
  30  CONTINUE
      STOP 'S C H L U S S'
      END
```

Beispiel 6.6 Die Randwertaufgabe von Beispiel 6.5 wird jetzt mit geradlinigen kubischen Elementen behandelt. Die Elementeinteilung und die Numerierung der 29 Knotenpunkte ist in Fig. 6.6 dargestellt.

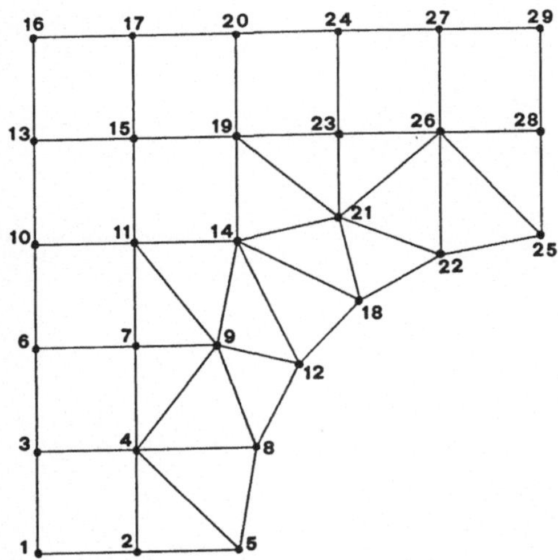

Fig. 6.6 Elementeinteilung für kubische Ansätze

```
DATEINAME IST :  BEISP66.DAT


ELLIPTISCHE RANDWERTAUFGABE, KUBISCHE ANSAETZE
   87  KNOTENVARIABLE    29  KNOTENPUNKTE
   17  DREIECKELEMENTE    10  PARALLELOGRAMMELEMENTE
   10  RANDINTEGRALE
RHO =       0.00000  F =     -10.00000

KOORDINATEN DER ECKPUNKTE

     1      0.00000       0.00000
     2      1.00000       0.00000         16     0.00000      5.00000
     3      0.00000       1.00000         17     1.00000      5.00000
     4      1.00000       1.00000         18     3.20000      2.40000
     5      2.00000       0.00000         19     2.00000      4.00000
     6      0.00000       2.00000         20     2.00000      5.00000
     7      1.00000       2.00000         21     3.00000      3.20000
     8      2.17157       1.00000         22     4.00000      2.82843
     9      1.80000       2.00000         23     3.00000      4.00000
    10      0.00000       3.00000         24     3.00000      5.00000
    11      1.00000       3.00000         25     5.00000      3.00000
    12      2.60000       1.80000         26     4.00000      4.00000
    13      0.00000       4.00000         27     4.00000      5.00000
    14      2.00000       3.00000         28     5.00000      4.00000
    15      1.00000       4.00000         29     5.00000      5.00000


KNOTENNUMMERN DER ELEMENTE

       2      5      4
       4      5      8
       4      8      9
       4      9      7
       8     12      9
       7      9     11
       9     14     11
       9     12     14
      12     18     14
      14     18     21
      14     21     19
      18     22     21
      19     21     23
      21     22     26
      21     26     23
      22     25     26
      25     28     26
       1      2      4      3
       3      4      7      6
       6      7     11     10
      10     11     15     13
      11     14     19     15
      13     15     17     16
      15     19     20     17
      19     23     24     20
      23     26     27     24
      26     28     29     27
```

5	8	3.00000	2.00000
8	12	3.00000	2.00000
12	18	3.00000	2.00000
18	22	3.00000	2.00000
22	25	3.00000	2.00000
29	27	4.00000	1.00000
27	24	4.00000	1.00000
24	20	4.00000	1.00000
20	17	4.00000	1.00000
17	16	4.00000	1.00000

PROFIL DER MATRIX =   1209

12 RANDBEDINGUNGEN

1	1	0.000000		10	1	0.000000
1	3	0.000000		10	3	0.000000
3	1	0.000000		13	1	0.000000
3	3	0.000000		13	3	0.000000
6	1	0.000000		16	1	0.000000
6	3	0.000000		16	3	0.000000

LOESUNG

I =	U =	UX =	UY =
1	0.000000	13.213439	0.000000
2	7.999737	2.559667	-0.101739
3	0.000000	13.755276	0.000000
4	8.624270	3.364743	1.238052
5	4.340540	-9.929139	0.779222
6	0.000000	14.871038	0.000000
7	9.985873	5.235958	1.274803
8	4.792282	-10.267318	4.376508
9	11.251507	-1.974129	3.484411
10	0.000000	15.242786	0.000000
11	10.631013	6.463279	-0.225439
12	5.345209	-9.885351	8.322783
13	0.000000	13.239703	0.000000
14	13.594898	-0.041056	0.996378
15	8.895598	5.361251	-3.494691
16	0.000000	5.355165	0.000000
17	2.634288	1.407916	-9.956131
18	5.507938	-8.275833	10.498537
19	11.961728	1.067017	-4.738178
20	3.438887	0.327138	-12.754161
21	12.068206	-3.200221	3.060344
22	5.224091	-4.573675	11.483255
23	11.836276	-1.024757	-3.761253
24	3.512016	-0.110199	-13.065460
25	4.862075	-0.879207	11.417432
26	10.572586	-1.246947	-1.993374
27	3.336536	-0.175092	-12.372531
28	9.935336	0.126958	-1.210656
29	3.224525	-0.097412	-12.014036

6.3.3.3 Quadratische Ansätze, vorkonditionierte SSOR-CG Methode

Eine elliptische Randwertaufgabe soll mit Hilfe von geradlinigen Dreieck- und Parallelogrammelementen mit quadratischen Ansätzen behandelt werden. Das lineare Gleichungssystem soll mit der iterativen SSOR-CG Methode gelöst werden, weshalb die Gesamtsteifigkeitsmatrix in kompakter, zeilenweiser Form gespeichert wird.

Eingabedaten:

1. Daten des Unterprogramms ERWQKOZ
2. NRB : Anzahl der Knotenpunkte mit Dirichletscher Randbedingung
3. NKN(I) : Nummern der Knotenpunkte mit Dirichletscher Randbedingung
4. RW(I) : Zugehörige Randwerte in entsprechender Reihenfolge

Das Hauptprogramm benötigt folgende Unterprogramme:

ERWQKOZ, DRQELL, PAQELL, RAQELL, RBSTKO, SCALKO, APZ, SSORCGN.

```
C  ----------------------------------------------------------------
C       HAUPTPROGRAMM ZUR METHODE DER KONJUGIERTEN GRADIENTEN MIT
C       VORKONDITIONIERUNG DURCH  M = (I + OM*E) * (I + OM*F)  DER
C       SKALIERTEN MATRIX  A = E + I + F   BEI KOMPAKTER SPEICHERUNG
C       ELLIPTISCHE RANDWERTAUFGABEN, QUADRATISCHE ANSAETZE
C       DAS PROGRAMM IST AUSGELEGT FUER MAXIMAL
C           ND  = 500   KNOTENPUNKTE
C           NDE = 150   ELEMENTE INKLUSIVE RANDINTEGRALE
C           NDA = 4000  VON NULL VERSCHIEDENE MATRIXELEMENTE
C           NDR = 100   RANDBEDINGUNGEN
C  ----------------------------------------------------------------
        PARAMETER(ND=500,NDE=150,NDA=4000,NDI=5*NDA/4,NDR=100)
        REAL*8   A(NDA),B(ND),X(ND),G(ND),R(ND),RHO(ND),Z(ND)
        REAL*8   XE(ND),YE(ND),ALF(NDE),GAM(NDE),RW(NDR),FAK(ND)
        INTEGER*2  IA(NDI),IZ(ND),NKN(NDR),NPP(NDE,8)
        CHARACTER*12   FNAME
        OPEN(3,FILE='RESSSOR.DAT')
        WRITE(*,1)
      1 FORMAT('  NAME DER DATEI : ')
        READ(*,'(A12)')  FNAME
        WRITE(3,2)  FNAME
      2 FORMAT('   DATEINAME IST :   ',A12/)
        OPEN(1,FILE=FNAME,STATUS='OLD')
        CALL  ERWQKOZ(N,A,IA,IZ,B,XE,YE,ALF,GAM,NPP,NDA,NDI,ND,NDE)
        READ(1,*)  NRB
        WRITE(3,3)  NRB
      3 FORMAT(/3X,I4,'  RANDBEDINGUNGEN'/)
        IF(NRB.GT.NDR)  STOP  'ZAHL RANDBEDINGUNGEN ZU GROSS !!'
        IF(NRB.EQ.0)  STOP  'KEINE RANDBEDINGUNGEN !!'
        READ(1,*)  (NKN(I), I=1,NRB)
        READ(1,*)  (RW(I), I=1,NRB)
        DO 10 I = 1,NRB
          WRITE(3,4)  NKN(I),RW(I)
      4   FORMAT(3X,I4,F10.5)
     10 CONTINUE
```

```
      CALL   RBSTKO(N,A,IA,IZ,B,NRB,NKN,RW)
      CALL   SCALKO(N,A,IA,IZ,B,FAK)
      CALL   SSORCGN(N,A,IA,IZ,B,X,G,R,RHO,Z)
      DO 20 I = 1,N
        X(I) = X(I) * FAK(I)
   20 CONTINUE
      WRITE(3,5)
    5 FORMAT(//'   LOESUNG'//)
      NZ = (N - 1) / 5 + 1
      KA = 1
      KE = 5
      DO 30 I = 1,NZ
        KE = MINO(KE,N)
        WRITE(3,6)  KA,(X(K),  K= KA,KE)
    6   FORMAT(1X,I6,5F12.5)
        KA = KA + 5
        KE = KE + 5
   30 CONTINUE
      STOP  'S C H L U S S'
      END
```

Beispiel 6.7 Die Randwertaufgabe von Beispiel 6.5 wird mit geradlinigen quadratischen Elementen behandelt. Im Vergleich zu Fig. 6.5 sind die beiden krummlinigen Viereckelemente in je zwei Dreieckelemente unterteilt worden, weshalb sich die Zahl der Knotenvariablen auf $n = 84$ erhöht hat. Die Elementeinteilung mit der gewählten Numerierung der Knotenpunkte ist in Fig. 6.7 dargestellt.

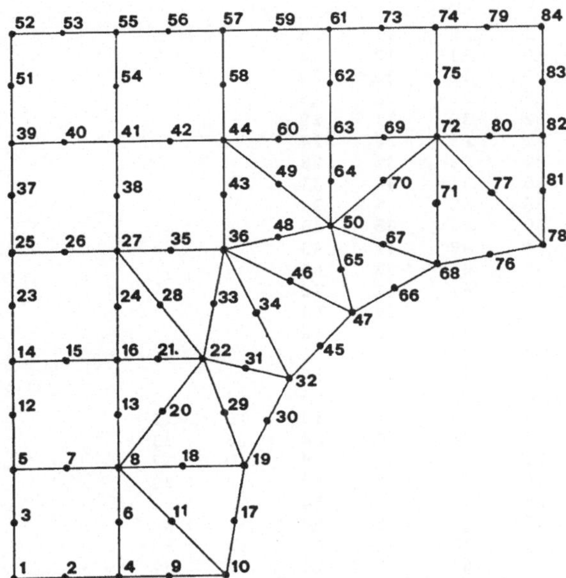

Fig. 6.7 Gebietseinteilung für geradlinige Elemente

```
DATEINAME IST :   BEISP67.DAT

ELLIPTISCHE RANDWERTAUFGABE, QUADRATISCHE ANSAETZE
  84   KNOTENPUNKTE          29   ECKPUNKTE
  17   DREIECKELEMENTE        10   PARALLELOGRAMMELEMENTE
  10   RANDINTEGRALE
RHO =      0.00000  F =     -10.00000

KOORDINATEN DER ECKPUNKTE
```

1	0.00000	0.00000		44	2.00000	4.00000
4	1.00000	0.00000		47	3.20000	2.40000
5	0.00000	1.00000		50	3.00000	3.20000
8	1.00000	1.00000		52	0.00000	5.00000
10	2.00000	0.00000		55	1.00000	5.00000
14	0.00000	2.00000		57	2.00000	5.00000
16	1.00000	2.00000		61	3.00000	5.00000
19	2.17157	1.00000		63	3.00000	4.00000
22	1.80000	2.00000		68	4.00000	2.82843
25	0.00000	3.00000		72	4.00000	4.00000
27	1.00000	3.00000		74	4.00000	5.00000
32	2.60000	1.80000		78	5.00000	3.00000
36	2.00000	3.00000		82	5.00000	4.00000
39	0.00000	4.00000		84	5.00000	5.00000
41	1.00000	4.00000				

```
KNOTENNUMMERN DER ELEMENTE
```

4	10	8	9	11	6		
8	10	19	11	17	18		
8	19	22	18	29	20		
8	22	16	20	21	13		
19	32	22	30	31	29		
16	22	27	21	28	24		
22	36	27	33	35	28		
22	32	36	31	34	33		
32	47	36	45	46	34		
36	47	50	46	65	48		
36	50	44	48	49	43		
47	68	50	66	67	65		
50	68	72	67	71	70		
50	72	63	70	69	64		
50	63	44	64	60	49		
68	78	72	76	77	71		
72	78	82	77	81	80		
1	4	8	5	2	6	7	3
5	8	16	14	7	13	15	12
14	16	27	25	15	24	26	23
25	27	41	39	26	38	40	37
27	36	44	41	35	43	42	38
39	41	55	52	40	54	53	51
41	44	57	55	42	58	56	54
44	63	61	57	60	62	59	58
63	72	74	61	69	75	73	62
72	82	84	74	80	83	79	75

```
   10     17     19    ALF =    3.00000    GAM =    2.00000
   19     30     32    ALF =    3.00000    GAM =    2.00000
   32     45     47    ALF =    3.00000    GAM =    2.00000
   47     66     68    ALF =    3.00000    GAM =    2.00000
   68     76     78    ALF =    3.00000    GAM =    2.00000
   84     79     74    ALF =    4.00000    GAM =    1.00000
   74     73     61    ALF =    4.00000    GAM =    1.00000
   61     59     57    ALF =    4.00000    GAM =    1.00000
   57     56     55    ALF =    4.00000    GAM =    1.00000
   55     53     52    ALF =    4.00000    GAM =    1.00000
```

PROVISORISCHE LAENGE VON IA IST =   619

ANZAHL MATRIXELEMENTE UNGLEICH NULL :   511

   11 RANDBEDINGUNGEN

```
    1    0.00000
    3    0.00000
    5    0.00000
   12    0.00000
   14    0.00000
   23    0.00000
   25    0.00000
   37    0.00000
   39    0.00000
   51    0.00000
   52    0.00000
```

KONJUGIERTE GRADIENTEN MIT VORKONDITIONIERUNG
MAXIMALE ITERATIONSZAHL =   50
INFORMATION DRUCKEN NACH JE   1 ITERATIONEN
PARAMETER OMEGA =   1.10000
TOLERANZ FUER ABBRUCH =   0.100D-15

```
    0     0.00000000D+00    0.26007918D+01    0.41170021D+03
    1     0.57685840D+00    0.18894754D+01    0.23749272D+03
    2     0.89222393D-01    0.16685662D+01    0.21189669D+02
    3     0.12903936D+00    0.18388686D+01    0.27343014D+01
    4     0.59671581D-01    0.17102740D+01    0.16316009D+00
    5     0.12515605D+00    0.17475441D+01    0.20420473D-01
    6     0.79132565D-01    0.16387353D+01    0.16159244D-02
    7     0.12846822D+00    0.17697974D+01    0.20759494D-03
    8     0.81163774D-01    0.16484913D+01    0.16849189D-04
    9     0.66589245D-01    0.14111170D+01    0.11219748D-05
   10     0.23467648D-01    0.13133509D+01    0.26330109D-07
   11     0.24782222D-01    0.13111392D+01    0.65251861D-09
   12     0.29383522D-01    0.16070044D+01    0.19173295D-10
   13     0.83878802D-01    0.15040004D+01    0.16082330D-11
   14     0.32223522D-01    0.13396065D+01    0.51822932D-13
```

NAEHERUNGSLOESUNG NACH   15 CG-SCHRITTEN MIT
(R,RHO) =   0.15386290D-14

LOESUNG

1	0.00000	5.33125	0.00000	7.99304	0.00000
6	8.14161	5.61378	8.63168	7.74698	4.33272
11	8.08107	0.00000	9.29088	0.00000	6.19643
16	9.97940	4.14409	8.69837	4.71056	10.18340
21	11.34261	11.27001	0.00000	10.50631	0.00000
26	6.41094	10.61954	12.24529	8.51333	4.71142
31	9.19235	5.26042	12.66843	11.30732	12.93347
36	13.56825	0.00000	10.16048	0.00000	5.42946
41	8.87472	10.95413	13.50465	11.94819	5.15635
46	11.49784	5.42359	13.15675	13.32483	12.08703
51	0.00000	0.00000	1.81186	6.55861	2.60496
56	3.17350	3.43657	8.69716	3.52897	12.17201
61	3.51121	8.83503	11.82800	12.63710	9.63928
66	5.00182	9.20479	5.13646	11.22135	11.57306
71	9.86501	10.57968	3.43432	3.32998	8.25204
76	4.60304	9.34072	4.85600	3.27139	10.07983
81	8.99135	9.92797	7.92842	3.22516	

6.3.4 Scheibenproblem mit Spannungsberechnung, Hüllenstruktur

Mit quadratischen Verschiebungsansätzen in Dreieck- und Parallelogrammelementen soll die Deformation einer Scheibe berechnet werden. Die Gesamtsteifigkeitsmatrix wird in Hüllenform der ersten Art gespeichert. Aus den resultierenden Verschiebungen in den Knotenpunkten werden noch die Spannungen in den Elementschwerpunkten ermittelt.

Eingabedaten:

1. Daten des Unterprogramms SCHQEN1
2. NRB : Anzahl der Knotenvariablen mit homogener Randbedingung
3. NRK : Nummer des Knotenpunktes
   K   : Komponente mit verschwindender Verschiebung
   (je eine Datenzeile pro Knotenvariable)

Das Hauptprogramm benötigt folgende Unterprogramme:

SCHQEN1, DRQSCH, PAQSCH, RBSTEN1, SCALEN1, CHOENVN, VRENV, SPAQUA.

```
C  ----------------------------------------------------------------
C      HAUPTPROGRAMM FUER HUELLENORIENTIERTE SPEICHERUNG DER
C      GESAMTSTEIFIGKEITSMATRIX FUER SCHEIBENPROBLEME
C      BEI VERWENDUNG VON QUADRATISCHEN ANSAETZEN
C      SPANNUNGSBERECHNUNG IN DEN ELEMENTSCHWERPUNKTEN
C      DAS PROGRAMM IST AUSGELEGT FUER MAXIMAL
C         NDK = 300 KNOTENPUNKTE, D.H. ND = 600 UNBEKANNTE
C         NDE = 150 ELEMENTE
C         NDR = 60 HOMOGENE RANDBEDINGUNGEN
C         NDA = 8000 MATRIXELEMENTE IM PROFIL VON  A
C  ----------------------------------------------------------------
```

```
      PARAMETER(NDK=300,ND=2*NDK,NDE=150,NDA=8000,NDR=60)
      REAL*8   A(NDA),B(ND),X(ND),XE(NDK),YE(NDK),E,NU,RW(NDR)
      REAL*8   XK(3),YK(3),UE(8),VE(8),FAK(ND)
      INTEGER*2  IZ(ND),NKN(NDR),NPP(NDE,8)
      LOGICAL   OK
      CHARACTER*12   FNAME
      OPEN(3,FILE='RESSCHQ.DAT',STATUS='UNKNOWN')
      WRITE(*,900)
  900 FORMAT('  NAME DER DATEI : ')
      READ(*,'(A12)')   FNAME
      WRITE(3,901)   FNAME
  901 FORMAT('   DATEINAME IST : ',A12/)
      OPEN(1,FILE=FNAME,STATUS='OLD')
      CALL   SCHQEN1(N,A,IZ,B,XE,YE,E,NU,NDREI,NPAR,NPP,NDA,NDE,NDK)
      READ(1,*)   NRB
      WRITE(3,1)   NRB
    1 FORMAT(//3X,I4,' HOMOGENE RANDBEDINGUNGEN'/
     *     3X,'NRKN  KOMP'/)
      IF(NRB.GT.NDR)   STOP   'ZAHL RANDBEDINGUNGEN ZU GROSS !!'
      IF(NRB.EQ.0)   STOP   'KEINE RANDBEDINGUNGEN !!'
      DO 10 I = 1,NRB
        READ(1,*)   NRK,K
        WRITE(3,2)   NRK,K
    2   FORMAT(3X,2I4)
        NKN(I) = 2 * (NRK - 1) + K
        RW(I) = 0D0
   10 CONTINUE
      CALL   RBSTEN1(N,A,IZ,B,NRB,NKN,RW)
      CALL   SCALEN1(N,A,IZ,B,FAK)
      CALL   CHOENVN(N,A,IZ,OK)
      IF(.NOT.OK)   STOP   'MATRIX INDEFINIT !!'
      CALL   VRENV(N,A,IZ,B,X)
      DO 20 I = 1,N
        X(I) = X(I) * FAK(I)
   20 CONTINUE
      WRITE(3,3)
    3 FORMAT(//'   VERSCHIEBUNGEN DER KNOTENPUNKTE'//
     *    4X,'I =',6X,'U =',10X,'V =',/)
      N2 = N / 2
      DO 30 I = 1,N2
        WRITE(3,4) I,X(2*I-1),X(2*I)
    4   FORMAT(3X,I4,2F13.7)
   30 CONTINUE
      WRITE(3,5)
    5 FORMAT(//'   SPANNUNGSWERTE IN DEN ELEMENTSCHWERPUNKTEN'//
     *       7X,'XS =',6X,'YS =',9X,'SIGX',8X,'SIGY',8X,'TAUXY',/
     *       30X,'SIG1',8X,'SIG2',8X,'SIGD',6X,'PHI'/)
      NEL = NDREI + NPAR
      DO 60 IEL = 1,NEL
        NKEL = 6
        IF(IEL.GT.NDREI)   NKEL = 8
        DO 40 I = 1,3
          NRE = NPP(IEL,I)
          IF(I.EQ.3.AND.IEL.GT.NDREI)   NRE = NPP(IEL,4)
          XK(I) = XE(NRE)
          YK(I) = YE(NRE)
   40   CONTINUE
```

```
      DO 50 I = 1,NKEL
        K = 2 * NPP(IEL,I) - 1
        UE(I) = X(K)
        VE(I) = X(K+1)
 50     CONTINUE
        IFALL = NKEL / 2 - 2
        CALL   SPAQUA(XK,YK,UE,VE,E,NU,IFALL)
 60   CONTINUE
      STOP  'S C H L U S S'
      END
```

Beispiel 6.8 Wir betrachten einen Gabelschlüssel, der an einer Schraube angesetzt und durch Einzelkräfte in den Knotenpunkten 2, 5, 7 und 10 belastet sei (vgl. Fig. 6.8). Die angegebene Numerierung ergab sich mit dem Algorithmus von Cuthill-McKee. Die überraschende Numerierung ist mit der Stufenstruktur erklärbar.

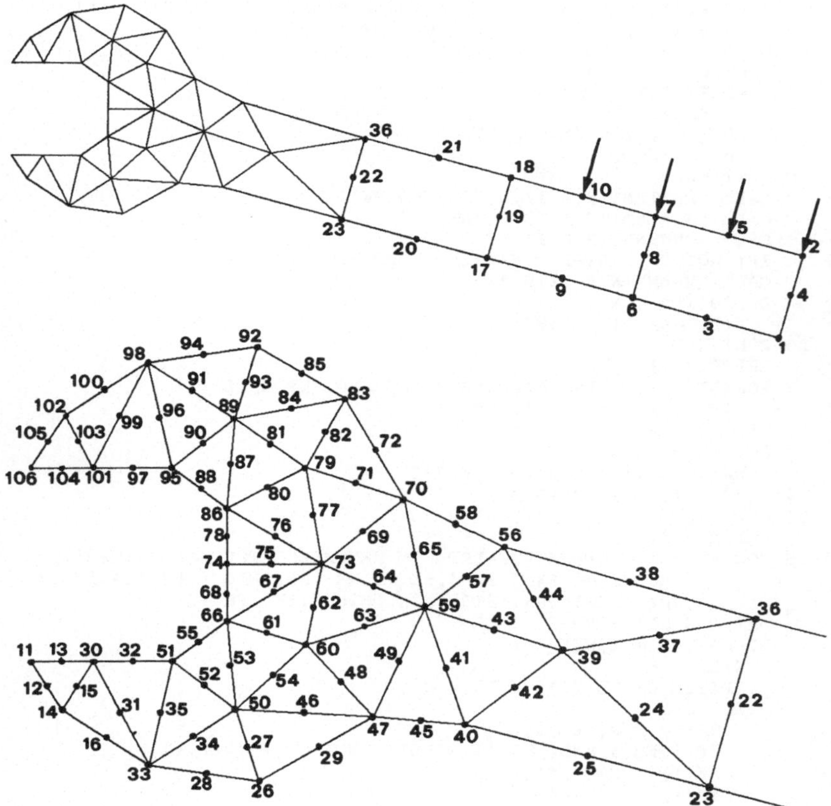

Fig. 6.8 Gabelschlüssel, Elementeinteilung und Knotennumerierung

```
DATEINAME IST : BEISP68.DAT

STATISCHE AUFGABE FUER SCHEIBENPROBLEM, QUADRATISCHE ANSAETZE
 212   KNOTENVARIABLE   106   KNOTENPUNKTE
  35   ECKPUNKTE
  34   DREIECKELEMENTE      3   PARALLELOGRAMME
E =      0.20000D+08   NU =    0.300000   H =       0.700
```

KOORDINATEN DER ECKPUNKTE

1	21.00000	0.00000		79	4.50000	7.00000
2	21.60000	2.10000		83	5.00000	7.85000
6	17.20000	1.00000		92	3.90000	8.50000
7	17.80000	3.10000		89	3.60000	7.60000
17	13.40000	2.00000		86	3.50000	6.50000
18	14.00000	4.10000		74	3.50000	5.80000
23	9.60000	3.00000		66	3.50000	5.10000
36	10.20000	5.10000		33	2.50000	3.30000
39	7.75000	4.70000		51	2.80000	4.60000
40	6.50000	3.80000		95	2.80000	7.00000
56	7.00000	6.00000		98	2.50000	8.30000
59	6.00000	5.25000		14	1.40000	4.00000
47	5.35000	3.90000		30	1.80000	4.60000
70	5.75000	6.60000		101	1.80000	7.00000
26	3.90000	3.10000		102	1.45000	7.65000
50	3.60000	4.00000		11	1.00000	4.60000
60	4.50000	4.80000		106	1.00000	7.00000
73	4.70000	5.80000				

KNOTENNUMMERN DER ELEMENTE

```
106   101   102   104   103   105
101    98   102    99   100   103
101    95    98    97    96    99
 95    89    98    90    91    96
 98    89    92    91    93    94
 95    86    89    88    87    90
 86    79    89    80    81    87
 89    83    92    84    85    93
 89    79    83    81    82    84
 86    73    79    76    77    80
 79    70    83    71    72    82
 73    70    79    69    71    77
 74    73    86    75    76    78
 66    73    74    67    75    68
 66    60    73    61    62    67
 66    50    60    53    54    61
 60    59    73    63    64    62
 60    47    59    48    49    63
 50    47    60    46    48    54
 50    26    47    27    29    46
 51    50    66    52    53    55
 33    50    51    34    52    35
 33    26    50    28    27    34
 30    33    51    31    35    32
 14    33    30    16    31    15
 11    14    30    12    15    13
```

```
73    59    70    64    65    69
59    56    70    57    58    65
59    39    56    43    44    57
59    40    39    41    42    43
59    47    40    49    45    41
39    36    56    37    38    44
39    23    36    24    22    37
39    40    23    42    25    24
23    17    18    36    20    19    21    22
17     6     7    18     9     8    10    19
 6     1     2     7     3     4     5     8
```

PROFIL DER MATRIX =   3570

4   AEUSSERE KRAEFTE

```
 2         -10.989          -38.461
 5         -43.955         -153.844
 7         -21.978          -76.922
10         -21.978          -76.922
```

4 HOMOGENE RANDBEDINGUNGEN
NRKN   KOMP

```
13    1
13    2
95    1
95    2
```

VERSCHIEBUNGEN DER KNOTENPUNKTE

I =	U =	V =		I =	U =	V =
1	-0.0135006	-0.0379593		22	-0.0019773	-0.0073322
2	-0.0070572	-0.0398055		23	-0.0039602	-0.0068142
3	-0.0119545	-0.0321299		24	-0.0022359	-0.0052104
4	-0.0102786	-0.0388824		25	-0.0028135	-0.0043263
5	-0.0055349	-0.0339693		26	-0.0012526	-0.0011738
6	-0.0103836	-0.0263414		27	-0.0011192	-0.0011190
7	-0.0040535	-0.0281559		28	-0.0011925	-0.0009672
8	-0.0072176	-0.0272411		29	-0.0012287	-0.0014130
9	-0.0087565	-0.0207235		30	-0.0002753	-0.0003662
10	-0.0027008	-0.0224570		31	-0.0008264	-0.0005915
11	0.0000887	0.0006856		32	-0.0004806	-0.0006216
12	-0.0004671	0.0002869		33	-0.0011412	-0.0007262
13	0.0000000	0.0000000		34	-0.0010215	-0.0009114
14	-0.0007885	-0.0000223		35	-0.0008709	-0.0007872
15	-0.0004982	-0.0002332		66	-0.0005942	-0.0009266
16	-0.0010113	-0.0004764		67	-0.0004491	-0.0011238
17	-0.0071255	-0.0154477		68	-0.0004420	-0.0008806
18	-0.0015176	-0.0170517		73	-0.0002518	-0.0014100
19	-0.0043190	-0.0162245		74	-0.0002882	-0.0008413
20	-0.0054937	-0.0107427		75	-0.0002895	-0.0011126
21	-0.0006149	-0.0121373		76	-0.0001360	-0.0011014

89	0.0006623	-0.0007643	98	0.0012899	0.0002410
90	0.0003827	-0.0004437	99	0.0006663	0.0006044
91	0.0009544	-0.0002889	100	0.0009841	0.0007765
92	0.0013528	-0.0009676	101	0.0000156	0.0009569
93	0.0010130	-0.0008671	102	0.0006664	0.0013035
94	0.0013285	-0.0004117	103	0.0003415	0.0011294
95	0.0000000	0.0000000	104	0.0000161	0.0013543
96	0.0006752	0.0001084	105	0.0003413	0.0015292
97	0.0000099	0.0004651	106	0.0000163	0.0017545

SPANNUNGSWERTE IN DEN ELEMENTSCHWERPUNKTEN

XS =	YS =	SIGX / SIG1	SIGY / SIG2	TAUXY / SIGD	PHI
1.4167	7.2167	-8.080	-27.867	15.006	
		0.000	-35.947	35.947	28.30
1.9167	7.6500	-46.827	-161.504	-104.113	
		14.693	-223.023	237.716	-30.58
2.3667	7.4333	6.565	-428.726	194.475	
		80.793	-502.954	583.746	20.89
2.9667	7.6333	967.295	191.604	-380.619	
		1122.860	36.039	1086.822	-22.23
3.3333	8.1333	-882.473	201.386	-123.172	
		215.207	-896.295	1111.502	6.40
3.3000	7.0333	4669.939	1639.431	-1800.398	
		5507.859	801.512	4706.347	-24.96
3.8667	7.0333	2391.125	765.887	-459.449	
		2512.017	644.995	1867.022	-14.74
4.1667	7.9833	-574.829	-18.902	435.367	
		219.669	-813.400	1033.069	-28.72
3.8667	4.6333	-1381.698	1018.768	186.856	
		1033.226	-1396.156	2429.382	-4.42
4.4833	4.2333	-2617.727	248.405	10.864	
		248.447	-2617.768	2866.215	-0.22
4.2833	3.6667	-2616.600	56.133	-592.655	
		181.654	-2742.121	2923.775	11.96
3.3000	4.5667	-1989.951	935.183	394.391	
		987.425	-2042.193	3029.618	-7.55
2.9667	3.9667	-1906.294	83.900	720.279	
		317.225	-2139.619	2456.843	-17.95
3.3333	3.4667	-1371.347	160.613	308.058	
		220.239	-1430.973	1651.212	-10.95
2.3667	4.1667	-3762.905	-291.318	879.367	
		-81.278	-3972.944	3891.666	-13.43
1.9000	3.9667	-1020.381	-516.944	544.381	
		-168.902	-1368.423	1199.521	-32.59
1.4000	4.4000	-4200.115	-432.292	1181.787	
		-92.301	-4540.106	4447.805	-16.05
7.9500	3.8333	-4070.160	-207.275	865.779	
		-22.107	-4255.329	4233.222	-12.07
11.8000	3.5500	-71.464	62.855	-111.086	
		125.505	-134.114	259.618	29.42
15.6000	2.5500	-62.426	34.147	-105.353	
		101.751	-130.031	231.782	32.69
19.4000	1.5500	-25.944	-19.819	-49.004	
		26.218	-71.981	98.199	43.21

6.3.5 Plattenprobleme

6.3.5.1 Konforme Elemente, Hüllenstruktur

Zur Behandlung einer belasteten Platte sollen konforme Rechteckelemente verwendet werden. Die zugehörige Gesamtsteifigkeitsmatrix soll in Hüllenform gespeichert werden. Die Form der Platte ist im wesentlichen auf Rechtecke oder zusammengesetzte Rechtecke beschränkt.

Eingabedaten:

1. Daten des Unterprogramms PLAKEN2
2. NRKNOT : Nummer des Knotenpunktes mit einer Randbedingung
   KOMP(I) : Vier Werte, welche die Lagerung des Punktes kennzeichnen;
                             0/1 : i-te Komponente frei/gleich Null
   (je eine Datenzeile pro Knotenpunkt mit einer Lagerung)
3. NRKNOT ≤ 0 : Schlusszeile, markiert das Ende der Randbedingungen

Das Hauptprogramm benötigt die folgenden Unterprogramme:

PLAKEN2, RBIPLA, RBSTEN2, SCALEN2, LDLTENV, VRLDLTEN.

```
C  ----------------------------------------------------------------
C      HAUPTPROGRAMM FUER HUELLENORIENTIERTE SPEICHERUNG DER
C      GESAMTSTEIFIGKEITSMATRIX IN DER ZWEITEN ART
C      PLATTENPROBLEME, KONFORME KUBISCHE RECHTECKELEMENTE
C      DAS PROGRAMM IST AUSGELEGT FUER MAXIMAL
C          NDK = 100 KNOTENPUNKTE, D.H. ND = 400 UNBEKANNTE
C          NDE = 150 ELEMENTE
C          NDR = 100 HOMOGENE RANDBEDINGUNGEN
C          NDA = 8000  MATRIXELEMENTE IM PROFIL VON  A
C  ----------------------------------------------------------------
       PARAMETER(NDK=100,ND=4*NDK,NDE=150,NDR=100,NDA=8000)
       REAL*8   A(NDA),B(ND),X(ND),XE(NDK),YE(NDK),FAK(ND)
       REAL*8   H(NDE),P(NDE),RW(NDR)
       INTEGER*2  IZ(ND),NPP(NDE,4),NKN(NDR),KOMP(4)
       LOGICAL   OK
       CHARACTER*12   FNAME
       OPEN(3,FILE='RESPLAK.DAT',STATUS='UNKNOWN')
       WRITE(*,900)
 900 FORMAT('  NAME DER DATEI : ')
       READ(*,'(A12)')  FNAME
       WRITE(3,901)  FNAME
 901 FORMAT('   DATEINAME IST :  ',A12)
       OPEN(1,FILE=FNAME,STATUS='OLD')
       CALL  PLAKEN2(N,A,IZ,B,XE,YE,H,P,NPP,NDA,NDK,NDE)
       WRITE(3,1)
   1 FORMAT(/3X,'VORGABE DER RANDBEDINGUNGEN'/
     *    3X,'NRKNOT   W   WX   WY   WXY'/)
       NRB = 0
  10 READ(1,*)  NRKNOT,(KOMP(I), I=1,4)
       IF(NRKNOT.GT.0)  THEN
          WRITE(3,2)  NRKNOT,(KOMP(I), I=1,4)
```

```
  2     FORMAT(3X,I6,4I5)
        DO 20 I = 1,4
          IF(KOMP(I).EQ.0)   GOTO 20
          NRB = NRB + 1
          NKN(NRB) = 4 * (NRKNOT - 1) + I
          RW(NRB) = 0D0
 20     CONTINUE
        GOTO 10
      ENDIF
      WRITE(3,3)  NRB
  3 FORMAT(/3X,I4,'  HOMOGENE RANDBEDINGUNGEN')
      IF(NRB.GT.NDR)  STOP  'ZAHL RANDBEDINGUNGEN ZU GROSS !!'
      CALL   RBSTEN2(N,A,IZ,B,NRB,NKN,RW)
      CALL   SCALEN2(N,A,IZ,B,FAK)
      CALL   LDLTENV(N,A,IZ,OK)
      IF(.NOT.OK)  STOP 'MATRIX INDEFINIT !!'
      CALL   VRLDLTEN(N,A,IZ,B,X)
      DO 30 I = 1,N
        X(I) = X(I) * FAK(I)
 30 CONTINUE
      WRITE(3,4)
  4 FORMAT(/'   LOESUNG DES PLATTENPROBLEMS'//
     *    4X,'I =',7X,'W =',11X,'WX =',10X,'WY =',9X,'WXY ='/)
      N4 = N / 4
      K = 1
      DO 40 I = 1,N4
        WRITE(3,5)  I,X(K),X(K+1),X(K+2),X(K+3)
  5     FORMAT(3X,I4,4F14.7)
        K = K + 4
 40 CONTINUE
      STOP  'S C H L U S S '
      END
```

Beispiel 6.9 Wir betrachten eine rechteckige Platte mit der Länge 8 m und der Breite 4 m (vgl. Fig. 6.9). Ihre Dicke sei h = 0.25 m, der Elastizitätsmodul sei $E = 4 \cdot 10^7$ kN m^{-2} und die Poissonzahl sei $\nu = 0.1667$. An der linken Breitseite sei die Platte eingespannt, an der rechten Breitseite gelenkig gelagert und an den Längsseiten frei. Die Platte sei in den beiden schraffierten Rechteckelementen durch eine Flächenkraft p=50 kN m^{-2} belastet.

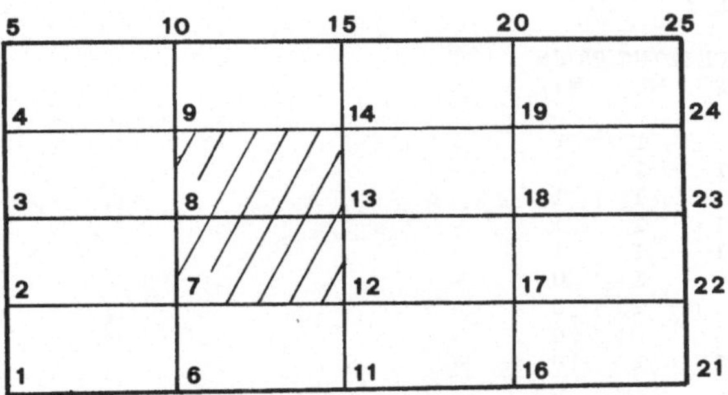

Fig. 6.9 Rechteckplatte, Einteilung und Belastung

```
DATEINAME IST :   BEISP69.DAT

STATISCHES PLATTENPROBLEM, BIKUBISCHE ANSAETZE
 100   KNOTENVARIABLE      25   KNOTENPUNKTE
  16   RECHTECKELEMENTE
E =      0.40000D+08    NU =     0.166700

KOORDINATEN DER ECKPUNKTE

     1      0.00000      0.00000  |   14      4.00000      3.00000
     2      0.00000      1.00000  |   15      4.00000      4.00000
     3      0.00000      2.00000  |   16      6.00000      0.00000
     4      0.00000      3.00000  |   17      6.00000      1.00000
     5      0.00000      4.00000  |   18      6.00000      2.00000
     6      2.00000      0.00000  |   19      6.00000      3.00000
     7      2.00000      1.00000  |   20      6.00000      4.00000
     8      2.00000      2.00000  |   21      8.00000      0.00000
     9      2.00000      3.00000  |   22      8.00000      1.00000
    10      2.00000      4.00000  |   23      8.00000      2.00000
    11      4.00000      0.00000  |   24      8.00000      3.00000
    12      4.00000      1.00000  |   25      8.00000      4.00000
    13      4.00000      2.00000  |

     DICKE H        BEL. P         ELEMENTKNOTENNUMMERN

     0.25000        0.00000     1     6     7     2
     0.25000        0.00000     2     7     8     3
     0.25000        0.00000     3     8     9     4
     0.25000        0.00000     4     9    10     5
     0.25000        0.00000     6    11    12     7
     0.25000       50.00000     7    12    13     8
     0.25000       50.00000     8    13    14     9
     0.25000        0.00000     9    14    15    10
     0.25000        0.00000    11    16    17    12
     0.25000        0.00000    12    17    18    13
     0.25000        0.00000    13    18    19    14
     0.25000        0.00000    14    19    20    15
     0.25000        0.00000    16    21    22    17
     0.25000        0.00000    17    22    23    18
     0.25000        0.00000    18    23    24    19
     0.25000        0.00000    19    24    25    20

PROFIL DER MATRIX :     2170

VORGABE DER RANDBEDINGUNGEN
NRKNOT     W    WX    WY    WXY

     1     1     1     1     1
     2     1     1     1     1
     3     1     1     1     1
     4     1     1     1     1
     5     1     1     1     1
    21     1     0     1     0
    22     1     0     1     0
    23     1     0     1     0
    24     1     0     1     0
    25     1     0     1     0

 30   HOMOGENE RANDBEDINGUNGEN
```

LOESUNG DES PLATTENPROBLEMS

I =	W =	WX =	WY =	WXY =
1	0.0000000	0.0000000	0.0000000	0.0000000
2	0.0000000	0.0000000	0.0000000	0.0000000
3	0.0000000	0.0000000	0.0000000	0.0000000
4	0.0000000	0.0000000	0.0000000	0.0000000
5	0.0000000	0.0000000	0.0000000	0.0000000
6	-0.0016760	-0.0012417	-0.0000897	0.0000659
7	-0.0017679	-0.0012587	-0.0000898	-0.0000590
8	-0.0018195	-0.0012952	0.0000000	0.0000000
9	-0.0017679	-0.0012587	0.0000898	0.0000590
10	-0.0016760	-0.0012417	0.0000897	-0.0000659
11	-0.0032924	-0.0001792	0.0000034	0.0000637
12	-0.0033351	-0.0001139	-0.0000704	0.0000708
13	-0.0033791	-0.0000738	0.0000000	0.0000000
14	-0.0033351	-0.0001139	0.0000704	-0.0000708
15	-0.0032924	-0.0001792	-0.0000034	-0.0000637
16	-0.0024044	0.0009497	0.0000483	-0.0000060
17	-0.0023798	0.0009517	0.0000075	0.0000082
18	-0.0023778	0.0009571	0.0000000	0.0000000
19	-0.0023798	0.0009517	-0.0000075	-0.0000082
20	-0.0024044	0.0009497	-0.0000483	0.0000060
21	0.0000000	0.0013280	0.0000000	-0.0000302
22	0.0000000	0.0013091	0.0000000	-0.0000091
23	0.0000000	0.0013051	0.0000000	0.0000000
24	0.0000000	0.0013091	0.0000000	0.0000091
25	0.0000000	0.0013280	0.0000000	0.0000302

6.3.5.2 Nichtkonforme Elemente, vorkonditionierte CG-Methode

Die Diskretisation einer Plattenaufgabe erfolge mit nichtkonformen Dreieck- und Parallelogrammelementen. Das resultierende lineare Gleichungssystem soll mit der vorkonditionierten CG-Methode unter Verwendung einer partiellen Cholesky-Zerlegung gelöst werden. Deshalb ist die Gesamtsteifigkeitsmatrix in kompakter zeilenweiser Form vorzubereiten und zu speichern.

Eingabedaten:

1. Daten des Unterprogramms PLANKOZ
2. NRKNOT : Nummer des Knotenpunktes mit einer Randbedingung
   KOMP(I) : Drei Werte, welche die Lagerung des Punktes kennzeichnen
              0/1 : i-te Komponente frei/gleich Null
   (je eine Datenzeile pro Knotenpunkt mit einer Lagerung)
3. NRKNOT ≤ 0 : Schlusszeile, markiert das Ende der Randbedingungen
4. Daten des Unterprogramms PACHCGN

Das Hauptprogramm benötigt folgende Unterprogramme:

PLANKOZ, DRKPLA, PAKPLA, RBSTKO, SCALKO, PACHCGN, PARTCH, VORKON, APZ.

```fortran
C -------------------------------------------------------------------
C       HAUPTPROGRAMM ZUR METHODE DER KONJUGIERTEN GRADIENTEN MIT
C       VORKONDITIONIERUNG DURCH  M = C * CT, WO  C  EINE
C       PARTIELLE CHOLESKY ZERLEGUNG DER SKALIERTEN MATRIX IST
C       PLATTENPROBLEME, NICHTKONFORME KUBISCHE ELEMENTE
C       DAS PROGRAMM IST AUSGELEGT FUER MAXIMAL
C           NDK = 200 KNOTENPUNKTE, D.H. ND = 600 UNBEKANNTE
C           NDE = 250 ELEMENTE
C           NDR =  60 HOMOGENE RANDBEDINGUNGEN
C           NDA = 8000 VON NULL VERSCHIEDENE MATRIXELEMENTE
C -------------------------------------------------------------------
        PARAMETER(NDK=200,ND=3*NDK,NDE=250,NDR=60,NDA=8000)
        REAL*8   A(NDA),C(NDA),B(ND),X(ND),XE(NDK),YE(NDK)
        REAL*8   FAK(ND),G(ND),R(ND),RHO(ND),Z(ND)
        REAL*8   HH(NDE),PP(NDE),RW(NDR)
        INTEGER*2  IA(NDA),IZ(ND),NPP(NDE,4),NKN(NDR),KOMP(3)
        CHARACTER*12  FNAME
        OPEN(3,FILE='RESPLAN.DAT',STATUS='UNKNOWN')
        WRITE(*,900)
  900 FORMAT('  NAME DER DATEI : ')
        READ(*,'(A12)')  FNAME
        WRITE(3,901)  FNAME
  901 FORMAT('    DATEINAME IST : ',A12/)
        OPEN(1,FILE=FNAME,STATUS='OLD')
        CALL   PLANKOZ(N,A,IA,IZ,B,XE,YE,HH,PP,NPP,NDA,NDK,NDE)
        WRITE(3,1)
    1 FORMAT(/3X,'VORGABE DER RANDBEDINGUNGEN'/
     *     3X,'NRKNOT    W   WX   WY'/)
        NRB = 0
   10 READ(1,*)  NRKNOT,(KOMP(I), I=1,3)
        IF(NRKNOT.GT.0)  THEN
          WRITE(3,2)  NRKNOT,(KOMP(I), I=1,3)
    2     FORMAT(3X,I6,3I5)
          DO 20 I = 1,3
            IF(KOMP(I).EQ.0)  GOTO 20
            NRB = NRB + 1
            NKN(NRB) = 3 * (NRKNOT - 1) + I
            RW(NRB) = 0D0
   20     CONTINUE
          GOTO 10
        ENDIF
        WRITE(3,3)  NRB
    3 FORMAT(/3X,I4,'  HOMOGENE RANDBEDINGUNGEN')
        IF(NRB.GT.NDR)  STOP  'ZAHL RANDBEDINGUNGEN ZU GROSS !!'
        IF(NRB.EQ.0)  STOP   'KEINE RANDBEDINGUNGEN !!'
        CALL   RBSTKO(N,A,IA,IZ,B,NRB,NKN,RW)
        CALL   SCALKO(N,A,IA,IZ,B,FAK)
        CALL   PACHCGN(N,A,IA,IZ,B,X,C,G,R,RHO,Z)
        DO 30 I = 1,N
          X(I) = X(I) * FAK(I)
   30 CONTINUE
        WRITE(3,4)
    4 FORMAT(/'    LOESUNG DES PLATTENPROBLEMS'//
     *     4X,'I =',7X,'W =',11X,'WX =',10X,'WY ='/)
        N3 = N / 3
        K = 1
```

```
   DO 40 I = 1,N3
     WRITE(3,5)  I,X(K),X(K+1),X(K+2)
 5   FORMAT(3X,I4,3F14.7)
     K = K + 3
40 CONTINUE
   STOP 'S C H L U S S '
   END
```

Beispiel 6.10 Die parallelogrammförmige Platte nach Fig. 6.10 mit einer Längsabmessung von 8 m und einer Breite von 4 m sei am linken Rand eingespannt, an der rechten Breitseite gelenkig gelagert und sonst frei. Ihre Dicke betrage h = 0.25 m, der Elastizitätsmodul sei E = $4 \cdot 10^7$ kN m^{-2} und die Poissonzahl ν = 0.1667. In den beiden schraffierten Parallelogrammelementen wirke eine Flächenbelastung von p = 50 kN m^{-2}.

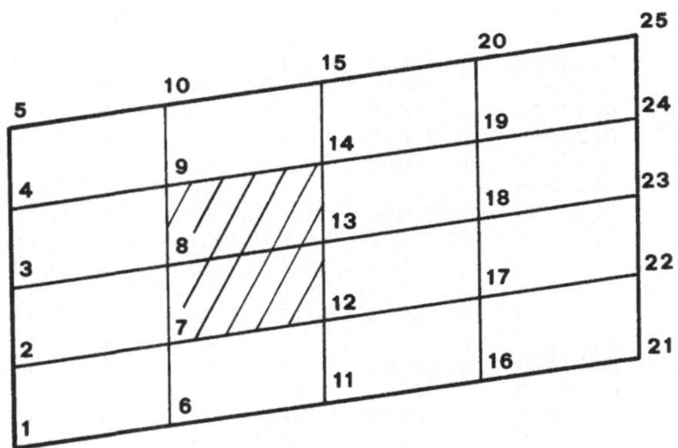

Fig. 6.10   Schiefe Platte, Elementeinteilung und Belastung

```
DATEINAME IST : BEISP610.DAT

PLATTENPROBLEM, NICHTKONFORME KUBISCHE ANSAETZE
   75  KNOTENVARIABLE      25  KNOTENPUNKTE
    0  DREIECKELEMENTE      16  PARALLELOGRAMMELEMENTE
E =     0.40000D+08   NU =     0.166700

KOORDINATEN DER ECKPUNKTE

      1      0.00000      0.00000
      2      0.00000      1.00000
      3      0.00000      2.00000
      4      0.00000      3.00000
      5      0.00000      4.00000
      6      2.00000      0.25000
      7      2.00000      1.25000
      8      2.00000      2.25000
      9      2.00000      3.25000
```

10	2.00000	4.25000
11	4.00000	0.50000
12	4.00000	1.50000
13	4.00000	2.50000
14	4.00000	3.50000
15	4.00000	4.50000
16	6.00000	0.75000
17	6.00000	1.75000
18	6.00000	2.75000
19	6.00000	3.75000
20	6.00000	4.75000
21	8.00000	1.00000
22	8.00000	2.00000
23	8.00000	3.00000
24	8.00000	4.00000
25	8.00000	5.00000

DICKE H	BEL. P	ELEMENTKNOTENNUMMERN			
0.25000	0.00000	1	6	7	2
0.25000	0.00000	2	7	8	3
0.25000	0.00000	3	8	9	4
0.25000	0.00000	4	9	10	5
0.25000	0.00000	6	11	12	7
0.25000	50.00000	7	12	13	8
0.25000	50.00000	8	13	14	9
0.25000	0.00000	9	14	15	10
0.25000	0.00000	11	16	17	12
0.25000	0.00000	12	17	18	13
0.25000	0.00000	13	18	19	14
0.25000	0.00000	14	19	20	15
0.25000	0.00000	16	21	22	17
0.25000	0.00000	17	22	23	18
0.25000	0.00000	18	23	24	19
0.25000	0.00000	19	24	25	20

ANZAHL MATRIXELEMENTE UNGLEICH NULL :   798

VORGABE DER RANDBEDINGUNGEN

NRKNOT	W	WX	WY
1	1	1	1
2	1	1	1
3	1	1	1
4	1	1	1
5	1	1	1
21	1	0	1
22	1	0	1
23	1	0	1
24	1	0	1
25	1	0	1

25 HOMOGENE RANDBEDINGUNGEN

KONJUGIERTE GRADIENTEN MIT VORKONDITIONIERUNG
MIT MATRIX C*CT, C IST PARTIELLE CHOLESKY-ZERLEGUNG
DER SKALIERTEN MATRIX A
MAXIMALE ITERATIONSZAHL =   30
INFORMATION DRUCKEN NACH JE   2 ITERATIONEN
GEGEBENER PARAMETER ALF =   0.0000
TOLERANZ FUER ABBRUCH =   0.100D-11

PARTIELLE CHOLESKY-ZERLEGUNG MIT ALF =   0.0000

```
0     0.00000000D+00     0.13580083D+01     0.21498792D+00
2     0.37893056D+00     0.16154525D+01     0.42274440D-01
4     0.27900270D-01     0.91914913D+00     0.26876294D-03
6     0.90699880D-01     0.11800327D+01     0.89374755D-06
8     0.21558681D-01     0.99368701D+00     0.88268710D-09
```

NAEHERUNGSLOESUNG NACH   10 CG-SCHRITTEN MIT
(R,RHO) =   0.18156290D-12

LOESUNG DES PLATTENPROBLEMS

I =	W =	WX =	WY =
1	0.0000000	0.0000000	0.0000000
2	0.0000000	0.0000000	0.0000000
3	0.0000000	0.0000000	0.0000000
4	0.0000000	0.0000000	0.0000000
5	0.0000000	0.0000000	0.0000000
6	-0.0015022	-0.0011637	-0.0002147
7	-0.0017059	-0.0012381	-0.0001905
8	-0.0018478	-0.0013283	-0.0000834
9	-0.0018706	-0.0012979	0.0000192
10	-0.0018469	-0.0012247	0.0000306
11	-0.0032379	-0.0002768	-0.0000768
12	-0.0033490	-0.0001419	-0.0001251
13	-0.0034302	-0.0000498	-0.0000188
14	-0.0033967	-0.0000784	0.0000667
15	-0.0033593	-0.0001013	-0.0000165
16	-0.0024697	0.0009286	0.0000726
17	-0.0024234	0.0009593	0.0000316
18	-0.0023961	0.0009735	0.0000248
19	-0.0023743	0.0009647	0.0000151
20	-0.0023736	0.0009620	-0.0000199
21	0.0000000	0.0013757	0.0000000
22	0.0000000	0.0013334	0.0000000
23	0.0000000	0.0013096	0.0000000
24	0.0000000	0.0012970	0.0000000
25	0.0000000	0.0012865	0.0000000

6.4 Schwingungsprobleme

6.4.1 Simultane Vektoriteration, Eigenschwingungen eines Rahmenwerkes

Zur Berechnung der p kleinsten Eigenfrequenzen und der zugehörigen Eigenschwingungsformen einer Rahmenkonstruktion soll die Methode der simultanen inversen Vektoriteration angewandt werden. Zu diesem Zweck werden die beiden Gesamtmatrizen in Hüllenform gespeichert.

Eingabedaten:

1. Daten des Unterprogramms RAEWEN
2. NRKNOT : Nummer des Knotenpunktes mit einer Randbedingung
    KOMP(I) : Sechs Werte, welche die Lagerung definieren;
              0/1 : i-te Komponente frei/fest
    (je eine Datenzeile pro gelagerten Knotenpunkt)
3. NRKNOT ≤ 0 : Schlusszeile, markiert das Ende der Randbedingungen
4. P   : Anzahl der gewünschten Eigenwerte/Eigenvektoren
    PT   : Totalzahl simultan iterierter Vektoren, ≥ P
    NITM   : Maximale Anzahl von Iterationsschritten
    EPS   : Toleranz für Genauigkeit der Eigenvektoren
    NZUFAL : ungerade Startzahl für Erzeugung der Zufallszahlen

Das Hauptprogramm benötigt folgende Unterprogramme:

RAHMEWEN, BALKEN, RBEWEN, SCABEN1, RANDOM, SVITENN, CHOENVN, VRENV, JACOBI, RSEWEV, MODEV.

```
C  ------------------------------------------------------------------------
C      HAUPTPROGRAMM ZUR METHODE DER SIMULTANEN VEKTORITERATION
C      BESTIMMUNG DER  P  KLEINSTEN EIGENWERTE UND DER ZUGEHOERIGEN
C      EIGENVEKTOREN DER ALLGEMEINEN EIGENWERTAUFGABE  A*X = LAM*B*X
C      MIT SYMMETRISCHEN UND POSITIV DEFINITEN MATRIZEN  A   UND  B
C      BEIDE GESPEICHERT IN HUELLENFORM
C      RAHMENKONSTRUKTIONEN AUS BALKENELEMENTEN
C      DAS PROGRAMM IST AUSGELEGT FUER MAXIMAL
C          NDK  =   50 KNOTENPUNKTE, D.H.
C          ND   =  300 KNOTENVARIABLE
C          NDE  =  100 BALKENELEMENTE
C          NDR  =   60 HOMOGENE RANDBEDINGUNGEN
C          NDAB = 8000 MATRIXELEMENTE IN DEN PROFILEN VON  A   UND  B
C          NDEV =   12 GLEICHZEITIG ITERIERTEN VEKTOREN  X
C  ------------------------------------------------------------------------
       PARAMETER(NDK=50,ND=6*NDK,NDAB=8000,NDE=100,NDR=60,NDEV=12)
       REAL*8  A(NDAB),B(NDAB),XE(NDK),YE(NDK),ZE(NDK),X(ND,NDEV)
       REAL*8  Y(ND,NDEV),LAM(NDEV),H1(ND),H2(ND),G(NDEV,NDEV)
       REAL*8  V(NDEV,NDEV),FAK(ND),HB(NDE),BB(NDE)
       REAL*8  FAKLAM,EPS,AUX,FREQ,RANDOM
```

```fortran
      INTEGER  P,PT
      INTEGER*2  IZAB(ND),NPP(NDE,2),NKN(NDR),KOMP(6)
      LOGICAL  KONV
      CHARACTER*12  FNAME
      OPEN(3,FILE='RESSVIT.DAT',STATUS='UNKNOWN')
      WRITE(*,900)
900 FORMAT('  NAME DER DATEI : ')
      READ(*,'(A12)')  FNAME
      WRITE(3,901)  FNAME
901 FORMAT('  DATEINAME IST :  ',A12)
      OPEN(1,FILE=FNAME,STATUS='OLD')
      CALL  RAHMEWEN(N,A,B,IZAB,XE,YE,ZE,NPP,HB,BB,NDAB,NDE,NDK)
      WRITE(3,1)
  1 FORMAT(/2X,'VORGABE DER RANDBEDINGUNGEN'/2X,
     *      'NRKNOT',4X,'U',4X,'V',3X,' W',3X,'TH',3X,'WS',3X,'US'/)
      NRB = 0
 10 READ(1,*)  NRKNOT,(KOMP(I), I=1,6)
      IF(NRKNOT.GT.0)  THEN
        WRITE(3,2)  NRKNOT,(KOMP(I), I=1,6)
  2     FORMAT(2X,I6,6I5)
        DO 20 I = 1,6
          IF(KOMP(I).EQ.0)  GOTO 20
          NRB = NRB + 1
          IF(NRB.GT.NDR)  STOP  'ZAHL RANDBEDINGUNGEN ZU GROSS !!'
          NKN(NRB) = 6 * (NRKNOT - 1) + I
 20     CONTINUE
        GOTO 10
      ENDIF
      WRITE(3,3)  NRB
  3 FORMAT(/2X,I4,'  HOMOGENE RANDBEDINGUNGEN')
      READ(1,*)  P,PT,NITM,EPS,NZUFAL
      WRITE(3,4)  P,PT,NITM,EPS,NZUFAL
  4 FORMAT(/2X,'SIMULTANE VEKTORITERATION FUER  A*X = LAM*B*X'/
     *    2X,I4,'  GEWUENSCHTE EIGENWERTE'/
     *    2X,I4,'  SIMULTAN ITERIERTE VEKTOREN'/
     *    2X,I4,'  ITERATIONSSCHRITTE MAXIMAL'/
     *    2X,'TOLERANZ EPS FUER EIGENVEKTOREN =',D14.5/
     *    2X,'STARTZAHL FUER ZUFALLSZAHLEN = ',I8)
      IF(PT.LT.P.OR.PT.GT.NDEV)  STOP 'DATEN EIGENWERTE !!'
      CALL  RBEWEN(N,A,B,IZAB,NRB,NKN)
      CALL  SCABEN1(N,A,B,IZAB,FAK,FAKLAM)
      AUX = RANDOM(.TRUE.,NZUFAL)
      DO 40 K = 1,PT
        DO 30 I = 1,N
          X(I,K) = RANDOM(.FALSE.,0)
 30     CONTINUE
 40 CONTINUE
      CALL  SVITENN(N,A,B,IZAB,P,PT,NITM,EPS,X,Y,LAM,KONV,H1,H2,
     *              G,V,ND,NDEV)
      IF(.NOT.KONV)  WRITE(3,5)  NITM
  5 FORMAT(//'  **********************************************'
     *      /'  *  NACH',I6,' ITERATIONSSCHRITTEN WURDE DIE   *'
     *      /'  *  GEGEBENE TOLERANZ  EPS  NICHT ERFUELLT !!  *'
     *      /'  **********************************************')
      CALL  RSEWEV(N,PT,LAM,X,FAKLAM,FAK,ND,NDEV)
      CALL  MODEV(N,PT,X,NRB,NKN,ND,NDEV)
      WRITE(3,6)
  6 FORMAT(//2X,'GEWUENSCHTE EIGENWERTE UND EIGENVEKTOREN')
```

```
      DO 60 K = 1,P
        FREQ = DSQRT(LAM(K))/6.283185307D0
        WRITE(3,7)  K,LAM(K),FREQ
  7     FORMAT(/,2X,'LAM(',I2,') = ',D20.10,3X,'FREQ = ',F12.3,' HZ'
     *         ,//,2X,'KNOTEN',4X,'U',9X,'V',9X,'W',7X,'THETA',
     *            6X,'WS',8X,'VS',/)
        N6 = N / 6
        J = 1
        DO 50 I = 1,N6
          WRITE(3,8)   I,X(J,K),X(J+1,K),X(J+2,K),
     *                   X(J+3,K),X(J+4,K),X(J+5,K)
  8       FORMAT(2X,I4,6F10.4)
          J = J + 6
 50     CONTINUE
 60   CONTINUE
      STOP  'S C H L U S S  !'
      END
```

Beispiel 6.11 Die einfache Balkenkonstruktion eines Lagerhauses von Beispiel 6.4 soll auf ihre möglichen Eigenfrequenzen und Eigenschwingungsformen untersucht werden. Es interessieren insbesondere die vier kleinsten Eigenfrequenzen. Damit das Programm aus den berechneten Eigenwerten die zugehörigen Eigenfrequenzen in Hz richtig bestimmen kann, sind die physikalischen Grössen in den entsprechenden Masseinheiten vorzugeben: $E = 2 \cdot 10^{11}$ N m^{-2}, $\rho = 8250$ kg m^{-3}. Die simultane Vektoriteration soll mit sechs gleichzeitig iterierten Vektoren durchgeführt werden, die Toleranz sei $\varepsilon = 10^{-6}$ und die Startzahl für die Zufallszahlen sei NZUFAL = 1991. Man beachte an den Ergebnissen, dass die drei kleinsten Eigenfrequenzen sehr benachbart sind!

```
DATEINAME IST :   BEISP611.DAT

EIGENSCHWINGUNGSAUFGABE FUER RAHMENKONSTRUKTION
 108   KNOTENVARIABLE      18   KNOTENPUNKTE
  26   BALKENELEMENTE
E =   0.20000D+12  NU =    0.30000  RHO =       8250.000

KOORDINATEN DER ECKPUNKTE

(siehe Beispiel 6.4)


DATEN DER BALKENELEMENTE
KNOTENNUMMERN  HOEHE       BREITE

(siehe Beispiel 6.4)


PROFIL DER MATRIZEN =     2430

VORGABE DER RANDBEDINGUNGEN
NRKNOT     U     V     W     TH     WS     US

    1      1     1     1     0      0      0
    6      1     1     1     0      0      0
```

```
    7   1   1   1   0   0   0
   12   1   1   1   0   0   0
   13   1   1   1   0   0   0
   18   1   1   1   0   0   0
```

   18   HOMOGENE RANDBEDINGUNGEN

SIMULTANE VEKTORITERATION FUER   A*X = LAM*B*X
   4   GEWUENSCHTE EIGENWERTE
   6   SIMULTAN ITERIERTE VEKTOREN
  50   ITERATIONSSCHRITTE MAXIMAL
TOLERANZ EPS FUER EIGENVEKTOREN =   0.10000D-05
STARTZAHL FUER ZUFALLSZAHLEN =   1991

ZWISCHENERGEBNISSE ZUM KONVERGENZVERHALTEN
DER SIMULTANEN VEKTORITERATION

IT =   0   NAEHERUNGEN DER EIGENWERTE
   0.28279626D+00   0.33753264D+00   0.37558607D+00   0.40981054D+00
   0.45738646D+00   0.52460265D+00
IT =   4   NAEHERUNGEN DER EIGENWERTE
   0.43152124D-02   0.45953835D-02   0.63326793D-02   0.39365185D-01
   0.45307409D-01   0.26048376D+00
    EPSM =   0.43277D-01   JT =   1
IT =   8   NAEHERUNGEN DER EIGENWERTE
   0.43152124D-02   0.45953835D-02   0.63326792D-02   0.39364626D-01
   0.45291241D-01   0.22227274D+00
    EPSM =   0.22580D-03   JT =   3
IT =   12   NAEHERUNGEN DER EIGENWERTE
   0.43152124D-02   0.45953835D-02   0.63326792D-02   0.39364626D-01
   0.45291241D-01   0.22182698D+00
    EPSM =   0.29802D-07   JT =   3

GEWUENSCHTE EIGENWERTE UND EIGENVEKTOREN

LAM(1) =   0.3245427240D+02   FREQ =   0.907 HZ

KNOTEN	U	V	W	THETA	WS	VS
1	0.0000	0.0000	0.0000	0.2703	-0.0004	-0.0045
2	0.0000	0.8987	0.0001	0.1362	0.0007	-0.0045
3	0.0000	0.9634	-0.0645	-0.0095	-0.0063	-0.0072
4	0.0000	0.9634	0.0645	-0.0095	0.0063	-0.0072
5	0.0000	0.8987	-0.0001	0.1362	-0.0007	-0.0045
6	0.0000	0.0000	0.0000	0.2703	0.0004	-0.0045
7	0.0000	0.0000	0.0000	0.2827	0.0000	0.0000
8	0.0000	0.9339	0.0001	0.1380	0.0000	0.0000
9	0.0000	1.0000	-0.0660	-0.0013	0.0000	0.0000
10	0.0000	1.0000	0.0660	-0.0013	0.0000	0.0000
11	0.0000	0.9339	-0.0001	0.1380	0.0000	0.0000
12	0.0000	0.0000	0.0000	0.2827	0.0000	0.0000
13	0.0000	0.0000	0.0000	0.2703	0.0004	0.0045
14	0.0000	0.8987	0.0001	0.1362	-0.0007	0.0045
15	0.0000	0.9634	-0.0645	-0.0095	0.0063	0.0072
16	0.0000	0.9634	0.0645	-0.0095	-0.0063	0.0072
17	0.0000	0.8987	-0.0001	0.1362	0.0007	0.0045
18	0.0000	0.0000	0.0000	0.2703	-0.0004	0.0045

LAM(2) =   0.3456141115D+02   FREQ =   0.936 HZ

KNOTEN	U	V	W	THETA	WS	VS
1	0.0000	0.0000	0.0000	0.0007	-0.2721	0.0003
2	0.9159	0.0000	0.0000	-0.0014	-0.1457	0.0003
3	1.0000	0.0000	-0.0840	0.0038	-0.0242	0.0012
4	1.0000	0.0000	-0.0840	-0.0038	-0.0242	-0.0012
5	0.9159	0.0000	0.0000	0.0014	-0.1457	-0.0003
6	0.0000	0.0000	0.0000	-0.0007	-0.2721	-0.0003
7	0.0000	0.0000	0.0000	0.0000	-0.2938	0.0113
8	0.9159	0.0000	0.0000	0.0000	-0.1024	0.0113
9	1.0000	0.0000	0.0000	0.0000	-0.0024	0.0180
10	1.0000	0.0000	0.0000	0.0000	-0.0024	-0.0180
11	0.9159	0.0000	0.0000	0.0000	-0.1024	-0.0113
12	0.0000	0.0000	0.0000	0.0000	-0.2938	-0.0113
13	0.0000	0.0000	0.0000	-0.0007	-0.2721	0.0003
14	0.9159	0.0000	0.0000	0.0014	-0.1457	0.0003
15	1.0000	0.0000	0.0840	-0.0038	-0.0242	0.0012
16	1.0000	0.0000	0.0840	0.0038	-0.0242	-0.0012
17	0.9159	0.0000	0.0000	-0.0014	-0.1457	-0.0003
18	0.0000	0.0000	0.0000	0.0007	-0.2721	-0.0003

LAM(3) =   0.4762743505D+02   FREQ =   1.098 HZ

KNOTEN	U	V	W	THETA	WS	VS
1	0.0000	0.0000	0.0000	-0.3036	-0.1415	-0.1924
2	0.4700	-1.0000	0.0000	-0.1474	-0.0715	-0.1924
3	0.3175	-0.8787	0.0312	-0.0097	-0.0175	-0.2065
4	-0.3175	-0.8787	-0.0312	-0.0097	0.0175	-0.2065
5	-0.4700	-1.0000	0.0000	-0.1474	0.0715	-0.1924
6	0.0000	0.0000	0.0000	-0.3036	0.1415	-0.1924
7	0.0000	0.0000	0.0000	0.0000	-0.1514	-0.1972
8	0.4700	0.0000	0.0000	0.0000	-0.0520	-0.1972
9	0.3175	0.0000	0.0000	0.0000	-0.0225	-0.2108
10	-0.3175	0.0000	0.0000	0.0000	0.0225	-0.2108
11	-0.4700	0.0000	0.0000	0.0000	0.0520	-0.1972
12	0.0000	0.0000	0.0000	0.0000	0.1514	-0.1972
13	0.0000	0.0000	0.0000	0.3036	-0.1415	-0.1924
14	0.4700	1.0000	0.0000	0.1474	-0.0715	-0.1924
15	0.3175	0.8787	-0.0312	0.0097	-0.0175	-0.2065
16	-0.3175	0.8787	0.0312	0.0097	0.0175	-0.2065
17	-0.4700	1.0000	0.0000	0.1474	0.0715	-0.1924
18	0.0000	0.0000	0.0000	0.3036	0.1415	-0.1924

LAM(4) =   0.2960573370D+03   FREQ =   2.738 HZ   (TEIL!)

KNOTEN	U	V	W	THETA	WS	VS
1	0.0000	0.0000	0.0000	0.1879	-0.3280	-0.1887
2	1.0000	0.5675	0.0000	0.0666	-0.1232	-0.1887
3	0.8156	0.8081	-0.0563	-0.0301	-0.0130	-0.2587
4	-0.8156	0.8081	0.0563	-0.0301	0.0130	-0.2587
5	-1.0000	0.5675	0.0000	0.0666	0.1232	-0.1887
6	0.0000	0.0000	0.0000	0.1879	0.3280	-0.1887
7	0.0000	0.0000	0.0000	0.0000	-0.3616	-0.0418
8	0.9999	0.0000	0.0000	0.0000	-0.0584	-0.0418
9	0.8156	0.0000	0.0000	0.0000	0.0855	-0.0868

6.4.2 Bisektionsmethode, Scheibeneigenwertproblem, kubische Verschiebungsansätze

Zur Bestimmung von ganz bestimmten Eigenschwingungen von Scheiben ist die Bisektionsmethode geeignet. Die Scheibe soll mit geradlinigen Dreieck- und Parallelogrammelementen behandelt werden, in denen der kubische Verschiebungsansatz zur Anwendung gelangt. Die Gesamtmatrizen werden zeilenweise kompakt gespeichert.

Eingabedaten:

1. Daten des Unterprogramms SEWKKOZ
2. NRKNOT : Nummer des Knotenpunktes mit einer Randbedingung
   KOMP(I) : Sechs Werte, welche die homogene Bedingung kennzeichnen;
                   0/1 : i-te Komponente frei/gleich Null
   (je eine Datenzeile pro Knotenpunkt mit mindestens einer Bedingung)
3. NRKNOT $\leq$ 0 : Schlusszeile, markiert das Ende der Randbedingungen
4. K1   : Index des kleinsten gewünschten Eigenwertes
   K2   : Index des grössten gewünschten Eigenwertes
   LOWER : Untere Schranke der gewünschten Eigenwerte
   UPPER : Obere Schranke der gewünschten Eigenwerte
   EPS   : Relative Toleranz für die Eigenwerte

Das Hauptprogramm benötigt folgende Unterprogramme:

SEWKKOZ, DRKSCH, PAKSCH, RBEWKOZ, SCABKOZ, BISECTN, ZERLEGN, RSEWEV, MODEV.

```
C  --------------------------------------------------------------------
C      HAUPTPROGRAMM ZUR BISEKTIONSMETHODE
C      FUER DAS ALLGEMEINE EWP  A * X = LAM * B * X
C      EIGENWERTE LAM(K1) BIS LAM(K2) MIT ZUGEHOERIGEN EIGENVEKTOREN
C      FUER VORGEBENE INDEXWERTE  K1  UND  K2
C      SCHEIBENPROBLEME, KUBISCHE ANSAETZE
C      DAS PROGRAMM IST AUSGELEGT FUER MAXIMAL
C          NDK = 50  KNOTENPUNKTE, D.H. ND = 300 KNOTENVARIABLE
C          NDAB = 3000 MATRIXELEMENTE JE FUER  A   UND  B
C          NDF  = 8000 MATRIXELEMENTE IM PROFIL VON  F
C          NDEV = 10 EIGENWERTE/EIGENVEKTOREN
C          NDEL = 100 SCHEIBENELEMENTE
C          NDR  = 30 HOMOGENE RANDBEDINGUNGEN
C  --------------------------------------------------------------------
       PARAMETER(NDK=50,ND=6*NDK,NDAB=3000,NDF=8000,NDEV=10)
       PARAMETER(NDEL=100,NDR=30)
       REAL*8   A(NDAB),B(NDAB),F(NDF),EV(ND,NDEV),LAM(NDEV)
       REAL*8   SHK(ND),AX(ND),BX(ND),USCH(NDEV),OSCH(NDEV)
       REAL*8   FAK(ND),FAKLAM,LOW,UPP,TOL,FREQ
       REAL*8   XE(NDK),YE(NDK)
       INTEGER*2   IA(NDAB),IZ(ND),NPP(NDEL,4),NKN(NDR),KOMP(6)
       INTEGER*2   FF(ND),LF(ND),IZF(ND),VERT(ND),NU(NDEV),NO(NDEV)
       CHARACTER*12   FNAME
       OPEN(3,FILE='RESBISEC.DAT',STATUS='UNKNOWN')
```

```fortran
      WRITE(*,900)
  900 FORMAT(' NAME DER DATEI : ')
      READ(*,'(A12)')  FNAME
      WRITE(3,901)  FNAME
  901 FORMAT('   DATEINAME IST : ',A12)
      OPEN(1,FILE=FNAME,STATUS='OLD')
      CALL  SEWKKOZ(N,A,B,IA,IZ,XE,YE,NPP,ND,NDAB,NDK,NDEL)
      WRITE(3,1)
    1 FORMAT(/3X,'VORGABE DER RANDBEDINGUNGEN'/3X,
     *      'NRKNOT',4X,'U',4X,'V',3X,' W',3X,'US',3X,'VS',3X,'WS'/)
      NRB = 0
   10 READ(1,*)  NRKNOT,(KOMP(I), I=1,6)
      IF(NRKNOT.GT.0)  THEN
        WRITE(3,2)  NRKNOT,(KOMP(I), I=1,6)
    2   FORMAT(3X,I6,6I5)
        DO 20 I = 1,6
          IF(KOMP(I).EQ.0)  GOTO 20
          NRB = NRB + 1
          IF(NRB.GT.NDR)  STOP  'ZAHL RANDBEDINGUNGEN ZU GROSS !!'
          NKN(NRB) = 6 * (NRKNOT - 1) + I
   20   CONTINUE
        GOTO 10
      ENDIF
      WRITE(3,3)  NRB
    3 FORMAT(/3X,I4,'  HOMOGENE RANDBEDINGUNGEN')
      CALL  RBEWKOZ(N,A,B,IA,IZ,NRB,NKN)
      CALL  SCABKOZ(N,A,B,IA,IZ,FAK,FAKLAM)
      READ(1,*)  K1,K2,LOW,UPP,TOL
      WRITE(3,4)  K1,K2,LOW,UPP,TOL
      WRITE(*,4)  K1,K2,LOW,UPP,TOL
    4 FORMAT(/3X,'BISEKTIONSMETHODE FUER DIE EIGENWERTE',/
     *        3X,'LAMDA(',I2,') BIS LAMDA(',I2,')',/
     *        3X,'GEGEBENE UNTERE SCHRANKE = ',D16.6,/
     *        3X,'GEGEBENE OBERE  SCHRANKE = ',D16.6/
     *        3X,'RELATIVE TOLERANZ FUER EIGENWERTE  = ',D12.4)
      NEIG = K2 - K1 + 1
      IF(NEIG.GT.NDEV)  STOP  'ZAHL EIGENWERTE ZU GROSS !!'
      LOW = LOW / FAKLAM
      UPP = UPP / FAKLAM
      CALL  BISECTN(N,A,B,IA,IZ,K1,K2,LOW,UPP,TOL,LAM,EV,
     *              F,FF,LF,IZF,SHK,VERT,AX,BX,USCH,OSCH,NU,NO,
     *              ND,NDEV,NDF)
      CALL  RSEWEV(N,NEIG,LAM,EV,FAKLAM,FAK,ND,NDEV)
      CALL  MODEV(N,NEIG,EV,NRB,NKN,ND,NDEV)
      WRITE(3,5)
    5 FORMAT(//,'  EIGENWERTE UND EIGENVEKTOREN')
      DO 50 K = 1,NEIG
        FREQ = DSQRT(LAM(K))/6.283185307D0
        WRITE(3,6)  K1+K-1, LAM(K), FREQ
    6   FORMAT(/' LAM(',I2,') = ',D20.12,3X,'FREQ =',F12.3,' HZ'/)
        DO 40 I = 1,N/6
          I1 = 6 * I - 5
          WRITE(3,7)  I,EV(I1,K),EV(I1+1,K),EV(I1+2,K),EV(I1+3,K),
     *                EV(I1+4,K),EV(I1+5,K)
    7     FORMAT(1X,I4,2X,6F10.5)
   40   CONTINUE
   50 CONTINUE
      STOP  'S C H L U S S  !'
      END
```

Beispiel 6.12 Wir wollen die zwei kleinsten Eigenfrequenzen und Eigenschwingungsformen der am Stil eingespannten Stimmgabel berechnen, die in Fig. 6.11 zusammen
mit der Elementeinteilung und der gewählten Knotennumerierung dargestellt ist. Der
Elastizitätsmodul des Materials sei $E = 2 \cdot 10^{11}$ N m^{-2}, die Poissonzahl $\nu = 0.3$ und
die Dichte des Materials $\rho = 8250$ kg m^{-3}. Die Längenangaben der Stimmgabel sind
in Metern angegeben. Mit 28 Knotenpunkten ist nach Berücksichtigung der Randbedingungen eine Eigenwertaufgabe der Ordnung n = 160 zu behandeln. Aus den
berechneten Eigenwerten werden die Frequenzen ermittelt.

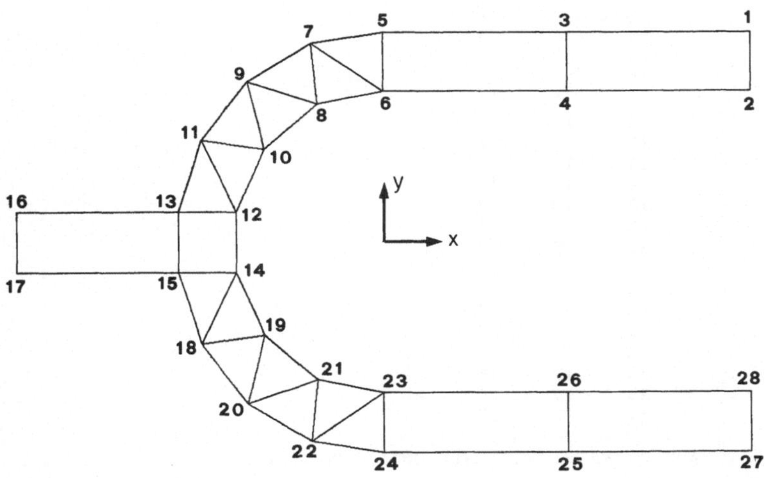

Fig. 6.11 Stimmgabel mit Elementeinteilung

```
DATEINAME IST : BEISP612.DAT

SCHWINGUNGSAUFGABE FUER SCHEIBENPROBLEM
KUBISCHE ANSAETZE IN DREIECKEN UND PARALLELOGRAMMEN
 168 KNOTENVARIABLE        28 KNOTENPUNKTE
  14 DREIECKELEMENTE        6 PARALLELOGRAMMELEMENTE
E =     0.20000D+12  NU =    0.300000   RHO =      8250.000

KOORDINATEN DER ECKPUNKTE
```

1	0.10000	0.05600		11	-0.04967	0.02708
2	0.10000	0.04000		12	-0.04000	0.00800
3	0.05000	0.05600		13	-0.05600	0.00800
4	0.05000	0.04000		14	-0.04000	-0.00800
5	0.00000	0.05600		15	-0.05600	-0.00800
6	0.00000	0.04000		16	-0.10000	0.00800
7	-0.01978	0.05300		17	-0.10000	-0.00800
8	-0.01803	0.03659		18	-0.04967	-0.02708
9	-0.03706	0.04273		19	-0.03234	-0.02486
10	-0.03234	0.02486		20	-0.03706	-0.04273

```
21     -0.01803     -0.03659
22     -0.01978     -0.05300
23      0.00000     -0.04000
24      0.00000     -0.05600
25      0.05000     -0.05600
26      0.05000     -0.04000
27      0.10000     -0.05600
28      0.10000     -0.04000
```

KNOTENNUMMERN DER ELEMENTE

```
 5      7      6
 7      8      6
 7      9      8
 9     10      8
 9     11     10
11     12     10
11     13     12
14     15     18
14     18     19
18     20     19
19     20     21
20     22     21
21     22     23
22     24     23
 1      3      4      2
 3      5      6      4
13     15     14     12
16     17     15     13
23     24     25     26
26     25     27     28
```

ANZAHL MATRIXELEMENTE UNGLEICH NULL :   2712

VORGABE DER RANDBEDINGUNGEN

NRKNOT	U	V	W	US	VS	WS
16	1	1	0	0	1	1
17	1	1	0	0	1	1

   8   HOMOGENE RANDBEDINGUNGEN

BISEKTIONSMETHODE FUER DIE EIGENWERTE
LAMDA(1) BIS LAMDA(2)
GEGEBENE UNTERE SCHRANKE =   0.000000D+00
GEGEBENE OBERE   SCHRANKE =   0.200000D+08
RELATIVE TOLERANZ FUER EIGENWERTE =   0.1000D-09

ZWISCHENERGEBNISSE ZUM ABLAUF DER BISEKTION

PROFIL DER MATRIX F =   2928

   0   EIGENWERTE GROESSER ALS UNTERE SCHRANKE

   2   EIGENWERTE KLEINER ALS OBERE SCHRANKE

1. EIGENWERT

```
1    0.000000000D+00    0.132912544D-03    0.664562719D-04         2
2    0.000000000D+00    0.664562719D-04    0.332281359D-04         1
```

EIGENWERT LOKALISIERT AUF (0.000000000D+00 , 0.332281359D-04)

```
TESTWERT FUER MU =        0.830703398D-05        0
TESTWERT FUER MU =        0.249211019D-04        1
```

INVERSE VEKTORITERATION MIT LAMQ =   0.1661406797D-04

```
0    RQ =        0.139504405436301D-04
1    RQ =        0.135523110603013D-04
2    RQ =        0.135497835934325D-04
3    RQ =        0.135497648066168D-04
4    RQ =        0.135497646670312D-04
5    RQ =        0.135497646658935D-04
```

2. EIGENWERT

EIGENWERT LOKALISIERT AUF (0.332281359D-04 , 0.664562719D-04)

```
TESTWERT FUER MU =        0.415351699D-04        1
TESTWERT FUER MU =        0.581492379D-04        2
```

INVERSE VEKTORITERATION MIT LAMQ =   0.4984220390D-04

```
0    RQ =        0.519614839756955D-04
1    RQ =        0.521524477755073D-04
2    RQ =        0.521533143396578D-04
3    RQ =        0.521533178538192D-04
4    RQ =        0.521533178680669D-04
5    RQ =        0.521533178681239D-04
```

```
INSGESAMT   10    ZERLEGUNGEN
INSGESAMT   10    INVERSE VEKTORITERATIONEN
```

EIGENWERTE UND EIGENVEKTOREN

LAM(1) =   0.203889930714D+07   FREQ =   227.257 HZ

```
 1     0.04334   -0.15665   -0.00037   -0.99905    1.00000    0.00035
 2     0.02734   -0.15666    0.00044   -0.99937    0.99952   -0.00018
 3     0.04324   -0.10678    0.00538   -0.98908    0.98877   -0.00174
 4     0.02743   -0.10678   -0.00517   -0.98962    0.98987    0.00116
 5     0.04264   -0.05881    0.01953   -0.91455    0.91670   -0.00628
 6     0.02803   -0.05879   -0.01963   -0.91683    0.91331    0.00543
 7     0.03956   -0.04125    0.01911   -0.85776    0.87313   -0.00448
 8     0.02545   -0.04270   -0.02384   -0.86982    0.83537    0.00010
 9     0.03052   -0.02705    0.01166   -0.78860    0.82032    0.00778
10     0.01648   -0.03070   -0.00879   -0.79142    0.73648   -0.01929
11     0.01815   -0.01787   -0.00252   -0.72324    0.74187    0.02152
12     0.00497   -0.02457    0.01095   -0.64240    0.62020   -0.02340
13     0.00472   -0.01419    0.07309   -0.60939    0.64657   -0.02400
14    -0.00497   -0.02457   -0.01095   -0.64240    0.62020    0.02340
15    -0.00472   -0.01419   -0.07309   -0.60939    0.64657    0.02400
```

16	0.00000	0.00000	0.11602	-0.00203	0.00000	0.00000
17	0.00000	0.00000	-0.11602	-0.00203	0.00000	0.00000
18	-0.01815	-0.01787	0.00252	-0.72324	0.74187	-0.02152
19	-0.01648	-0.03070	0.00879	-0.79142	0.73648	0.01929
20	-0.03052	-0.02705	-0.01166	-0.78860	0.82032	-0.00778
21	-0.02545	-0.04270	0.02384	-0.86982	0.83537	-0.00010
22	-0.03956	-0.04125	-0.01911	-0.85776	0.87314	0.00448
23	-0.02803	-0.05879	0.01963	-0.91683	0.91331	-0.00543
24	-0.04264	-0.05881	-0.01953	-0.91455	0.91670	0.00628
25	-0.04324	-0.10678	-0.00538	-0.98908	0.98877	0.00174
26	-0.02743	-0.10678	0.00517	-0.98962	0.98987	-0.00116
27	-0.04334	-0.15666	0.00037	-0.99906	1.00000	-0.00035
28	-0.02734	-0.15666	-0.00044	-0.99937	0.99952	0.00018

LAM(2) =   0.784776461352D+07   FREQ =   445.854 HZ

1	-0.02261	0.11910	0.00104	0.99742	-1.00000	-0.00098
2	-0.00662	0.11910	-0.00122	0.99823	-0.99869	0.00053
3	-0.02233	0.06947	-0.01512	0.96884	-0.96795	0.00489
4	-0.00688	0.06946	0.01488	0.97022	-0.97089	-0.00342
5	-0.02068	0.02514	-0.05230	0.76368	-0.76941	0.01678
6	-0.00853	0.02509	0.05317	0.76960	-0.76023	-0.01487
7	-0.01751	0.01144	-0.04994	0.61327	-0.65337	0.01175
8	-0.00737	0.01241	0.06262	0.64301	-0.55448	-0.00088
9	-0.01063	0.00248	-0.02943	0.43331	-0.51551	-0.01794
10	-0.00298	0.00434	0.02163	0.43423	-0.30390	0.05517
11	-0.00376	-0.00103	0.00893	0.25112	-0.31803	-0.05306
12	0.00001	0.00074	-0.02961	0.11460	-0.05192	0.09883
13	-0.00006	-0.00026	0.00613	-0.03448	-0.02308	-0.04465
14	0.00001	-0.00074	-0.02961	-0.11460	0.05192	0.09883
15	-0.00006	0.00026	0.00613	0.03448	0.02308	-0.04465
16	0.00000	0.00000	0.00047	-0.00739	0.00000	0.00000
17	0.00000	0.00000	0.00047	0.00739	0.00000	0.00000
18	-0.00376	0.00103	0.00893	-0.25112	0.31803	-0.05306
19	-0.00298	-0.00434	0.02163	-0.43423	0.30390	0.05517
20	-0.01063	-0.00248	-0.02943	-0.43331	0.51551	-0.01794
21	-0.00737	-0.01241	0.06262	-0.64301	0.55448	-0.00088
22	-0.01751	-0.01144	-0.04994	-0.61327	0.65337	0.01175
23	-0.00853	-0.02509	0.05317	-0.76960	0.76023	-0.01487
24	-0.02068	-0.02514	-0.05230	-0.76368	0.76941	0.01678
25	-0.02233	-0.06947	-0.01512	-0.96884	0.96795	0.00489
26	-0.00688	-0.06946	0.01488	-0.97022	0.97089	-0.00342
27	-0.02261	-0.11910	0.00104	-0.99742	1.00000	-0.00098
28	-0.00662	-0.11910	-0.00122	-0.99823	0.99869	0.00053

6.4.3 Lanczos-Verfahren, elliptische Eigenwertaufgabe, quadratische Ansätze

Die elliptische Eigenwertaufgabe werde mit Hilfe von geradlinigen Dreieck- und Parallelogrammelementen mit quadratischen Ansätzen behandelt, und das resultierende Eigenwertproblem soll mit dem Lanczos-Algorithmus gelöst werden. Deshalb werden die Gesamtmatrizen in kompakter, zeilenweiser Anordnung vorausgesetzt.

Eingabedaten:

<table>
<tr><td>1.</td><td colspan="2">Daten des Unterprogramms EEWQKOZ</td></tr>
<tr><td>2.</td><td colspan="2">NRB : Anzahl der Knotenpunkte mit homogener Dirichlet-Randbedingung</td></tr>
<tr><td>3.</td><td>NKN(I)</td><td>: Nummern der betreffenden Knotenpunkte</td></tr>
<tr><td>4.</td><td>NEIG</td><td>: Anzahl der gewünschten Eigenwerte/Eigenvektoren</td></tr>
<tr><td></td><td>NZUF</td><td>: ungerade Startzahl für Erzeugung der Zufallszahlen</td></tr>
<tr><td></td><td>MU</td><td>: vorgegebene Spektralverschiebung für den Lanczos Algorithmus</td></tr>
<tr><td></td><td>TOL</td><td>: Relative Genauigkeit für die Eigenwerte</td></tr>
</table>

Das Hauptprogramm benötigt folgende Unterprogramme:

EEWQKOZ, DRQELL, PAQELL, RAQELL, RBEWKOZ, SCABKOZ, LANCZOS,
RANDOM, ZERLEGN, VRZERL, APZ, RSEWEV, MODEV.

```
C  ----------------------------------------------------------------
C      HAUPTPROGRAMM ZUR METHODE VON LANCZOS
C      FUER DAS ALLGEMEINE EWP  A * X = LAM * B * X
C      INVERSES, SPEKTRALVERSCHOBENES EIGENWERTPROBLEM
C      MIT VORGEGEBENER VERSCHIEBUNG  MU
C      ELLIPTISCHE EIGENWERTAUFGABE, QUADRATISCHE ANSAETZE
C      DAS PROGRAMM IST AUSGELEGT FUER MAXIMAL
C          ND   = 320 UNBEKANNTE
C          NDEL = 100 ELEMENTE
C          NDR  = 60  RANDBEDINGUNGEN
C          NDAB = 4000 MATRIXELEMENTE IN  A  UND  B
C          NDF  = 8000 MATRIXELEMENTE IM PROFIL VON  F
C          MDL  = 25  LANCZOS-SCHRITTE
C          MDX  =  8  EIGENPAARE
C  ----------------------------------------------------------------
       PARAMETER(ND=320,NDAB=4000,NDI=6000,NDEL=100,NDR=60)
       PARAMETER(NDF=8000,MDL=25,MDX=8)
       REAL*8   A(NDAB),B(NDAB),F(NDF),EV(ND,MDX),LAM(MDX),SHK(ND)
       REAL*8   R(ND),H(ND),Q(ND,MDL)
       REAL*8   ALF(MDL),BET(MDL),THET(MDL),V(MDL)
       REAL*8   AL(MDL),BE(MDL),GA(MDL),DE(MDL),V1(MDL)
       REAL*8   FAK(ND),FAKLAM,MU,TOL
       REAL*8   XE(320),YE(320),ALFR(200)
       INTEGER*2  IA(NDI),IZ(ND),NPP(NDEL,8),NKN(NDR)
       INTEGER*2  FF(ND),LF(ND),IZF(ND),VERT(ND)
       CHARACTER*12  FNAME
       OPEN(3,FILE='RESLAN.DAT',STATUS='UNKNOWN')
       WRITE(*,900)
 900   FORMAT(' NAME DER DATEI : ')
       READ(*,'(A12)')  FNAME
       WRITE(3,901)  FNAME
 901   FORMAT('   DATEINAME IST : ',A12/)
       OPEN(1,FILE=FNAME,STATUS='OLD')
       CALL  EEWQKOZ(N,A,B,IA,IZ,XE,YE,ALFR,NPP,NDAB,NDI,ND,NDEL)
       READ(1,*)  NRB
       WRITE(3,1)  NRB
   1   FORMAT(/3X,I4,'  RANDBEDINGUNGEN'/)
```

```
      IF(NRB.GT.0)   THEN
        IF(NRB.GT.NDR)  STOP  ' ZAHL RANDBEDINGUNGEN !!'
        READ(1,*)  (NKN(I),  I=1,NRB)
        WRITE(3,2)  (NKN(I),  I=1,NRB)
    2   FORMAT((3X,10I4))
      ENDIF
      CALL   RBEWKOZ(N,A,B,IA,IZ,NRB,NKN)
      CALL   SCABKOZ(N,A,B,IA,IZ,FAK,FAKLAM)
      READ(1,*)   NEIG,NZUF,MU,TOL
      WRITE(3,3)  NEIG,MU,TOL
    3 FORMAT(/3X,I4,'  GEWUENSCHTE EIGENWERTE',/
     *       3X,'GEGEBENE VERSCHIEBUNG  MU = ',F10.5/
     *       3X,'TOLERANZ FUER EIGENWERTE  = ',D12.3)
      MU = MU / FAKLAM
      CALL   LANCZOS(N,A,B,IA,IZ,MU,NEIG,LAM,EV,TOL,NZUF,Q,R,H,
     *               ALF,BET,THET,V,V1,AL,BE,GA,DE,
     *               F,FF,LF,IZF,VERT,SHK,
     *               ND,MDX,MDL,NDF)
      CALL   RSEWEV(N,NEIG,LAM,EV,FAKLAM,FAK,ND,NDEV)
      CALL   MODEV(N,NEIG,EV,NRB,NKN,ND,NDEV)
      WRITE(3,4)
    4 FORMAT(/'   EIGENWERTE UND EIGENVEKTOREN')
      DO 10 J = 1,NEIG
        WRITE(3,5)  J, LAM(J)
    5   FORMAT(/'   LAM(',I3,') = ',D20.12/)
        WRITE(3,6)  (EV(K,J), K=1,N)
    6   FORMAT((3X,8F8.4))
   10 CONTINUE
      STOP  ' S C H L U S S  !'
      END
```

Beispiel 6.13 Wir wollen die akustischen Eigenfrequenzen und Stehwellen eines Autoinnenraumes berechnen (vgl. Abschn. B6.2.1). Die Elementeinteilung des Gebietes sowie die Numerierung der Knotenpunkte, welche ein möglichst kleines Profil der Gesamtmatrizen liefert, ist in Fig. 6.2 dargestellt. Der Datensatz zur Beschreibung der Aufgabe wurde mit dem Umnumerierungsprogramm in Abschn. 6.2 hergestellt. Da nur Neumannsche Randbedingungen vorkommen, ist die Steifigkeitsmatrix A positiv semidefinit. Deshalb muss für das Lanczos-Verfahren eine Spektralverschiebung $\mu \neq 0$ vorgegeben werden, da andernfalls die Matrix $F = A - \mu B$ singulär ist (vgl. Abschn. 5.4.3). Es sollen die vier kleinsten Eigenwerte bestimmt werden, wobei die sehr günstige Spektralverschiebung $\mu = 0.04$ verwendet wird.

```
DATEINAME IST : BEISP613.DAT

ELLIPTISCHE EIGENWERTAUFGABE, QUADRATISCHE ANSAETZE
  122  KNOTENPUNKTE        42   ECKPUNKTE
   23  DREIECKELEMENTE      16  PARALLELOGRAMMELEMENTE
    0  RANDINTEGRALE

KOORDINATEN DER ECKPUNKTE

(siehe Beispiel 6.2)
```

KNOTENNUMMERN DER ELEMENTE

(siehe Beispiel 6.2)

VORLAEUFIGE LAENGE VON IA IST =   915

ANZAHL MATRIXELEMENTE UNGLEICH NULL :   756

    0 RANDBEDINGUNGEN

    4 GEWUENSCHTE EIGENWERTE
GEGEBENE VERSCHIEBUNG MU =   0.04000
TOLERANZ FUER EIGENWERTE =   0.100D-07

ZWISCHENERGEBNISSE DES LANCZOS-ALGORITHMUS

STARTZAHL FUER ZUFALLSZAHLEN :   1991

PROFIL VON F IST : 1495

    2 EIGENWERTE KLEINER ALS   0.027692

```
K =    1  ALF =   0.306944935489D+01   BET =   0.241760933236D+02
K =    2  ALF =   0.246205437516D+03   BET =   0.110786453172D+03
K =    3  ALF =   0.253343186520D+02   BET =   0.562213847809D+02
K =    4  ALF =   0.484754604132D+02   BET =   0.274517606587D+02
K =    5  ALF =   0.149077794918D+02   BET =   0.187591767702D+02
K =    6  ALF =  -0.254100335116D+02   BET =   0.131366836637D+02
K =    7  ALF =   0.187104824487D+01   BET =   0.295780526117D+01
    1 RITZ-WERTE KONVERGIERT
K =    8  ALF =   0.102255078696D+02   BET =   0.565037630790D+01
    1 RITZ-WERTE KONVERGIERT
K =    9  ALF =   0.633596242530D+01   BET =   0.167484885951D+01
    2 RITZ-WERTE KONVERGIERT
K =   10  ALF =   0.416242406514D+01   BET =   0.242047644797D+01
    3 RITZ-WERTE KONVERGIERT
K =   11  ALF =   0.524385824163D+01   BET =   0.311904419093D+01
```

```
J =    1  THETA =   -0.361111111111D+02   LAM =  -0.715311531253D-14
RESIDUENNORM =      0.19895D-04

J =    2  THETA =   -0.531907531507D+02   LAM =   0.889204748228D-02
RESIDUENNORM =      0.75889D-06

J =    3  THETA =    0.295848612138D+03   LAM =   0.310724148112D-01
RESIDUENNORM =      0.69737D-12

J =    4  THETA =    0.840240955421D+02   LAM =   0.395936556753D-01
RESIDUENNORM =      0.57201D-07
```

EIGENWERTE UND EIGENVEKTOREN

LAM(1) =   -0.103322776737D-13

```
   1.0000  1.0000  1.0000  1.0000  1.0000  1.0000  1.0000  1.0000
   1.0000  1.0000  1.0000  1.0000  1.0000  1.0000  1.0000  1.0000
                            ETC.
```

LAM(2) =   0.128440685855D-01

```
-0.7447 -0.7406 -0.7379 -0.7270 -0.7159 -0.7085 -0.6846 -0.7690
-0.8080 -0.7968 -0.8195 -0.7464 -0.7296 -0.7180 -0.7174 -0.6972
-0.6585 -0.6614 -0.6761 -0.6307 -0.8093 -0.9831 -0.9677 -0.9731
-0.9725 -0.9500 -0.9844 -0.9841 -0.9719 -0.7688 -0.7618 -0.7281
-0.8813 -0.9123 -0.8333 -0.6837 -0.6260 -0.6344 -0.5945 -0.5637
-0.4990 -0.5706 -0.4620 -0.7648 -0.5340 -0.9310 -0.4226 -0.6567
-0.4896 -0.6435 -0.8626 -0.8007 -0.3624 -0.3341 -0.3387 -0.1935
-0.3672 -0.1791 -0.0167 -0.0140  0.1408  0.2830  0.2906  0.3903
 0.4567  0.4866  0.5421 -0.4361 -0.1401 -0.1517 -0.0041  0.1746
 0.0270  0.3230  0.3785  0.4397  0.7057  0.7059  0.6954  0.5280
 0.6391  0.5779  0.5898  0.6749  0.3182  0.1239  0.4528  0.5215
 0.4552  0.5591  0.5455  0.6372  0.7069  0.7062  0.6929  0.7838
 0.6269  0.6957  0.7274  0.6474  0.6421  0.7130  0.7696  0.8341
 0.8126  1.0000  0.9972  0.9853  0.8912  0.9290  0.9676  0.8556
 0.9553  0.9142  0.9899  0.9752  0.9775  0.9741  0.9735  0.9463
 0.9816  0.9866
```

LAM(3) =   0.448823769495D-01

```
-0.3709 -0.3468 -0.3645 -0.3452 -0.3785 -0.3784 -0.4010  0.0406
 0.2111  0.1826  0.3176 -0.0524 -0.2541 -0.1663 -0.3232 -0.3715
-0.3459 -0.4130 -0.4017 -0.4046  0.3224  0.9943  0.9427  0.9533
 0.9527  0.8701  1.0000  0.9985  0.9571  0.1241  0.2163  0.0146
 0.6189  0.7498  0.4765 -0.0995 -0.0451 -0.2221 -0.3118 -0.3845
-0.2837 -0.3673 -0.3638  0.3246 -0.0155  0.8342 -0.1663  0.1546
-0.0198  0.1743  0.5967  0.4587 -0.2677 -0.3431 -0.3251 -0.2617
-0.1675 -0.3277 -0.3125 -0.2974 -0.2929 -0.2715 -0.2591 -0.2476
-0.2270 -0.2072 -0.1791 -0.0342 -0.1935 -0.1301 -0.2578 -0.2468
-0.2046 -0.2240 -0.1741 -0.1978 -0.0742 -0.0620 -0.0709 -0.1683
-0.1097 -0.1137 -0.1421 -0.0760 -0.1411 -0.1626 -0.0792 -0.0498
-0.1108 -0.0755 -0.0468 -0.0407 -0.0257  0.0486 -0.0132  0.1111
 0.0092  0.0657  0.1011  0.0332  0.0242  0.0871  0.1350  0.2051
 0.1933  0.4527  0.4479  0.4292  0.2843  0.3433  0.4018  0.2516
 0.3840  0.3272  0.4365  0.4159  0.4174  0.4146  0.4151  0.3759
 0.4248  0.4324
```

LAM(4) =   0.571908359754D-01

```
 0.7162  0.6767  0.6940  0.6479  0.6677  0.6530  0.6347  0.2277
 0.0756  0.0937 -0.0395  0.3091  0.5368  0.4059  0.6019  0.6235
 0.5248  0.6059  0.6199  0.5434 -0.0603 -0.6308 -0.5897 -0.5959
-0.5954 -0.5273 -0.6357 -0.6344 -0.6013  0.1237  0.0023  0.1987
-0.3204 -0.4353 -0.2149  0.2714  0.1275  0.3407  0.3828  0.4111
 0.2144  0.4050  0.2383 -0.1243 -0.0092 -0.5088  0.0167 -0.0573
-0.0473 -0.0929 -0.3209 -0.2377  0.0326  0.0447  0.0422 -0.1449
-0.0365 -0.1485 -0.3259 -0.3194 -0.4722 -0.5816 -0.5652 -0.6494
-0.6733 -0.6521 -0.6382 -0.0794 -0.1934 -0.1897 -0.3034 -0.4309
-0.2859 -0.5165 -0.4404 -0.5667 -0.5345 -0.4872 -0.5016 -0.5838
-0.5472 -0.4711 -0.5838 -0.4837 -0.3250 -0.2847 -0.2530 -0.2162
-0.3386 -0.3251 -0.2263 -0.2996 -0.3484 -0.0758 -0.2787  0.0450
-0.1222 -0.0054  0.0807 -0.0701 -0.0907  0.0479  0.1504  0.3190
 0.3044  1.0000  0.9859  0.9334  0.5310  0.6951  0.8570  0.4587
 0.8084  0.6563  0.9539  0.8980  0.9007  0.8951  0.8974  0.7910
 0.9221  0.9432
```

6.4.4 Rayleigh-Quotient-Minimierung mit Vorkonditionierung, elliptische Eigenwertaufgabe, kubische Ansätze

Die Diskretisation der Eigenwertaufgabe erfolgt mit geradlinigen kubischen Dreieck- und Parallelogrammelementen. Die Gesamtmatrizen werden in kompakter, zeilenweiser Form gespeichert, um die kleinsten Eigenwerte mit den zugehörigen Eigenvektoren mit der Methode der Rayleigh-Quotient-Minimierung unter Verwendung einer Vorkonditionierung auf Grund einer partiellen Cholesky-Zerlegung zu bestimmen.

Eingabedaten:

1. Daten des Unterprogramms EEWKKOZ
2. NRKNOT : Nummer des Knotenpunktes mit einer Randbedingung
   KOMP(I) : Drei Werte, welche die homogenen Randbedingungen
   kennzeichnen; 0/1 : i-te Komponente frei/gleich Null
   (je eine Datenzeile pro Knotenpunkt mit homogener Randbedingung)
3. NRKNOT $\leq$ 0 : Schlusszeile, markiert das Ende der Randbedingungen
4. NEIG   : Anzahl der gewünschten Eigenwerte/Eigenvektoren
   NZUF   : ungerade Startzahl für die Erzeugung der Zufallszahlen
   NEUST   : Anzahl Iterationsschritte, nach denen ein Neustart erfolgt
   TOL   : Relative Toleranz für Eigenwerte
   D   : Startwert der Spektralverschiebung d $\geq$ 0 für Deflation,
   ein Wert d > 0 muss nur gegeben werden, falls λ_1 = 0

Das Hauptprogramm benötigt folgende Unterprogramme:

EEWKKOZ, DRKELL, PAKELL, RAKELL, RBEWKOZ, SCABKOZ, RQPCG, PARTCH, RANDOM, ABPZ, VORKON, RSEWEV, MODEV.

```
C  ---------------------------------------------------------------------
C       HAUPTPROGRAMM ZUR METHODE DER MINIMIERUNG DES RAYLEIGH-
C       QUOTIENTEN MIT KONJUGIERTEN GRADIENTEN
C       VORKONDITIONIERT MIT PARTIELLER CHOLESKY-ZERLEGUNG
C       FUER DAS ALLGEMEINE EWP  A X = LAMBDA B X
C       BERECHNUNG DER  NEIG  KLEINSTEN EIGENWERTE
C       ELLIPTISCHE PROBLEME, KUBISCHE ELEMENTE
C       DAS PROGRAMM IST AUSGELEGT FUER MAXIMAL
C         NDK  = 200  KNOTENPUNKTE, D.H. ND = 600 UNBEKANNTE
C         NDEL = 250  ELEMENTE EINSCHLIESSLICH RANDINTEGRALE
C         NDR  =  50  RANDBEDINGUNGEN
C         NDAB = 8000 MATRIXELEMENTE FUER  A   UND  B
C         NDEV =   8  EIGENWERTE/EIGENVEKTOREN
C  ---------------------------------------------------------------------
        PARAMETER(NDK=200,ND=3*NDK,NDEL=250,NDR=50,NDAB=8000,NDEV=8)
        REAL*8  A(NDAB),B(NDAB),C(NDAB),X(ND),V(ND),V1(ND)
        REAL*8  EV(ND,NDEV),BEV(ND,NDEV),Y(ND,NDEV),LAM(NDEV)
        REAL*8  G(ND),H(ND),S(ND),W(ND),W1(ND),KAP(NDEV),TOL
        REAL*8  FAK(ND),FAKLAM,D,CR
        REAL*8  XE(NDK),YE(NDK),RW(NDR),ALF(NDEL)
```

```fortran
      INTEGER*2   IA(NDAB),IZ(ND),NPP(NDEL,4),NKN(NDR),KOMP(3)
      CHARACTER*12   FNAME
      OPEN(3,FILE='RESRQPCG.DAT',STATUS='UNKNOWN')
      WRITE(*,900)
  900 FORMAT('  NAME DER DATEI  : ')
      READ(*,'(A12)')   FNAME
      WRITE(3,901)   FNAME
  901 FORMAT('   DATEINAME IST : ',A12)
      OPEN(1,FILE=FNAME,STATUS='OLD')
      CALL   EEWKKOZ(N,A,B,IA,IZ,XE,YE,NPP,ALF,NDAB,NDK,NDEL)
      WRITE(3,1)
    1 FORMAT(/3X,'VORGABE DER RANDBEDINGUNGEN'/
     *     3X,'NRKNOT     W     WX     WY'/)
      NRB = 0
   10 READ(1,*)   NRKNOT,(KOMP(I), I=1,3)
      IF(NRKNOT.GT.0)   THEN
        WRITE(3,2)   NRKNOT,(KOMP(I), I=1,3)
    2   FORMAT(3X,I6,3I5)
        DO 20 I = 1,3
           IF(KOMP(I).EQ.0)   GOTO   20
           NRB = NRB + 1
           IF(NRB.GT.NDR)   STOP  'ZAHL RANDBEDINGUNGEN !!'
           NKN(NRB) = 3 * (NRKNOT - 1) + I
           RW(NRB) = 0D0
   20   CONTINUE
        GOTO   10
      ENDIF
      WRITE(3,3)   NRB
    3 FORMAT(/3X,I4,'   HOMOGENE RANDBEDINGUNGEN')
      CALL   RBEWKOZ(N,A,B,IA,IZ,NRB,NKN)
C -------------------------------------------------------------------
C     REGULARISIERUNG DER MATRIX  A
C -------------------------------------------------------------------
      CR = 0D0
      IF(NRB.EQ.0)   THEN
        CR = 1D-3
        WRITE(3,4)   CR
    4   FORMAT(/'   REGULARISIERUNG DER MATRIX  A   MIT  CR = ',F10.6)
        DO 30 I = 1,IZ(N)
           A(I) = A(I) + CR * B(I)
   30   CONTINUE
      ENDIF
      CALL   SCABKOZ(N,A,B,IA,IZ,FAK,FAKLAM)
      READ(1,*)   NEIG,NZUFAL,NEUST,TOL,D
      WRITE(3,5)   NEIG,NZUFAL,NEUST,TOL,D
    5 FORMAT(/3X,I4,'   GEWUENSCHTE EIGENWERTE',/
     *         3X,'NAEHERUNGSVEKTOREN ALS ZUFALLSZAHLEN MIT',
     *          ' STARTZAHL = ',I8,/3X,'NEUSTART = ',I4/
     *         3X,'RELATIVE TOLERANZ FUER EIGENWERTE = ',D12.5/
     *         3X,'VORGEGEBENE VERSCHIEBUNG  D = ',F10.5)
      IF(NEIG.GT.NDEV)   STOP  'ZAHL EIGENWERTE ZU GROSS !!'
      D = D / FAKLAM
      CALL   RQPCG(N,A,B,IA,IZ,NEIG,EV,BEV,LAM,TOL,D,NZUFAL,NEUST,
     *                  X,C,Y,KAP,V,V1,G,H,S,W,W1,NDAB,ND,NDEV)
      CALL   RSEWEV(N,NEIG,LAM,EV,FAKLAM,FAK,ND,NDEV)
      CALL   MODEV(N,NEIG,EV,NRB,NKN,ND,NDEV)
      WRITE(3,6)
    6 FORMAT(//'    EIGENWERTE UND EIGENVEKTOREN')
```

```
      DO 40 J = 1,NEIG
        WRITE(3,7)  J, LAM(J) - CR
  7     FORMAT(/'  LAM(',I3,') = ',D20.12/)
        WRITE(3,8)  (EV(I,J), I=1,N)
  8     FORMAT((3X,3F10.5,2X,3F10.5))
 40   CONTINUE
      STOP 'S C H L U S S  !'
      END
```

Beispiel 6.14 Die akustischen Eigenfrequenzen und Stehwellen eines Autoinnenraumes seien zu berechnen (vgl. Abschn. B6.2.1). Die Elementeinteilung mit der gewählten Numerierung der Knotenpunkte ist in der Fig. 6.13 wiedergegeben.

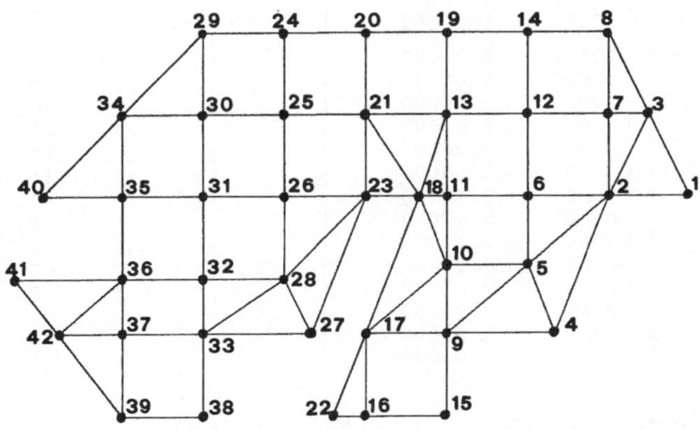

Fig. 6.13 Elementeinteilung des Autolängsschnittes für kubische Ansätze

```
DATEINAME IST : BEISP614.DAT

ELLIPTISCHE EIGENWERTAUFGABE, KUBISCHE ANSAETZE
  126  KNOTENVARIABLE      42  KNOTENPUNKTE
   23  DREIECKELEMENTE      16  PARALLELOGRAMMELEMENTE
    0  RANDINTEGRALE
```

KOORDINATEN DER ECKPUNKTE

ELEMENTDATEN

1	25.00000	8.00000		2	1	3
2	22.00000	8.00000		2	3	7
3	23.50000	11.00000		7	3	8
4	20.00000	3.00000		5	2	6
5	19.00000	5.50000		4	2	5
6	19.00000	8.00000		9	4	5
7	22.00000	11.00000		9	5	10
8	22.00000	14.00000		22	16	17
9	16.00000	3.00000		17	9	10
10	16.00000	5.50000		17	10	18

11	16.00000	8.00000		10	11	18	
12	19.00000	11.00000		18	11	13	
13	16.00000	11.00000		18	13	21	
14	19.00000	14.00000		18	21	23	
15	16.00000	0.00000		23	26	28	
16	13.00000	0.00000		27	23	28	
17	13.00000	3.00000		33	27	28	
18	15.00000	8.00000		33	28	32	
19	16.00000	14.00000		39	37	42	
20	13.00000	14.00000		42	37	36	
21	13.00000	11.00000		42	36	41	
22	11.80000	0.00000		40	35	34	
23	13.00000	8.00000		34	30	29	
24	10.00000	14.00000		35	31	30	34
25	10.00000	11.00000		36	32	31	35
26	10.00000	8.00000		37	33	32	36
27	11.00000	3.00000		39	38	33	37
28	10.00000	5.00000		30	25	24	29
29	7.00000	14.00000		31	26	25	30
30	7.00000	11.00000		32	28	26	31
31	7.00000	8.00000		25	21	20	24
32	7.00000	5.00000		26	23	21	25
33	7.00000	3.00000		21	13	19	20
34	4.00000	11.00000		13	12	14	19
35	4.00000	8.00000		11	6	12	13
36	4.00000	5.00000		10	5	6	11
37	4.00000	3.00000		16	15	9	17
38	7.00000	0.00000		12	7	8	14
39	4.00000	0.00000		6	2	7	12
40	1.00000	8.00000					
41	0.00000	5.00000					
42	1.60000	3.00000					

ANZAHL MATRIXELEMENTE UNGLEICH NULL :   1260

VORGABE DER RANDBEDINGUNGEN
NRKNOT   W   WX   WY

    0   HOMOGENE RANDBEDINGUNGEN

REGULARISIERUNG DER MATRIX A MIT CR =   0.001000

    4 GEWUENSCHTE EIGENWERTE
NAEHERUNGSVEKTOREN ALS ZUFALLSZAHLEN MIT STARTZAHL =   1991
NEUSTART =   30
RELATIVE TOLERANZ FUER EIGENWERTE = 0.10000D-09
VORGEGEBENE VERSCHIEBUNG D =   0.05000

RAYLEIGH-QUOTIENT-MINIMIERUNG
KONJUGIERTE GRADIENTEN MIT VORKONDITIONIERUNG
DURCH PARTIELLE CHOLESKY-ZERLEGUNG VON A

ERFOLGREICHE ZERLEGUNG MIT ALF =   0.0000

```
ITERATION FUER   1. EIGENWERT

K =    0   RQ =      2.08580124594735   GTG =      0.499384D+00
K =    5   RQ =      0.00155941150016   GTG =      0.287534D-10
K =   10   RQ =      0.00155917567851   GTG =      0.577906D-16
K =   11   RQ =      0.00155917567840   GTG =      0.170674D-17

ITERATION FUER   2. EIGENWERT

K =    0   RQ =      2.50517558202237   GTG =      0.957187D+00
K =    5   RQ =      0.02189832979994   GTG =      0.755242D-09
K =   10   RQ =      0.02189387034422   GTG =      0.375390D-15
K =   12   RQ =      0.02189387034028   GTG =      0.330910D-17

NEUES  D =      0.2189387034   NEUER  FAKD =    3.4623

ITERATION FUER   3. EIGENWERT

K =    0   RQ =      2.26892610183569   GTG =      0.500009D+00
K =    5   RQ =      0.07278343662289   GTG =      0.191115D-08
K =   10   RQ =      0.07274967975256   GTG =      0.154908D-13
K =   13   RQ =      0.07274967928418   GTG =      0.184903D-16

NEUES  D =      0.2518795894   NEUER  FAKD =    2.1607

ITERATION FUER   4. EIGENWERT

K =    0   RQ =      2.20320343066218   GTG =      0.671739D+00
K =    5   RQ =      0.09190024059270   GTG =      0.986773D-09
K =   10   RQ =      0.09189843156384   GTG =      0.124997D-14
K =   11   RQ =      0.09189843156151   GTG =      0.104081D-15


EIGENWERTE UND EIGENVEKTOREN

LAM(  1) =     0.626777275914D-14

      1.00000    0.00000    0.00000     1.00000    0.00000    0.00000
      1.00000    0.00000    0.00000     1.00000    0.00000    0.00000
      1.00000    0.00000    0.00000     1.00000    0.00000    0.00000

                         ETC.


LAM(  2) =     0.130419521955D-01

     -0.74673    0.00456   -0.00083    -0.73277   -0.00312    0.00395
     -0.71859   -0.00607    0.01649    -0.79605   -0.00060   -0.00372
     -0.76773   -0.00712    0.03169    -0.68307   -0.03100    0.02956
     -0.70024   -0.01852    0.01431    -0.66506   -0.00730    0.00574
     -0.87048    0.03367    0.04573    -0.74685   -0.01229    0.08109
     -0.53485   -0.07783    0.11098    -0.59768   -0.05058    0.01929
     -0.36959   -0.09579    0.03380    -0.56641   -0.05711   -0.00140
     -0.95903   -0.00805   -0.00593    -0.96932   -0.00106   -0.00221
     -0.93137    0.03161    0.01734    -0.45113   -0.12549    0.19756
     -0.33736   -0.09699    0.00279    -0.02180   -0.10682   -0.00526
     -0.00575   -0.13151   -0.02120    -0.97302   -0.00233    0.00577
      0.11805   -0.16821   -0.13918     0.27964   -0.08390    0.00442
```

```
   0.31971   -0.08953   -0.02617       0.45199   -0.08026   -0.05175
   0.65288    0.01106   -0.00629       0.62350   -0.05139   -0.04823
   0.45650   -0.02742   -0.01290       0.52705   -0.05088   -0.03198
   0.63845   -0.04487   -0.04649       0.77203   -0.05083   -0.04294
   0.85433   -0.06480   -0.06173       0.63894   -0.02864   -0.02817
   0.71029    0.01120   -0.02745       0.89210   -0.05250   -0.05678
   0.95275   -0.02767   -0.01987       0.97532    0.02046    0.00303
   0.98340    0.00069   -0.00445       0.70572    0.00863    0.00102
   1.00000    0.01273    0.01364       0.98706   -0.01080   -0.00076
```

LAM(3) =   0.456590649743D-01

```
  -0.37292    0.00452    0.01820      -0.25018   -0.07776   -0.06870
  -0.37972   -0.00274   -0.01882       0.20254    0.00528    0.00415
   0.13232   -0.05762   -0.09259      -0.10123   -0.04559   -0.08668
  -0.37257   -0.00920   -0.02819      -0.41461    0.00066   -0.00038
   0.62250   -0.14892   -0.15042       0.32143   -0.06076   -0.14115
  -0.00913   -0.00825   -0.13236      -0.31278   -0.02218   -0.04756
  -0.26317   -0.01052   -0.05654      -0.38625   -0.01519    0.00145
   0.95586    0.04466    0.01675       0.99101   -0.01029   -0.00782
   0.83676   -0.06344   -0.08728      -0.00929    0.03298   -0.16873
  -0.34128   -0.01309   -0.00040      -0.30807   -0.01304   -0.00121
  -0.25211    0.00215   -0.03752       1.00000   -0.00022   -0.00592
  -0.15552   -0.02242   -0.02152      -0.26828   -0.01562    0.00076
  -0.22078   -0.01505   -0.02823      -0.10921   -0.02536   -0.04370
   0.02634   -0.00085    0.00154       0.01588   -0.03054   -0.03685
  -0.22335   -0.01197   -0.00473      -0.16649   -0.01929   -0.03124
  -0.03859   -0.01966   -0.05667       0.13500   -0.04984   -0.05623
   0.24331   -0.07877   -0.07490      -0.10839   -0.02321   -0.02346
  -0.02252    0.03691   -0.05280       0.27565   -0.07892   -0.08604
   0.36799   -0.03812   -0.03157       0.40138    0.02410    0.00746
   0.41353    0.00145   -0.00596      -0.07315    0.00951    0.00679
   0.43747    0.01805    0.02037       0.41765   -0.01630   -0.00209
```

LAM(4) =   0.579403957715D-01

```
   0.70758   -0.01413   -0.02074       0.52875    0.10169    0.07729
   0.65875    0.01576   -0.00964       0.07927   -0.00652    0.00096
   0.12068    0.07820    0.06354       0.26999    0.09820    0.05235
   0.61525    0.04540    0.00596       0.59749    0.01160   -0.00970
  -0.31113    0.12748    0.11461      -0.12526    0.07937    0.06371
  -0.01369    0.08468    0.01746       0.37605    0.10382    0.01954
   0.02520    0.12038    0.00452       0.40266    0.10487   -0.00011
  -0.57613   -0.04056   -0.01103      -0.60278    0.01161    0.01034
  -0.48030    0.03676    0.07237      -0.08920    0.06674   -0.01875
   0.03469    0.13221   -0.00183      -0.33577    0.10912    0.00144
  -0.31319    0.09655   -0.01051      -0.60858    0.00225    0.00118
  -0.28144    0.03406    0.00947      -0.58998    0.05789    0.00040
  -0.52247    0.04398   -0.04477      -0.33818   -0.00491   -0.07792
  -0.08691   -0.00534    0.00185      -0.09618   -0.05859   -0.07613
  -0.67699   -0.00294    0.00225      -0.58693    0.00119   -0.06120
  -0.29173   -0.01179   -0.14270       0.16665   -0.12157   -0.15295
   0.46287   -0.20887   -0.20216      -0.54422   -0.04032   -0.04157
  -0.33496    0.12671   -0.15939       0.53572   -0.22659   -0.24635
   0.80125   -0.10626   -0.09151       0.89657    0.06321    0.02292
   0.93147    0.00450   -0.01609      -0.52738    0.02316    0.02417
   1.00000    0.05056    0.05817       0.94237   -0.04680   -0.00639
```

Literatur

[BuK77]   Bunch, J.R.; Kaufman, L.: Some stable methods for calculating inertia and solving symmetric linear systems. Math. Comput. **31** (1977) 163-179

[Geh88]   Gehrke, W.: PC-FORTRAN-Handbuch. Carl Hauser Verlag, München 1988

[Ham62]   Hamming, R.W.: Numerical Methods for Scientists and Engineers. McGraw-Hill, New York 1962

[HMS86]   Holzmann, G.; Meyer, H.; Schumpich, G.: Technische Mechanik. Teil 3: Festigkeitslehre, 6. Aufl. Teubner, Stuttgart 1986

[Par80]   Parlett, B.N.: The symmetric eigenvalue problem. Prentice-Hall, Englewood Cliffs 1980

[SRS72]   Schwarz, H.R.; Rutishauser, H.; Stiefel, E.: Numerik symmetrischer Matrizen, 2. Aufl. Teubner, Stuttgart 1972

[Sch81]   Schwarz, H.R.: Die Methode der konjugierten Gradienten mit Vorkonditionierung. ISNM 56, Birhäuser Verlag, Basel 1981, 146-165

[Sch88]   Schwarz, H.R.: Numerische Mathematik, 2. Aufl. Teubner, Stuttgart 1988

[Sch91]   Schwarz, H.R.: Methode der finiten Elemente, 3. Aufl. Teubner, Stuttgart 1991

[SBG74]   Smith, B.T.; Boyle, J.M.; Garbow, B.S.; Ikebe, Y.; Klema, V.C.; Moler, C.B.: Matrix eigensystem routines - EISPACK guide. Springer, Berlin - Heidelberg - New York 1974

[Sza77]   Szabo, I.: Höhere Technische Mechanik, 5. Aufl. Springer, Berlin - Heidelberg - New York 1977

[Wal82]   Waldvogel, P.: Bisection for $Ax = \lambda Bx$ with matrices of variable band width. Computing **28** (1982) 171-180

Sachverzeichnis